逆作法技术发展轨迹

1990 年　上海轨道交通 1 号线陕西南路地铁站第一个逆作法地铁车站工程

1997 年　上海恒基大厦

第一个逆作法施工办公楼建筑

2003 年　上海明天广场

第一个逆作法施工超高层建筑

2010 年　上海 500kV 世博变电站

当时国内最深逆作法工程（34m）

逆作法技术发展轨迹

2010 年　上海外滩源 33 号

首次在既有建筑旁逆作增设地下室

2013 年　上海月星环球商业中心

当时国内基坑面积最大逆作法工程

2018 年　沪东工人文化宫

逆作法桩墙合一建筑工程

适用于软土和硬土地区的行业标准《建筑工程逆作法技术标准》JG 432—2018 正式发布

超高层建筑

2007 年

上海长峰商城

主楼高 238m

2019 年

中民投董家渡项目

主楼高 300m

2019 年

台州刚泰国际中心项目

主楼高 300m

历史建筑改造

2014 年

上海淮海中路爱马仕原位开发项目

2018 年

南京北京西路 57号地下停车库项目

2020 年

上海南京东路 179 号项目

市政交通

2009 年

上海轨道交通
东安路站

2009 年

上海西站
地下空间改造

2010 年

上海站北广场
综合交通枢纽

商业办公

2009 年

上海海光大厦

2011 年

上海丁香路 778号
商业办公楼

2018 年

上海太平洋
数码二期

上下同步工程

2008 年

上海廖创兴
金融中心大厦

2011 年

上海外滩
华尔道夫酒店

2016 年

上海国际旅游
度假区管理中心

医疗建筑

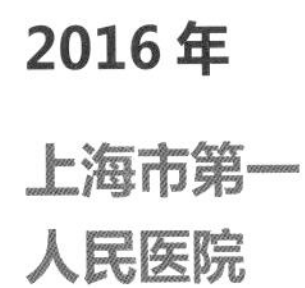

2016 年

上海市第一
人民医院

2019 年

上海市
华山医院

2020 年

河南省
人民医院

逆作法设计施工与实例
（第二版）

主　编　王允恭
副主编　王卫东　龙莉波　应惠清

中国建筑工业出版社

图书在版编目(CIP)数据

逆作法设计施工与实例/王允恭主编；王卫东，龙莉波，应惠清副主编. —2版. —北京：中国建筑工业出版社，2021.10

ISBN 978-7-112-26924-2

Ⅰ.①逆… Ⅱ.①王… ②王… ③龙… ④应… Ⅲ.①基坑-逆作法-建筑设计②基坑-逆作法-工程施工 Ⅳ.①TU46

中国版本图书馆CIP数据核字(2021)第249599号

本书旨在为广大读者介绍基坑工程逆作法。第1章简要介绍了基坑工程的现状，并介绍了逆作法的定义和分类，讨论了逆作法的优缺点、在国内外的工程应用，以及我国主要相关行业工法和规范标准；第2章详细阐述了逆作法基坑工程设计原则和设计方法，包括基坑围护结构、竖向支撑结构、水平支撑结构以及连接节点等的设计；第3章的主要内容为逆作法施工工艺，包括围护结构施工，竖向支承桩、柱结构施工，先期地下结构和后期地下结构施工、挖土施工和施工作业环境控制等核心技术；第4章列举了8个最新的逆作法施工基坑工程实例，每个工程都独具特色，从各方面展现了逆作法在实际工程中的应用效果；第5章总结了逆作法施工尚待攻克的技术与应用难题，并对逆作法的未来发展做出了展望。

责任编辑：高　悦　万　李
责任校对：张　颖

逆作法设计施工与实例
(第二版)
主　编　王允恭
副主编　王卫东　龙莉波　应惠清

*

中国建筑工业出版社出版、发行（北京海淀三里河路9号）
各地新华书店、建筑书店经销
北京科地亚盟排版公司制版
北京市密东印刷有限公司印刷

*

开本：787毫米×1092毫米　1/16　印张：14¾　插页：4　字数：363千字
2022年6月第二版　2022年6月第一次印刷
定价：**65.00**元
ISBN 978-7-112-26924-2
(37671)

第二版前言

《逆作法设计施工与实例》（第一版）于2011年出版，与广大工程技术人员分享了笔者对逆作法设计施工技术的经验。近10年来，我国逆作法工程技术在原有基础上又得到了长足的发展。逆作法在全国范围内得到了广泛应用，工程数量逐年增长，并且呈现出基坑规模更大、周边环境条件更复杂、施工难度更高的发展趋势，逆作法相关新技术、新工艺层出不穷，新的国家和地方标准也陆续颁布执行。

本次再版，在保留原书特点的基础上，更新了工程案例，使内容更丰富、更新颖、更及时，对以下几个方面进行了重点修编：

1. 书中引入了行业标准《建筑工程逆作法技术标准》JGJ 432—2018以及上海市地方标准《逆作法施工技术标准》DG/TJ08-2113-2021的相关内容，对书中逆作法的定义、有关技术标准进行了修改，使其与现行行业标准保持一致。依据现行行业标准中的规定，修改及补充了逆作法设计、施工及检测的相关内容和要求。

2. 本书在原版的基础上，选编了多项近年来具有代表性的逆作法工程案例，详细介绍了逆作法在中心城区医疗建筑改扩建施工（上海市第一人民医院改扩建工程）、超大深基坑与轨道交通共建施工（上海月星环球商业中心工程项目）、上下同步施工（上海国际旅游度假村管理中心项目）、历史保护建筑下原位增设地下室（江苏省财政厅地下停车库工程逆作法施工实例）等不同场景中的施工要点以及应用效果；展现了平推式逆作法（江苏省财政厅地下停车库工程逆作法施工实例）、桩墙合一［上海市总工会沪东工人文化宫（分部）改扩建项目］等逆作法施工技术领域的创新研发成果及其工程实践经验；说明了逆作法设计施工技术的环保性和经济合理性（海光大厦工程）。

2. 本书再版结合近年来在逆作法工程中围护结构、竖向支承结构、地下结构、土方开挖以及施工环境控制与检测等方面出现的新技术，增加了型钢水泥土搅拌墙、咬合式排桩等新型围护形式；介绍了调垂盘法、孔下液压法、激光测斜仪、电动履带起重机、下坑电梯等逆作法新型工程装备。更新了包括典型节点优化构造、一段式钢筋连接、结构回筑工艺等逆作法结构施工相关的技术要点。新增了工业化施工及数字化技术在逆作法施工中的应用发展的相关内容。最后，对逆作法今后的技术发展方向进行了展望。

本书再版过程中，得到了上海市住房和城乡建设管理委员会总工程师刘千伟、同济大学应惠清教授等多位专家的大力支持和帮助，全书由同济大学应惠清教授进行了审校和统稿，在此表示衷心的感谢。

由于科学技术的进展迅速，加以笔者的水平有限，书中不妥之处在所难免，恳请读者批评指正。

第一版前言

随着经济的迅速发展，我国的城市化进程加速，高层建筑、超高层建筑、大型公共建筑及地下交通工程的兴建，城市的地下空间开发已是势在必行。大型地下停车场、商场、地下交通枢纽、地铁车站、地下变电站等日益广泛应用，甚至一些历史建筑为适应现代的使用功能要求，兴建多层地下室。城市的发展，地下工程已成为建筑物、构筑物不可或缺的组成部分。同时地下工程的规模也越来越大，而由于城市建筑密度增加，工程四周各类管线密集，环境的保护要求更加严格，促使地下工程施工难度大大增加，在投资成本、资源投入、工程施工周期等方面在全工程中均占较大比重。如何选择地下工程的施工方法和相应的技术和工艺，成为地下工程建设者研究的重要课题之一，也是投资决策者的共识。

逆作法施工工艺在上海正式应用于工程已有 30 多年的历史，1982 年上海市第二建筑有限公司开始应用于高层建筑多层地下室中，取得成功，并获得上海市科技进步奖一等奖。上海地铁工程建设中首先在地铁 1 号线淮海路三个车站应用了逆作法施工，其主要目的是在淮海路繁华商业街的施工中缩短占用路面工期，最大程度减少商业损失。在市政府的决策下，经过设计和施工技术人员同心合力攻关，三个车站逆作法施工顺利完成了预定目标，并比原设计提前了近 4 个月，为淮海路商业争得数亿元经济效益。逆作法工艺技术得到了进一步推广和发展，在这些工程成功的基础上，除在上海市，浙江、江苏及其他省市也开始应用，近年来已成为地下工程主要施工工艺之一。作为一个“点”的统计资料，仅上海市第二建筑有限公司用此工艺建造工程就已有 26 个，建筑面积约 277 万 m^2，地下室面积约 103 万 m^2。上海市第二建筑有限公司通过多年的逆作法工程实践，在逆作法施工领域中开发、研究了多项施工技术和工艺，取得显著的经济、技术和社会效益，并形成了系列成果：编写了国家级一级施工工法；获得了第四届上海市科学技术博览会金奖，并有“逆作法工程桩自动定位装置”“逆作法工程中的水平无排吊模结构”“逆作法工程劲性钢柱分段预埋结构”“一种对历史建筑增建多层地下室的施工方法”等十几项发明获得国家专利；1997 年被国家科学技术委员会授予国家科技成果推广计划中“高层建筑多层地下室逆作法施工技术依托单位”，2007 年被建设部授予“建筑业十项新技术逆作法施工技术咨询服务单位”的称号。

逆作法施工工艺的主要特点有：①地下室由上而下施工，主体地下结构和基坑支护结构相结合，利用主体结构，不另设支撑体系，避免了支撑的设置和拆除，节约资源、降低能耗、对混凝土支撑还大大减少了废弃物，体现了低碳经济、绿色施工的时代要求；②地下主体工程逆作施工，地下室外墙（围护墙体）和楼面结构逐层结合成主体，逐层形成刚性连接，水平刚度比常规的支撑体系大大增加了，使支护结构位移得到有效控制，有利于周围的建筑和管线等环境的保护，具有显著的社会效益；③可实行地面以上结构和地下结构同步施工，大大缩短整个工程的施工工期，具有良好的技术经济效益；④地下工程基坑施工不用支撑系统，在支撑系统上降低了造价。

为了使逆作法施工技术能进一步的推广和应用，本书总结了多年来在逆作法设计和施工中的经验和成果，并精选了 12 个工程实例。第二章“逆作法的设计”由上海华东建筑设计研究院专项技术中心总工王卫东教授级高工编写，其他章节由上海市第二建筑有限公司曾参与有关工程建设的技术人员编写，同济大学应惠清教授和上海市第二建筑有限公司的王允恭教授级高工进行了校核、图片修正和全书的统稿。本书是施工单位、设计单位和高校三方共同合作的成果，期望能为从事建筑工程设计、施工的技术和管理人员提供参考，对推进逆作法施工技术的发展起到积极作用。在编写过程中得到刘建航院士、叶可明院士的悉心指导和帮助，对此表示感谢。也感谢原建设部总工程师王铁宏教授给予很高的评价。

本书就逆作法设计的基本方法，并从实际案例就工程中几种常见的围护形式、典型节点构造、施工技术要点、关键技术措施等作了较为全面的介绍，也附有大量工程照片和插图，力求做到通俗易懂、图文并茂，希望能对读者有所裨益。

目　录

1 概　　述

1.1 基坑工程现状

改革开放以来，中国的城市建设迅猛发展，城市更新正在成为城市发展的主要方式。改革开放初期的全国性高速城市化建设主要以基础设施建设、解决生活需求为目标，对旧有建筑进行了大规模的拆除重建；而当下的城市更新时代，政府的关注点从城市建设的速度转变为城市发展的质量，城市更新模式从粗放式的“大拆大建”转向精细化的“微改造”“微更新”，要求城市更新过程中最大程度地保留和保护城市原貌。同时，人是整个城市的灵魂和本质。城市更新的根本目的是满足人的需求，包括更广阔的城市使用空间需求、更健康的城市环境需求、保护既有建筑的情感需求等。习近平总书记提出“城市管理应该像绣花一样精细”，而城市更新也应有绣花匠的精神，不仅要更加精准地达到城市发展目标，还应让城市更新成为一个充满人文关怀的温情过程，努力提升人民的获得感、幸福感。因此，城市更新的进程必须做到“又快又好”，尽快满足人民日益增长的对美好生活的各方面需求，同时保证城市更新过程安全可靠、经济环保、反响良好。

城市更新对城市集约土地和空间利用提出了更高的要求，尤其是地下空间的开发，包括一系列的地下交通网络、地下商城、地下车库和其他地下基础设施的建设。地下空间开发的基坑工程经历了从无到有、从小到大、从经验到科学、从简单到复杂的发展历程，基坑的面积、深度和复杂程度都在持续刷新工程纪录。目前，基坑工程的最大建筑面积达到了数十万平方米，例如一些大型交通枢纽工程、公共建筑集群工程等；基坑最大挖深可达数十米，例如上海的软土地基工程中，上海世博 500kV 地下输变电站工程基坑挖深达 34m，上海地铁 18 号线昌邑路地铁站的基坑深度为 34.6m，苏州河段深层排水调蓄管道系统工程的圆竖井基坑挖深为 57.8m；基坑施工难度日益提升，工程周边环境日趋复杂，出现了许多轨交共建基坑、超深基坑群、保护建筑周边基坑、既有建筑增设地下室等工程，对基坑工程的作业环境、变形情况、工期、经济性能和环保性能都有非常严格的限制。另外，基坑工程的社会影响也愈加广泛，一旦发生工程事故，不仅会危及基坑施工人员的生命安全，还可能阻碍交通通行，毁坏城市生命线，影响周围建筑和基础设施，造成巨大的经济损失和恶劣的社会反响。

在中国城市更新的大背景下，为了更加精细化地开发和利用城市地下空间，并解决超大超深软土基坑越发复杂的施工问题，基坑工程中开始使用逆作法施工。经过了数十年的研究与实践，我国的逆作法技术已获得了长足的进步。

1.2　逆作法简介

1.2.1　逆作法的定义与分类

传统基坑工程通常采用顺作法施工，也即基坑开挖至基础设计标高时，再从下往上依次施工各层地下结构。而逆作法（top-down method）的施工顺序与传统顺作法相反，根据现行国家标准《建筑工程逆作法技术标准》JGJ 432，逆作法是“利用主体地下结构的全部或部分作为地下室施工期间的支护结构，自上而下施工地下结构并与土方开挖交替实施的施工工法”。基坑工程顺作法与逆作法施工流程对比示意如图 1-1 所示。

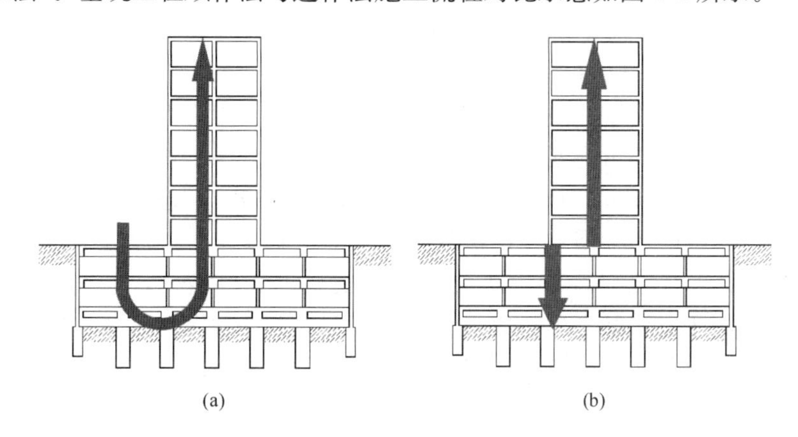

图 1-1　基坑工程顺作法与逆作法施工对比示意图
（a）顺作法；（b）逆作法

在逆作法技术标准发布以前，工程技术界习惯将逆作法分为全逆作法和半逆作法。全逆作法是指采用逆作法施工地下结构的同时进行上部结构施工；而半逆作法是指地下结构逆作施工完成后再进行地上结构施工。由于这种分类方式不够严密，存在概念的重叠，使用过程中产生了一定的歧义。现行国家标准《建筑工程逆作法技术标准》JGJ 432 对逆作法进行了分类，地下工程逆作法类型包括全逆作法、部分逆作法和上下同步逆作法。全逆作法即全部地下结构从地下室首层开始由上至下逐层施工，最终形成基础底板。部分逆作法包括水平方向的部分区域顺作、部分区域逆作，以及竖直方向的部分楼层顺作、部分楼层逆作。工程实践中常见的部分逆作法包括周边逆作结合中心岛顺作、裙楼逆作结合塔楼顺作或者跃层逆作等。上下同步逆作法是一种特殊形式的逆作法，完成地下水平结构界面层（建筑工程逆作法施工中首先施工的地下水平结构层，即主体结构顺作与逆作的分界层）后，从界面层向下逆作施工地下结构，同时从界面层向上顺作施工地上结构。上下同步逆作施工时上部结构的层数应根据桩基的布置和承载力、地下结构状况、上部建筑荷载等确定，依据结构类型、场地平面图、进度安排、工程目标等，可进一步细化调整。

1.2.2　逆作法的优势

与传统顺作法相比，采用逆作法进行基坑工程和地下结构施工具有以下优势。

（1）基坑安全性高

逆作法以全部或者部分地下永久结构的梁板作为基坑的内支撑，支撑刚度和强度高于传统的基坑临时支撑，能够有效减小基坑围护结构的变形，降低基坑变形过大产生安全事故的风险。

上海迪士尼管理中心项目基坑采用逆作法施工，一般区域开挖深度为16.5m，至基坑施工完成时围护墙实测变形28mm，满足规范及设计的二级保护要求，保证了土方开挖及地下结构施工过程中的基坑安全。

（2）对周边环境影响小

逆作法施工不仅基坑支撑刚度较大，还不存在拆撑、换撑导致的二次变形，能够有效控制相邻的结构物、道路、地下管线等在基坑施工期间的变形和沉降，保证其安全和正常使用。同时，逆作法在浇筑基础底板之前已完成中间支承柱的施工，中间支承柱能够起到底板支点的作用，明显减少坑底隆起变形。在上海丁香路778号商业办公楼项目中，基坑的一倍开挖深度范围内分布有电力、煤气、信息和上下水等城市生命线，基坑工程的变形控制要求较高。采用逆作法施工技术后，周围管线的水平变形和整体沉降都得到了有效控制，邻近建筑物的最大累计变形为16.6mm，基坑施工对邻近建筑物的影响在完全可控的范围内，未对周围建筑物和结构物造成危害。工程实践表明，逆作法在控制基坑变形和沉降方面有良好的效果。

（3）施工工期短

顺作法基坑施工一般对基坑进行逐层支护和开挖，挖至基础底板后再向上逐层拆除支撑并施工地下室结构，基坑工程的工期较长。另外，顺作法施工条件下，建筑的上部结构施工需等到地下结构全部完成后才能开展，地上、地下结构无法同步进行，使总工期也相对延长。逆作法施工基坑以全部或者部分地下永久结构的梁板代替基坑内支撑，可省去大量的支撑施工与拆除工序，有效缩短了基坑工程的工期。基坑规模越大，该优势越明显。对一般基坑工程而言，逆作法能够比顺作法缩短约12%的工期。此外，逆作法施工基坑完成地上、地下结构的界面层后，即可实现地上、地下结构同步施工，使地下结构施工不占或少占工期，进一步缩减工程的总工期。逆作法与顺作法的施工工期对比如图1-2所示。

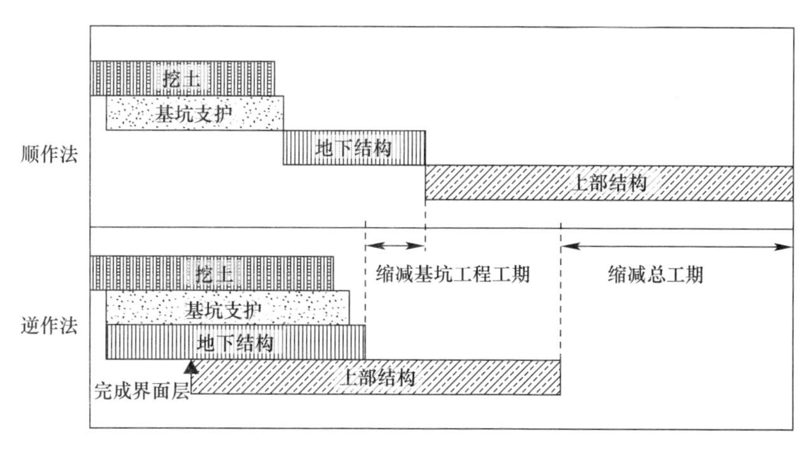

图1-2 顺作法与逆作法的施工工期对比图

上海外滩191号地块工程由一幢23层的主楼与8层的配套裙房组成，地下室5层开挖深度为19.2m，采用上下同步全逆作施工方案，从地下室开挖至地上结构封顶的总工期仅14个月（包含春节假期），这样的施工速度是顺作法工艺难以实现的。

(4) 施工过程经济环保

逆作法施工采用“永久结构代替临时结构”的设计方法，实现了“以桩代柱”（桩基兼做地下结构支承柱）、“以板代撑”（地下结构楼板兼做基坑水平支撑）、“以围护代墙”（地下连续墙兼做基坑围护墙和地下结构外墙），可省去大量的基坑临时内支撑结构，同时也简化了基坑拆撑、换撑的工序，使逆作法施工比传统顺作法更为经济。对一般基坑工程而言，采用逆作法施工可比顺作法节省约5%的围护费用，且基坑面积越大、地下结构层数越多，逆作法的经济优势越明显。

逆作法简化了基坑拆撑、换撑的工序，因此也避免了大量建筑垃圾的产生。逆作法施工的另一项环保优势是能够有效减少噪声污染和粉尘污染。在完成地下室顶板后，逆作法施工的作业面基本转移到地下室顶板以下，同时也将机械施工产生的噪声和粉尘封闭在地下，最大程度地避免噪声施工扰民和扬尘污染。

四川北路街道11街坊HK226-06号地块商业办公楼项目对逆作法基坑施工过程中的场地扬尘和噪声进行了监测，测得悬浮颗粒物的浓度均值为0.075mg/m^3，远低于上海市典型建筑工程的悬浮颗粒物浓度均值0.137 mg/m^3，也满足环保部门提出的颗粒物排放不超过0.15mg/m^{3}的规定；现场监测平均噪声强度为53.5dB，甚至低于夜间施工的噪声限值55dB。可以看出，基坑逆作法施工技术可以保障项目施工场地周围的环境良好，满足文明施工要求。

(5) 施工场地安排合理

传统的顺作法基坑施工在地下结构回筑完成前，整个基坑处于“敞开”状态，需要占用基坑周围的大面积场地进行施工布置。而逆作法优先施工地下室顶板，顶板结构完成后即可通行车辆、堆放材料、安置施工机械等，大大增加了施工可用场地，有效解决了狭小场地施工的场地布置问题。另外，逆作法地下室顶板完成后，可形成封闭的地下结构施工环境，减少天气情况对施工进度和基坑安全的影响，保障基坑工程稳步推进。

江苏省财政厅项目是典型的狭小场地逆作法施工工程，其基坑紧邻高层建筑和地铁线路，场地内部还有2幢民国时期的历史保护建筑，周边环境保护要求较高。为解决这一难题，基坑施工中采用了创新的“平推逆作法”：首先采用建筑移位技术移动历史保护建筑，腾让出部分施工场地，进行基坑围护结构、桩基及地下室顶板施工；再将保护建筑移回原位，并采用逆作法工艺在既有建筑下方进行地下室施工。最终整个工程未受到狭小场地的限制，施工顺利完成且节约2个月总工期，文明施工程度较高，产生了良好的社会效益。

1.2.3 逆作法的适用性

相较于传统的顺作法，逆作法更适用于具有以下特点的基坑工程：

(1) 周边建筑环境复杂：基坑周边建筑密度大，基坑邻近保护建筑，基坑紧邻其他基坑，地下管线分布较多，变形和沉降限制严格；

(2) 工期紧张：城市繁华地区、交通密集地区、既有建筑改造等需要快速施工的基坑工程，以及其他业主限制工期的基坑工程；

（3）基坑规模大：地下结构层数较多，基坑较深，面积较大；

（4）作业面积受限：基坑周边场地紧缺，支撑布置困难，基坑距离建筑红线极近；

（5）环保要求高：噪声、粉尘、固体废弃物限制较严格。

1.2.4　逆作法的局限性

逆作法施工工艺的优势已在众多基坑工程中得到了充分体现，但任何方法都具有一定的适用性。由于逆作法有别于传统的设计方法和施工工艺，研究和实践时间仍然较短，其本身难免存在一些不足，应用方面的局限性主要体现在：

（1）施工灵活性较差

传统顺作法施工的基坑可以在基坑开挖和支护的同时制订或修改地下结构方案，为方案变更留有大量余地，顺作法基坑施工方案也较为灵活，可根据不同的工程条件选取不同的开挖方式，如放坡式、中心岛式、盆式挖土等。而逆作法需要利用地下永久结构作为基坑支撑，其中包括将基础桩柱作为基坑的竖向支撑，因此，一旦桩基施工完成，基坑支护施工方案就难以再进行临时变更。另外，在地下结构楼板的限制下，逆作法施工的土方开挖一般只能采用盆式开挖方法在平面内逐步推进，施工的灵活性较差。

（2）挖土作业空间较小

逆作法的挖土作业空间在地下室楼板以下，一般净高仅3～4m，且梁柱构件密集，作业空间和灵活度都受到很大限制。大型机械无法进入地下挖土空间进行规模化施工，只能利用小型挖机开展作业，并从有限的取土口将渣土抓吊运输至地面，出土量较小。与无支撑的敞开式开挖相比，施工效率较低。

（3）节点处理复杂

结构节点是保证工程质量的关键环节。由于逆作法施工流程的关系，地下结构分为先期结构和后期结构两部分，比传统的顺作法有着数量更多、形态更复杂的节点需要处理。且地下结构要兼做基坑支护体系，其节点需要比一般地下结构具有更高的力学性能和防水性能。

（4）受主体结构设计制约大

逆作法施工的基坑利用地下室永久结构作为基坑支护体系，因此支撑结构的设计必须依托于主体结构，导致地下室主体结构的设计必须考虑基坑施工阶段和正常使用阶段的多种受力工况，裂缝和变形的限值也更为严格。此外，逆作法施工必须在主体结构设计方案完全确定后才能开始，施工进度受到了一定制约。

（5）管理协调要求高

由于逆作法施工的地下室主体结构兼做基坑支护结构，结构设计过程中需要围护结构设计单位和主体结构设计单位共同合作，协同处理施工中可能遇到的结构问题。另外，逆作法施工的现场管理也较为复杂，由于地下施工空间狭小，照明通风、人员运输、人员/机械分离、工作环境和施工场地的管理都与顺作法的敞开式施工不同，需要进行有针对性的规划。上下同步逆作法的施工管理则涉及更多内容，需要协调地下作业和地上施工的各方面人员、机械和场地条件，施工管理要求较高。

1.2.5 逆作法的应用要求

基坑工程的逆作法是具有鲜明技术特点的施工方法，为了满足工程要求、保障工程安全，需要参与逆作法工程的各方都具备一定的技术实力、管理能力和协调能力，才能充分发挥逆作法的优势，规避逆作法可能出现的问题。

（1）对设计单位技术要求较高

逆作法的最大特点是利用全部或部分的地下室永久结构作为基坑的支撑体系，因此，设计单位在前期设计阶段必须统筹考虑临时结构体系与永久结构的关系，必须针对基坑开挖阶段及正常使用阶段的各种工况进行验算，以满足结构不同的受力、变形和裂缝要求。逆作法施工下的基坑支撑结构节点设计也是一项重要内容，包括围护结构与水平支撑体系的节点、梁柱节点和先期结构与后期结构的连接节点，不仅要保证施工阶段和正常使用阶段节点的安全性，还要考虑施工的可行性。

（2）对施工单位技术要求较高

由于逆作法施工技术要求高，施工单位必须掌握相关核心技术，如逆作法支承柱的垂直度调整技术（逆作法支承柱垂直度一般要求达到1/300，部分项目要求达到1/500甚至1/1000）、钢管混凝土及柱下桩的混凝土浇捣技术、逆作法施工节点处理技术、逆作法不均匀沉降控制技术等，是保障逆作法基坑施工质量和工程安全的关键。这一系列施工技术有别于传统基坑工程的施工方法，对施工单位的专业性要求较高，需要施工单位配合学习、熟练掌握。

（3）对施工组织管理和机械要求较高

逆作法还对施工组织管理及机械施工提出了更高的要求。基坑逆作法施工常用于施工场地狭小的闹市区项目，这对施工的总体组织、管理和布局提出了较高的要求。由于地下挖土基本是在地下室顶板封闭状态下进行，挖土作业场地还分布有一定数量的中间支承柱与降水井管，增加了地下挖土、结构施工难度，这就要求施工方对施工机械及挖土过程进行精心策划，确保施工效率。

1.3 逆作法的国内外发展现状

在国外，1935年日本首次提出逆作法的概念并应用于日本东京都千代区第一生命保险相互社本社大厦。当时主要采用人工开挖的方式，且尚无有效的基坑围护结构，逆作法只能用于地下水位较低的浅基坑工程中。意大利ICOS公司在1950年开发的地下排桩连续墙能够提供良好的挡土和防水性能，使深基坑的逆作法施工成为可能。随着设计理论和施工技术的逐渐成熟，世界各地涌现出一批逆作法基坑工程的经典案例，包括：世界上最大的地下商业街——日本东京八重洲地下商业街，地下3层，建筑面积7万m^2；最深的地下街——莫斯科切尔坦沃住宅小区地下商业街，深度达70～100m；最大的地下娱乐建筑——芬兰Varissu市地下娱乐中心，战时可掩蔽1.1万人。

在国内，哈尔滨人防工程在1955年首次应用逆作法施工工艺，20世纪70～80年代我国开始对逆作法进行探索与研究，如20世纪80年代初上海基础公司科研楼及上海电信大楼的地下结构均采用了逆作法施工。20世纪90年代中期，上海建工集团在淮海路地铁站施工经验的基础上，对逆作法施工技术和设计方法进行了深入研究，为逆作法的推广奠定基础。同期，国内也出现了许多成功的逆作法案例，包括广州好世界大厦、福州新世界大厦、深圳赛格广场等。1997年，上海恒积大厦的多层地下室逆作法施工圆满完成，充分体现了逆作法“好、快、省”的效果，对逆作法工艺起到了示范与推动作用。此后，全国范围内的大批工程开始采用逆作法施工，比如福州世界金龙大厦、哈尔滨秋林商厦、杭州凯悦大酒店、海口中青大厦、先菊花园大厦、南宁新华街人防工程、南宁永凯现代城等，均获得了良好的效果。历经了数十年的研究与工程实践，逆作法已较为广泛地应用于高层、超高层的多层地下室、大型商场、地下车库、地铁、隧道等地下结构。逆作法工程数量呈逐年增长趋势，也出现了基坑规模更大、环境条件更复杂、施工难度更高的工程，例如上海月星环球商业中心项目的超大超深基坑工程、江苏省财政厅的历史保护建筑增设地下室工程、上海自然博物馆的轨交共建群体基坑工程等，面向逆作法施工工艺提出的新挑战，将逆作法的工程应用推向了新的高度。

施工技术和施工机械的进步也是逆作法发展的一大推进力量。基坑围护结构出现了桩墙合一、渠式切割水泥土连续墙、型钢水泥土搅拌墙、咬合式排桩等多种形式，满足了不同地基条件和工程情况下的基坑挡土和排水要求。与此同时，地下连续墙成槽设备也迅速发展，出现了抓斗式成槽机、多头钻成槽机、铣削式成槽机、冲击式成槽机等连续墙施工机械，使其应用范围更广。地下连续墙的十字钢板接头、H型钢接头、铣接头和橡胶接头的出现有效解决了超深基坑的围护结构渗漏问题，而型钢水泥土搅拌墙的渠式切割水泥土连续墙（TRD）工法和双轮铣深层搅拌地下连续墙（CSM）工法使地下室围护结构的止水效果远胜传统的搅拌桩技术。桩基施工方面，已开发出精度和效率更高的钻孔桩、CSM深层搅拌墙、旋挖扩底桩等，使软土地基中的桩径和桩身承载力都有了大幅提高。竖向支承桩柱的调垂工艺从以往的气囊法、调垂盘法发展出精度更高的孔下液压法和HDC高精度液压法，调垂精度可达到1/1000，而调垂监测手段也从旧的机械式向电子化发展，出现了精度和效率更高的激光测斜仪、双联式高精度传感器倾角仪等。“以桩代柱”使过程中竖向构件的垂直度得到提高，保障逆作法地下结构的适用性。土方施工方面，为了满足地下室封闭土方开挖和运输，逆作法施工过程中运用了小型挖土机、长臂挖土机、滑臂挖土机、电动挖机、起重机、取土架、渣土传输带等一系列土方工程机械，以便更加灵活选择，提高狭小空间作业的效率。

上海建工二建集团在二十多年的逆作法施工中研发并总结出了一系列逆作法创新施工技术，包括既有建筑地下原位开发技术、高层建筑双向同步逆作法施工技术、地下跃层施工技术、立柱桩高精度调垂技术、垂吊模板施工技术等，进一步拓宽了逆作法施工技术的应用范围。

随着逆作法施工的推广和进步，全国各地也颁布了一系列工法和行业规范。上海在总结多个逆作法设计施工经验基础上提出国内第一个逆作法施工工法——“高层建筑多层地下室结构逆作法施工工法”，天津市提出了“深基坑环梁支护和部分地下室工程逆作法施工工法”，广州提出了“广州市地下室逆作法施工工法”，标志着逆作法施工逐步走向成熟。与此同时，行业内也不断推出相关规范与标准，如现行标准《建筑基坑工程技术规范》YB 9258的第16章、《建筑地基基础设计规范》GB 50007的9.7节、《地下建筑工程逆作法技术规程》JGJ 165、上海市《逆作法施工技术规程》DG/TJ08-2113、《建筑工程逆作法技术标准》JGJ 432 等，提供了详细的设计参数、理论计算方法和施工技术与标准，意味着逆作法的设计和施工更加有章可循，逐步走向规范化、标准化。

参考文献

[1-1] 中国房地产数据研究院. 2018—2019 年度中国城市更新白皮书 [M/OL]. 2018-12-17. http://www.sohu.com/a/284159854_499028

[1-2] 应惠清. 我国基坑工程技术发展二十年 [J]. 施工技术，2012，41 (19)：1-5+22.

[1-3] 华东建筑设计研究院有限公司，上海建工二建集团有限公司. JGJ 432—2018 建筑工程逆作法技术标准 [S]. 北京：中国建筑工业出版社，2018.

[1-4] 梁珊，伏晴艳，刘启贞，等. 上海市秋季典型建筑工地结构施工阶段扬尘污染特征 [J]. 环境污染与防治，2018，40 (12)：1394-1399.

[1-5] 环境保护部科技标准司. GB 12523—2011 建筑施工场界环境噪声排放标准 [S]. 北京：国家质检总局，2011.

2　逆作法的设计

2.1　概　　述

逆作法基坑工程的施工流程与常规顺作法的基坑工程不同，一般情况下不再需要设置大量的临时性水平支撑体系，而是采用由上向下施工的地下各层结构梁板作为水平支撑体系，基坑开挖到基底形成基础底板后，地下结构基本形成。逆作法的出现使得支护结构体系与主体地下室结构体系不再是两套独立的系统，两者的合二为一大大减少了临时性支护结构的设置与拆除造成的材料浪费，大刚度的结构梁板作为水平支撑为达到严苛的周边环境保护要求创造了条件，首层结构梁板的设置在提供了便利的施工平台的同时也使得同步进行上部结构施工成为可能。与此同时，实现上述各项要求的也对逆作法的设计提出了更高的要求，使其与常规的顺作法基坑工程设计区别开来。

在常规的采用顺作法的基坑工程中，基坑工程的设计一般来说可以与主体地下结构设计相互独立，主体结构的设计只需要考虑永久使用阶段的受力和使用要求，且主要是对整个受力体系完全形成后的荷载情况和受力状态进行计算分析，主体结构以竖向受力为主；支护设计则根据基坑的规模和周边环境条件进行施工阶段的相关计算分析，确保基坑开挖的安全，为地下室结构的施工创造出有利条件即可。

但在采用逆作法的基坑工程中，主体地下结构在逆作法施工阶段发挥着不同于使用阶段的作用，其承载和受力机理与永久使用阶段迥然不同，例如周边围护结构的受力工况不同，内部由于利用主体结构梁板替代临时水平支撑，基坑施工阶段采用格构柱或钢管柱进行竖向支承等。逆作施工阶段结构整体性还不够完善，如果主体结构设计和围护结构设计脱离将造成逆作法实施过程中出现这样或那样的问题，因此周密、严谨的设计是非常必要的，并且在逆作法的设计中需要分别考虑施工阶段和永久使用阶段的受力和使用要求，兼顾水平和竖向的受力分析，有时还需要根据现场逆作施工的需要对结构开洞、施工荷载和暗挖土方等施工情况进行专项的设计计算。

2.1.1　逆作法的设计条件

逆作法的设计是主体结构与基坑支护相互结合、设计与施工相互配合协调的过程。除了常规顺作法基坑工程需要的设计条件外，在逆作法设计前还需要明确一些必要的设计条件。

首先，需要了解主体结构资料。通常情况下采用逆作法实施的地下结构宜采用框架结构体系，水平结构宜采用梁板结构或无梁楼盖。对于上部建筑较高的（超）高层结构以及采用剪力墙作为主要承重构件的结构，从抗震性能和抗风角度，其竖向承重构件的受力要求相对更高，不适合采用逆作法的实施方案。但可以根据高层结构的位置和平面形状，通过留设大开口或设置局部临时支撑的形式，在基坑逆作开挖到底形成基础底板后再进行这部分结构的施工，从而实现逆作施工基坑工程和顺作施工部分主体结构的结合。实际工程中，由于工程工期要求、环境保护要求、工程经济性要求等的不同，采用的基坑工程实施方法也各不相同。逆作法作为一种基坑工程设计与实施的方案也可以与顺作法相结合，从而使得工程建设更加符合实际的需要。例如，在上海由由国际广场二期基坑工程中，采用“裙楼逆作-塔楼顺作”的方案，成功解决了环境保护要求高、地下室工期紧的实际问题，并通过逆作与顺作的结合合理解决了塔楼的顺作施工问题。

其次，需要明确是否采用上下同步施工的全逆作法设计方案。上下同步施工可以缩短地面结构甚至整个工程的工期，但也对逆作法的设计提出了更高的要求。上下同步施工意味着施工阶段的竖向荷载大大增加，在基础底板封闭前，所有竖向荷载将全部通过竖向支承构件传递至地基土中，因此上部结构能够施工多少层取决于竖向支承构件的布置数量以及单桩的竖向承载能力。过高的同步设计楼层的要求将直接导致竖向支承构件的工程量过大，使得工程经济性大大降低。而且，基坑工程逆作施工阶段，上部结构的同步施工不仅会对竖向支承构件设计产生影响，上部结构的布置也会影响出土口布置以及首层结构上受力转换构件的设置，因此，是否采用全逆作法的基坑方案以及基坑逆作期间同步施工的上部结构的层数都应该综合确定，以确保工期工程经济性的平衡和设计合理。

最后，应该确定逆作首层结构梁板的施工布置，提出具体的施工行车路线、荷载安排以及出土口布置等。逆作法工程中，地下室结构梁板随基坑开挖逐层封闭，可以取得良好的形象进度，但是大范围的结构梁板也给地下各层的土方开挖带来一定的困难。为了解决土方开挖的问题，逆作结构梁板上应设置局部开口，为其下的土方开挖、施工材料运输、施工照明以及通风等创造条件。逆作法设计前应与施工单位充分结合，共同确定首层结构梁板上的施工布局，明确施工行车路线、施工车辆荷载以及挖土机械、混凝土泵车等重要施工超载等，根据结构体系的布置和施工需要对结构梁板进行设计和加强，为逆作施工提供便利的同时，确保基坑逆作施工的结构安全。

2.1.2 逆作法的设计内容

在设计条件明确后，可以开展逆作法的具体设计工作。逆作法基坑工程的设计对象主要分为三个部分，即周边围护结构、逆作阶段的水平结构体系以及竖向支承体系。

逆作法基坑工程周边围护结构应结合基坑开挖深度、周边环境条件、内部支撑条件以及工程经济性和施工可行性等因素综合选型确定。与常规的顺作法基坑工程类似，一般情况下，逆作法的基坑工程周边设置板式支护结构围护墙。围护结构应根据实际工况分别进行施工阶段和正常使用阶段的设计计算。周边围护结构的设计应包括受力计算、稳定性验算、变形验算和围护墙体本身以及围护墙体与主体水平结构连接的设计构造等内容。

逆作阶段的水平结构体系本身是主体结构的一部分，其设计是支护设计与主体设计紧密结合的过程。逆作法基坑工程中的水平结构体系在满足永久使用阶段的受力计算要求的同时，还应根据逆作实施的需要满足传递水平力、承担施工荷载以及暗挖土方等的要求进行相关的节点设计，以确保水平受力的合理和逆作施工的顺利进行。

逆作施工阶段的竖向支承系统是基坑逆作实施期间的关键构件，在此阶段承受已浇筑的主体结构梁板自重和施工超载等荷载，在整体地下结构形成前，每个框架范围内的荷载全部由一根或几根竖向支承构件承受，因此对其承载力和沉降控制都提出了较高的要求。逆作施工阶段的竖向支承构件的设计包括平面布置、立柱桩的竖向承载力计算和沉降验算、立柱的受力计算和构造设计以及立柱与立柱桩的连接节点设计等。

2.2 逆作法中周边围护结构的设计

围护结构作为基坑工程中最直接的挡土结构，与水平支撑共同形成完整的基坑支护体系。逆作法基坑工程采用结构梁（板）体系替代水平支撑传递水平力，因此基坑周边围护结构相当于以结构梁板作为支点的板式支护结构围护墙。逆作法基坑工程对围护结构的刚度、止水可靠性等都有较高的要求，目前国内常用的板式围护结构包括地下连续墙、灌注排桩结合止水帷幕、咬合桩和型钢水泥土搅拌墙等。

从围护结构与主体结构的结合程度来看，周边围护结构可以分为两种类型。一类是采用两墙合一设计的地下连续墙，另一类则是临时性的围护结构。

所谓两墙合一的地下连续墙，即地下连续墙在基坑开挖阶段作为围护结构，在正常使用阶段作为地下室结构外墙或地下室结构外墙的一部分。逆作法工程中采用此类围护结构时，其典型施工流程大致是：先沿建筑物地下室边线施工地下连续墙（作为地下室的外墙和基坑的围护结构），同时在建筑物内部施工立柱和工程桩；然后开挖第一层土，进行地下首层结构的施工；开挖第二层土，并施工地下一层结构的梁板；开挖第三层土，并施工地下二层结构……基坑中部开挖到底并浇筑底板，基坑周边开挖到底并施工底板；施工立柱的外包混凝土及其他地下结构，完成地下结构的施工。

采用临时围护结构时，其施工流程略有不同，典型的施工流程大致如下：首先施工主体工程桩和立柱桩，期间可同时施工周边的临时围护体；然后开挖第一层土，进行地下首层结构的施工，并在首层水平支撑梁板与临时围护体之间设置支撑；接着进行地下二层土的开挖，进而施工地下一层结构，并在地下一层水平支撑梁板与临时围护体之间设置型钢换撑……开挖基坑中部土体至坑底并浇筑基坑中部的底板；开挖基坑周边的留土并浇筑周边底板；最后施工地下室周边的外墙，并填实地下室外墙与临时围护体之间的空隙，同时完成框架柱的外包混凝土施工，至此即完成了地下室工程的施工。

上述两类围护结构应用在逆作法基坑工程中，实施过程的主要区别在于：①前者在各层结构梁板施工时完成与地下室结构外墙的连接，后者结构梁板与临时围护结构间需设置型钢支撑；②前者基础底板形成后只需在地下室周边进行内部构造墙体或部分复合（叠合）墙体施工，后者则需要在基础底板形成后方可进行地下室周边结构外墙的浇筑；③前者无需进行地下室周边的土体回填，后者则需在地下室结构外墙形成后进行周边土体回填。

在逆作法基坑工程中采用两墙合一地下连续墙和临时围护结构两种类型的围护结构，不仅在施工流程上存在着一定的差别，其他方面的特点也不完全相同。这两类围护结构除了在基坑开挖阶段的设计计算方法基本相同外，都还有着自身的特点、适用性和设计要求，下面几节将分别进行具体介绍。

2.2.1 围护墙的设计计算

2.2.1.1 施工阶段的设计计算

1. 基坑稳定性计算

基坑的稳定性计算包括整体稳定性、抗倾覆稳定性及抗隆起稳定性等内容，验算基坑稳定的计算方法可以分为三类，即土压力平衡验算法、地基极限承载力验算法和圆弧滑动稳定验算法。

通过基坑稳定性验算合理确定围护结构的墙体入土深度，各项稳定系数要求应根据基坑开挖深度以及基坑周边的环境保护情况综合确定。一般情况下，基坑开挖越深、环境保护要求越严格，基坑稳定性要求越高，相应的围护结构墙体入土深度越大。但由于埋藏较深的土层的各项指标通常要好于浅部土层，因此基坑开挖深度加深后，围护结构墙体的插入比（基底以下长度与开挖深度的比值）可能反而较小。

2. 围护结构内力计算

无论是两墙合一的地下连续墙还是临时性的围护结构，其设计与计算都需要满足基坑开挖施工阶段对承载能力极限状态的设计要求。目前对于围护结构的设计计算，应用最多的是规范推荐的竖向弹性地基梁法。墙体内力计算应按照主体工程地下结构的梁板布置和标高以及施工条件等因素，合理确定基坑分层开挖深度等计算工况，并按基坑内外实际状态选择计算模式，考虑基坑分层开挖与结构梁板进行分层设置及换撑拆除等在时间上的顺序先后和空间上的位置不同，进行各种工况下完整的设计计算。

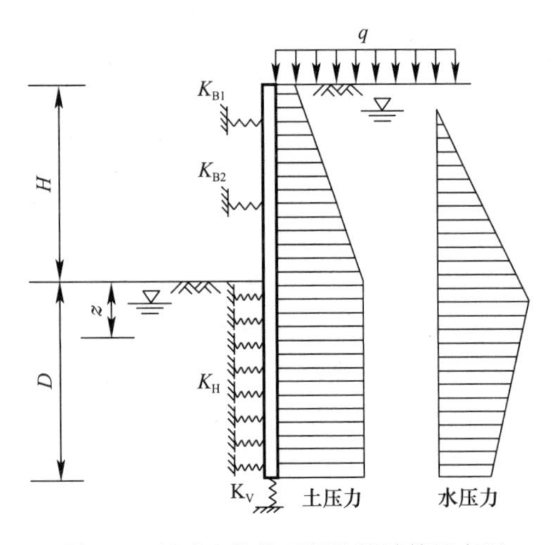

图 2-1 板式支护体系围护墙计算示意图

竖向平面弹性地基梁法以围护结构作为研究对象，坑内开挖面以上的内支撑点用弹性支座模拟；坑外土体产生的主动土压力作为已知荷载作用在弹性地基梁上；而坑内开挖面以下作用在围护墙面上的弹性抗力以水平弹簧支座模拟。该方法可根据基坑的施工过程分阶段进行计算，能较好地反映基坑开挖中土压力的变化、加撑等多种复杂因素对围护结构受力的影响。由于竖向平面弹性地基梁法原理简单，作为众多规范的推荐方法也已经积累了较多的工程经验。图 2-1 为一典型基坑开挖过程的计算模型图。

（1）水土压力

在逆作法的基坑工程中，围护体外侧的土压力计算一般采用主动土压力，考虑开挖面以上按三角形分布，开挖面以下按矩形分布。土压力计算时还应根据现场实际情况考虑地表均布荷载的影响。在周边环境保护要求较高，需要对围护结构水平位移有严格限制时，也可以采用提高的主动土压力值，提高的主动土压力强度应不高于静止土压力强度。

围护体主动侧的水土压力作用计算时，应根据土层的性质确定采用水土分算或水土合算以及相关的抗剪强度指标。一般情况下，对砂土采用水土分算、对黏土采用水土合算。水压力计算时，应考虑渗流影响。

（2）地基土的水平抗力

板式支护的基坑围护体计算时，基底以下地基土抗力的分布模式，一般取开挖面处为零，开挖面以下按照三角形或梯形分布。水平抗力可以简化成水平向弹簧支座进行计算，弹簧刚度根据现场试验或参照类似工程的经验确定。

(3) 内支撑刚度

逆作法工程采用结构梁板替代临时水平支撑，进行围护体计算时，支撑刚度应采用梁板刚度。结构梁板上开设比较大的洞口时，应设置临时支撑，并对支撑刚度进行适当的调整。

3. 围护结构的变形计算

围护结构的变形也可以采用上述弹性地基梁法进行计算，在逆作法的基坑工程中，围护结构的计算变形通常都小于常规的顺作法基坑工程，这也是基坑周边的环境保护要求较高的工程往往采用逆作法作为基坑工程实施方案的重要原因。

对于环境保护等级较高的基坑工程，在进行围护结构的变形计算的同时，还应对基坑开挖对周边环境的变形影响进行分析。变形影响可以结合当地工程实践，采用经验方法或者数值方法进行模拟分析。

工程实践中，由于基坑围护结构的变形影响因素很多，除了土质条件、围护体及支撑系统的刚度等因素外，现场施工的时空效应也会对围护体变形产生较大的影响，周边环境本身对土体变形的敏感程度也不相同，因此围护结构的变形计算以及环境影响分析结果只能作为参考，现场还是应该从工程实施的有效组织、施工方案的合理安排等方面提高基坑工程实施效果，减少围护结构的变形和环境影响。

总体上看，逆作法基坑工程中的围护体在施工阶段的设计计算方法与常规的板式支护体系基本相同，只是在具体参数的取值以及设计工况等方面有所区别。因此，此类基坑工程围护体的设计计算应遵照现场实际情况进行具体问题具体分析。

2.2.1.2 正常使用阶段验算

采用两墙合一的地下连续墙作为基坑围护结构时，除需按照上述要求进行施工阶段的受力、稳定性和变形计算外，在正常使用阶段，还需进行承载能力极限状态和正常使用极限状态的计算。

1. 水平承载力和裂缝计算

与施工阶段相比，地下连续墙结构受力体系主要发生了以下两个方面的变化：

(1) 侧向水土压力的变化：主体结构建成若干年后，侧向土压力、水压力已从施工阶段恢复到稳定的状态，土压力由主动土压力变为静止土压力，水位恢复到静止水位。

(2) 由于主体地下结构梁板以及基础底板已经形成，通过结构环梁和结构壁柱等构件与墙体形成了整体框架，因而墙体的约束条件发生了变化，应根据结构梁板与墙体的连接节点的实际约束条件进行设计计算。

在正常使用阶段，应根据使用阶段侧向的水土压力和地下连续墙的实际约束条件，取单位宽度地下连续墙作为连续梁进行设计计算，尤其是结构梁板存在错层和局部缺失的区域应进行重点设计，并根据需要局部调整墙体截面厚度和配筋。正常使用阶段设计主要以裂缝控制为主，计算裂缝应满足相关规范规定的裂缝宽度要求。

2. 竖向承载力和沉降计算

两墙合一地下连续墙在正常使用阶段作为结构外墙，除了承受侧向水土压力以外，还要承受竖向荷载，因此地下连续墙的竖向承载力和沉降问题也越来越受到人们的关注。大多数情况下，地下连续墙仅承受地下各层结构梁板的边跨荷载，需要满足与主体基础结构的沉降协调。少数情况下，当有上部结构柱或墙直接作用在地下连续墙上时，则地下连续墙还需承担部分上部结构荷载，此时地下连续墙需要进行专项设计。

地下连续墙的竖向承载力计算目前在国内还没有专门的相关规范，但在国际上和国内的工程实践中已经有采用地下连续墙作为主要竖向承载构件的先例。地下连续墙的竖向承载力的确定主要依赖于现场承载力试验，试验前可以参照钻孔灌注桩的计算方法进行估算。现行上海地方工程建设规范《基坑工程技术规范》DG/TJ 08-61 中规定，地下连续墙的竖向承载力计算时，“墙体截面有效周长应取与周边土体接触部分的长度，墙体有效长度应取基坑开挖面以下的入土深度。”

2.2.2 围护结构的设计与构造

2.2.2.1 两墙合一的地下连续墙

1. 特点及适用范围

地下连续墙作为一项施工工艺成熟、应用广泛的技术，已经在国内大量基坑中成功采用，尤其是在开挖深度大、环境保护要求高的深基坑工程中应用更多，并已积累的大量成功的设计和施工经验。地下连续墙具有如下几点其他围护形式所不能比拟的优势：

（1）有利于对周边环境的保护

地下连续墙施工具有低噪声、低振动等优点。基坑开挖过程中安全性较高，由于地下连续墙刚度大、整体性好，基坑开挖过程中支护结构变形较小，从而对基坑周边的环境影响小。地下连续墙具有良好的抗渗能力，根据目前成熟的施工工艺，槽段与槽段连接夹泥少，连接整体性强且防渗效果好，因而基坑挖土施工时周边渗漏情况比一般围护形式少，坑内降水时对坑外的影响较小。

（2）可采用两墙合一的形式

两墙合一的地下连续墙，即地下连续墙作为挡土止水基坑围护体的同时，还作为地下室的结构外墙，大大节省了地下室结构外墙工程量。当基坑开挖深度越深时，两墙合一地下连续墙相对于其他形式的围护体经济性更为显著。大量已实践的工程经验表明，当软土地区中基坑开挖深度超过 16m 时，两墙合一地下连续墙是最为经济合理的围护形式；而且，由于结构外墙的位置即地下连续墙的位置，不需要设置施工操作空间，可减少直接土方开挖量，并且无需再施工换撑板带和进行回填土工作，其间接的经济效益也是非常明显的。对于红线退界紧张或地下室与邻近建、构筑物距离极近的地下工程，两墙合一还可大大减小围护体所占空间，具有其他围护形式无可替代的优势。同时，两墙合一的设计还能够减少施工地下室外墙、墙外换撑的工期，提高了地下工程的施工效率等。

（3）竖向承载能力强

地下连续墙还具有竖向承载能力强的特点，有利于协调与主体结构的沉降。结合主体设计的需要，上部结构可以直接设置在地下连续墙上方，通过对地下连续墙的设计计算满足其竖向承载和沉降控制的要求。

基于上述特点，当超深基坑采用其他围护结构无法满足要求时，常采用地下连续墙作为围护体，结合逆作法施工，利用刚度较大的结构梁板替代临时支撑，在确保基坑工程安全的同时也避免了拆撑工况对环境的二次变形影响，成为超深地下结构施工的最佳选择。

2. 地下连续墙在逆作法工程中的设计与构造

目前，在逆作法基坑工程中应用的地下连续墙的结构形式主要有壁板式、T 形和 Π

形地下连续墙等几种；根据受力、防水等的需要，槽段之间可以采用相应的柔性接头或刚性接头；而且，地下连续墙可以采用单一墙、分离墙、复合墙和叠合墙四种形式与主体结构地下室外墙进行结合。这部分设计内容与常规顺作法基坑工程中的地下连续墙类似，本章中不再赘述。下面主要介绍在逆作法的基坑工程地下连续墙的设计。

（1）地下连续墙与主体结构的连接

地下连续墙与主体结构的连接主要涉及以下几个位置：压顶梁、地下室各层结构梁板、基础底板、周边结构壁柱（图 2-2）。

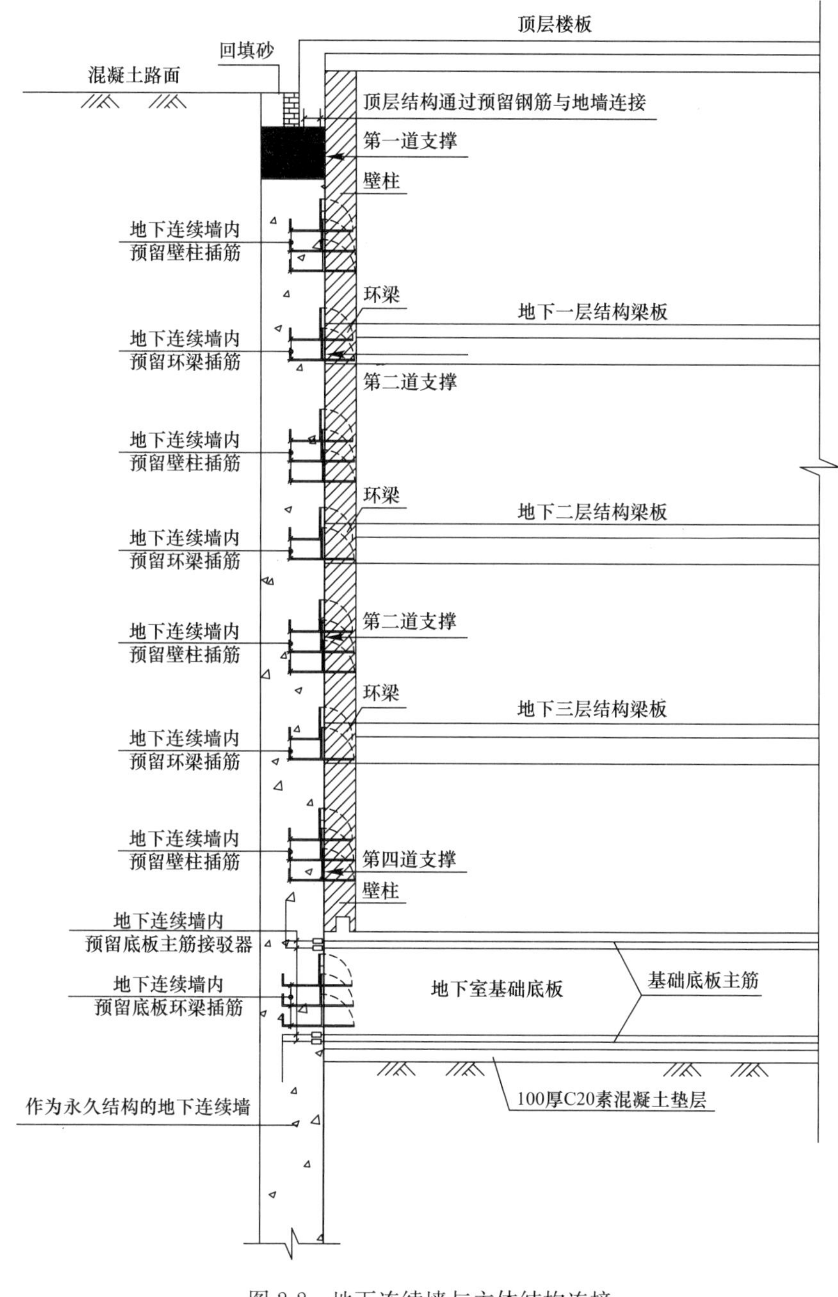

图 2-2　地下连续墙与主体结构连接

1）地下连续墙与压顶梁的连接

地下连续墙顶出于施工泛浆高度、减少设备管道穿越地下连续墙等因素需要适当落低，地下连续墙顶部需要设置一道贯通的压顶梁，墙体顶部纵向钢筋锚入到压顶梁中。墙顶设置防水构造措施。考虑到压顶梁还需跟主体结构侧墙或首层结构梁板进行连接，因此需要留设相应的锚固和构造措施（图 2-3）。

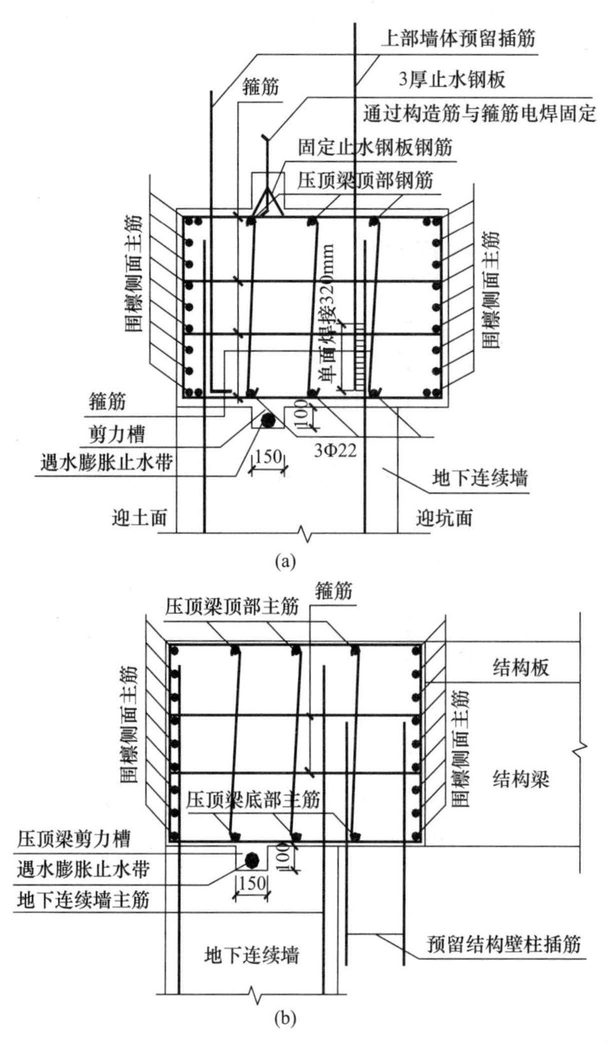

图 2-3　地下连续墙与压顶梁的连接

（a）与主体结构地下室侧墙的连接；（b）与主体结构首层地下室外墙的连接

2）地下连续墙与地下室各层结构梁板的连接

地下连续墙与地下室各层结构梁板的连接方式较多，可以通过预留插筋、接驳器、预埋抗剪件等通过锚入、接驳、焊接等方式进行连接。根据主体结构与地下连续墙的连接要求确定具体的连接方式。为了提高地下连续墙的整体性，加强地下连续墙与主体结构的连接，各层结构梁板在周边宜设置环梁，预埋件的连接件可以通过锚入环梁的方式达到与主体结构连接的目的。

3）地下连续墙与基础底板的连接

一般情况下，基础底板是与地下连续墙连接要求最高的部位。在顺作法施工的地下结构中，基础底板与侧墙连接位置都是一次浇筑、刚性连接。在逆作法的基坑工程中，基础底板的钢筋常常需要锚入到地下连续墙内，以加强连接刚度，因此地下连续墙内需要按照底板配筋的规格和间距留设钢筋接驳器，待基坑开挖后与底板主筋进行连接。底板厚度较大时，也需要在底板内设置加强环梁（暗梁），地下连续墙内留设预留钢筋，待开挖后锚入环梁（图 2-4）。

4）地下连续墙与结构壁柱的连接

地下连续墙的接头部位是连接和止水的薄弱点，尤其是采用柔性接头进行连接时，接头区域均为素混凝土，二次浇筑的密实度难以保证，连接刚度不十分理想，在槽段接头位置设置结构壁柱是弥补这一缺陷的有效办法。在地下连续墙槽幅分缝位置设置结构壁柱，壁柱通过预先在地下连续墙内预留的钢筋与地下连续墙形成整体连接，既增强了地下连续墙的整体性，也减少了墙段接缝位置渗漏的可能性（图 2-5）。

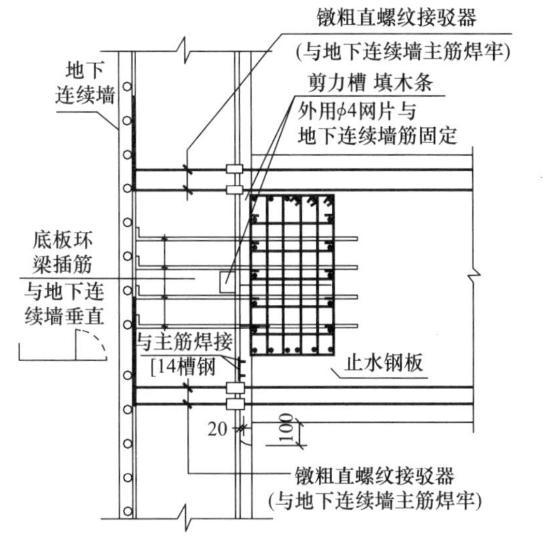

图 2-4　地下连续墙与基础底板的连接

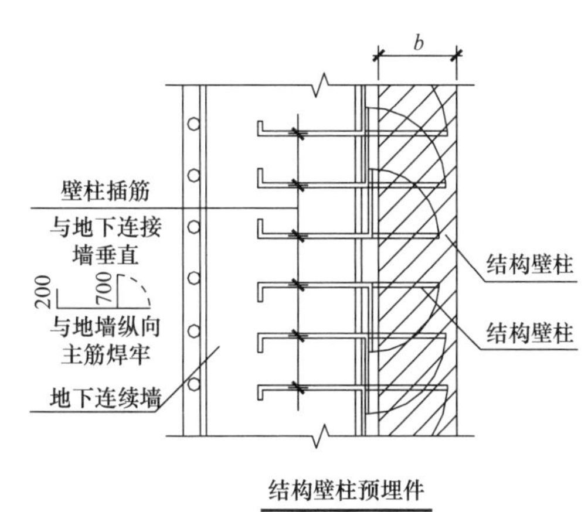

图 2-5　地下连续墙与结构壁柱的连接

预埋件是解决在地面先施工的地下连续墙与主体结构连接的重要手段，但由于地下连续墙是在地面成槽进行施工的，所有预埋件都是预先固定在钢筋笼上后放置到指定位置的，因此预埋件的埋设精度也会受到地下连续墙施工精度的影响。预埋件数量太多，不但给留设带来较大的麻烦，同时预埋件的集中留设也会对地下连续墙的混凝土浇筑带来一定的困难，反而削弱地下连续墙墙体的施工质量。因此进行两墙合一地下连续墙设计时，应根据工程特点和连接要求合理留设预埋件。

（2）地下连续墙的防水设计

两墙合一的地下连续墙作为主体结构的一部分，除了满足其受力要求外，也要满足止水要求。在采用复合墙的基坑工程中，可以采用防水毯的做法进行全包防水；采用分离墙或叠合墙时，可以采用与顺作法相同的方式进行防水设计。但在采用单一墙时，地下连续墙需要进行专门的防水设计。地下连续墙的止水要点主要集中在压顶梁、槽段接头和基础底板三个部位。由于混凝土的先后浇筑，分缝在所难免，所以接缝也是防水设计的重要部位。

1）地下连续墙与压顶梁的连接位置的防水

如图 2-3（a）所示，地下连续墙与压顶梁连接位置可以采用开凿剪力槽的方式，增加渗流路径，同时在剪力槽内留设柔性止水条封闭渗漏通道，从而达到防水的目的。压顶梁与结构侧墙连接的位置如需分次浇筑，也可以在施工中设置局部突起及刚性止水片来加强防水。在逆作法的基坑工程中，可以通过压顶梁与首层结构梁板同时浇筑的方式减少一道分缝，减少发生渗漏的可能。

2）地下连续墙的槽段接头位置的防水

由于地下连续墙自身施工工艺的特点，其施工是分段进行的，因此地下连续墙墙幅与墙幅之间接头位置是防渗漏的关键。针对这个特点，在地下连续墙接缝位置可以采取坑外封堵、坑内采取封堵与疏排相结合等措施增强接头位置的抗渗性能。下面介绍一种在基坑工程中采用较多的针对性防水措施。

首先，在地下连续墙槽幅分缝位置外侧设置 1～2 根旋喷桩，增强接缝外侧的止水性能；其次，在地下连续墙槽幅分缝位置内侧设置壁柱（图 2-6），壁柱通过在地下连续墙内预留的钢筋与地下连续墙形成整体连接，从而增强地下连续墙接缝位置的防渗性能；最后，在基坑内侧设置一道内衬砖墙用来改善内立面和防潮，内衬砖墙和地下连续墙之间留设防潮空间，各层结构环梁（底板）顶面留设导流沟将可能发生的局部渗漏水导至指定位置后排出（图 2-7）。

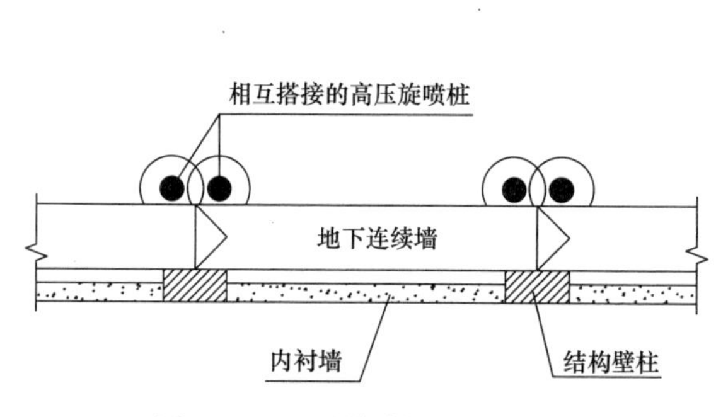

图 2-6 地下连续墙槽段接头处理

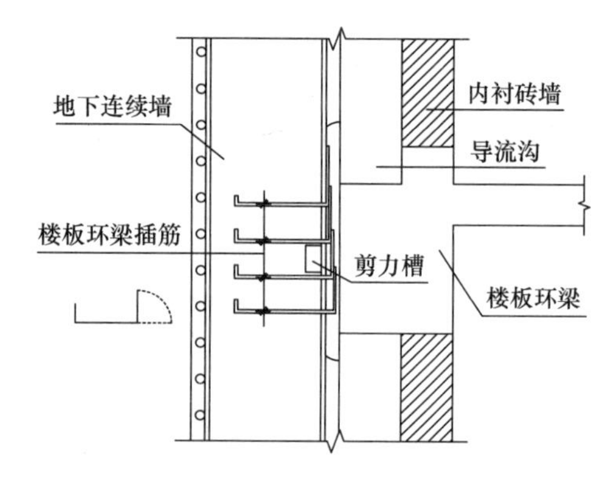

图 2-7 地下连续墙内侧内衬砖墙与导流沟设置

3）地下连续墙与基础底板的连接位置

在深基础工程中，基础底板埋深较大，在强大的水压力作用下，地下连续墙与基础底板接缝处易出现渗漏现象，因此地下连续墙与基础底板连接部位必须采取可靠的止水措施。在浇筑基础地板时，可在地下连续墙与底板接触面位置设置遇水膨胀橡胶止水条。

（3）提高地下连续墙竖向承载能力的措施

为确保地下连续墙竖向承载力的发挥，可采取以下技术措施：

1）地下连续墙长度适当增加，将地下连续墙底置于较好持力层，根据工程土层的实际分布情况，墙底选择进入相对较稳定土层，以提供较好的端承力；

2）对地下连续墙墙端采取墙底注浆加固，这一技术措施在减少地下连续墙绝对沉降量的同时，还可大幅提高地下连续墙的竖向承载能力；

3）在地下连续墙的竖向承载力差异较大或需要多幅地下连续墙共同承担竖向荷载时，地下连续墙槽段间可采用“十”字钢板或“王”字钢板等刚性接头，这种接头可使相邻地下连续墙槽段联成整体以共同承担上部结构的垂直荷载，且可协调地下连续墙槽段间的不均匀沉降。

2.2.2.2 临时围护结构

1. 特点及适用范围

在逆作法的基坑工程中也可以采用临时围护结构作为围护体，钻孔灌注排桩结合止水帷幕、型钢水泥土搅拌墙以及咬合桩等都可以作为逆作法方案中的周边围护结构。逆作法中采用的临时围护体，其主要特点如下：

（1）在满足变形控制的前提下，可根据计算需要灵活调整围护体的截面尺寸厚度，实现最优化的设计；

（2）当主体地下室的轮廓形状不规则时，采用临时围护体可根据具体位置进行改变调整围护体的轮廓以减少围护体的工程量；

（3）在开挖深度不深的基坑工程中，采用临时围护结构可以提高围护体的经济性；

（4）在需要分区施工的基坑工程中，采用临时围护结构作为隔断，减少工程量的同时也方便后期围护桩的凿除。

基于以上特点，在对地下连续墙和临时围护进行经济性比较分析后，对于临时围护结构经济性占优势的基坑工程可以采用。在上海地区，周边临时围护体结合坑内水平梁板体系替代支撑的逆作法设计一般适用于面积较大、地下室不超过两层、挖深小于 10m 的深基坑工程。

2. 临时围护结构在逆作法工程中的设计

一般情况下，基坑工程结束后，临时围护结构将退出工作，因此只需进行施工阶段的设计计算。采用型钢水泥土搅拌墙时，在基坑周边进行密实回填后，可以进行型钢的拔出回收。但采用灌注排桩或咬合桩作为基坑围护结构时，也有工程采用临时围护结构与现浇地下室结构墙形成叠合墙的设计，此时临时围护结构设计时还需增加使用阶段的受力分析，根据叠合墙的刚度分配，计算正常使用阶段围护结构的受力，计算方法可参考地下连续墙中叠合墙的设计。

临时围护结构设置在基坑周边时，可根据设计要求和经济性分析选择采用灌注桩排桩、型钢水泥土搅拌墙或咬合桩。当基坑需要分区施工时，临时隔断围护体采用上述三种围护形式，技术上均可行，但由于在先后分区结构连接的时候，需将临时隔断逐层凿除，因此，临时隔断若采用型钢水泥土搅拌墙则型钢拔除困难，甚至需要进行地下室顶板加固和分段进行换撑设计等，对工程经济性和工期均有一定的影响；若采用咬合桩，造价可能相对较高，连续的桩体凿除也比较困难；相比而言，采用钻孔灌注桩造价较低，而且灌注桩为离散体，凿除较方便，因此，采用灌注排桩方案更为合理。在具体的工程问题中，还需要结合现场的实际情况进行分析和判断。

（1）临时围护结构的位置

由于临时围护结构与主体结构梁板共同形成逆作阶段的支护结构体系，而地下室结构外墙还需进行顺作施工，因此围护结构需要与地下室外墙保留一定距离，该距离通过地下室防水的施工空间要求确定，并不宜小于800mm。当对地下室外墙模板搭设、外防水设置以及围檩拆除等有特殊要求时，可适当扩大该施工操作空间的宽度。

作为基坑中部临时隔断位置的围护结构，其具体位置应根据与连接的主体结构布置确定。首先，不能影响主体结构主要竖向构件的布置和施工；其次，尽量使主体水平结构的施工缝留设在1/3跨位置，并且尽量减小悬臂长度。

（2）临时围护结构的水平支撑刚度

采用逆作法的基坑工程，利用主体水平结构体系作为支撑，结构体系与临时围护结构之间应设置可靠的连接。无论是采用钻孔灌注排桩或型钢水泥土搅拌墙作为围护结构，其顶部和对应于各层水平结构标高位置必须设置压顶梁或围檩。

需要特别注意的是，由于地下各层楼面结构的边跨施工缝宜退至结构外墙内一定的距离，以保证基坑工程逆作施工结束后，结构外墙和未施工的相邻结构梁板一并浇筑，所以在临时围护结构与主体地下室各层结构梁板之间需要设置相应的水平传力体系。此时进行围护体的受力计算时，支撑结构的刚度往往取决于传力构件的布置和刚度，而不是水平结构梁板的刚度。相应地，为了保证围护体的受力和变形控制需要，当对支撑的刚度要求较高时，应通过增加传力构件的截面、加密其间距的方式来满足。

3. 临时围护结构的构造措施

如前所述，采用临时围护结构的逆作法基坑工程中，其构造措施也主要针对临时围护结构与水平结构梁板之间的水平传力体系。

临时围护体与内部结构之间必须设置可靠的水平传力支撑体系，该支撑体系的设计至关重要。两墙合一逆作法中以结构楼板代支撑，水平梁板结构直接与地下连续墙连接，水平梁板支撑的刚度很大，因而可以较好地控制基坑的变形。而围护体采用临时围护体时，其与内部结构之间需另设置水平传力支撑，水平传力支撑一般采用钢支撑、混凝土支撑或型钢混凝土组合支撑等形式。支撑之间具有一定的间距，即使考虑到支撑长度小、线刚度较大的有利条件，其整体刚度依然不及直接利用结构楼板支撑至围护体的支撑刚度。在这种情况下，水平传力支撑的整体刚度取决于临时围护体与内部结构之间设置的水平传力支撑体系，其支撑刚度大小应介于相同条件下顺作法和逆作法的支撑刚度之间。

由于水平传力体系是临时性的支撑结构，因此在满足刚度要求的前提下，该支撑结构的布置比较灵活，一般情况下满足以下要求即可：

（1）逆作法实施时内部结构周边一般应设置通长闭合的边环梁。边环梁的设置可提高逆作阶段内部结构的整体刚度、改善边跨结构楼板的支承条件，而且周边设置边环梁还可为支撑体系提供较为有利的支撑作用面。

（2）水平支撑形式和间距可根据支撑刚度和变形控制要求进行计算确定，但应遵循水平支撑中心对应内部结构梁中心的原则。如不能满足，支撑作用点也可作用在内部结构周边设置的边环梁上，但需验算边环梁的弯、剪、扭截面承载力，必要时可对局部边环梁采取加固措施。

（3）在支撑刚度满足的情况下，尽量采用型钢构件作为水平传力体系。型钢构件可以直接锚入结构梁并便于设置止水措施，可以在不拆撑的情况下进行地下室外墙的浇筑。

（4）当对水平支撑的刚度要求较高，或主体结构出现局部的大面积缺失时，也可以采用混凝土支撑作为水平传力构件。考虑到外墙防水的需要，可以采用分段间隔拆除临时支撑，分段浇筑结构外墙的方式进行，避免混凝土支撑穿越地下室外墙留下二次浇筑的渗水通道。

图 2-8、图 2-9 是在上海某工程中采用临时围护体（钻孔灌注排桩结合双排双轴水泥土搅拌桩）与首层及地下一层主体结构的连接的局部平面图和节点详图。从图中可以看出，水平传力构件通过预埋件与压顶梁或支撑围檩进行连接，通过锚钉与结构梁进行连接，保证水平传力的可靠性。由于两层结构水平受力的不同，传力构件的间距也不相同。后期进行地下室外墙浇筑时，可以在焊接止水片后，将型钢直接浇筑在地下室结构外墙中。

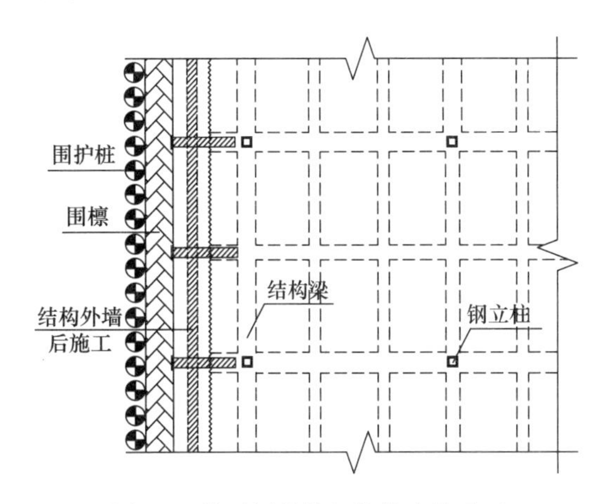

图 2-8　临时围护体与结构连接平面

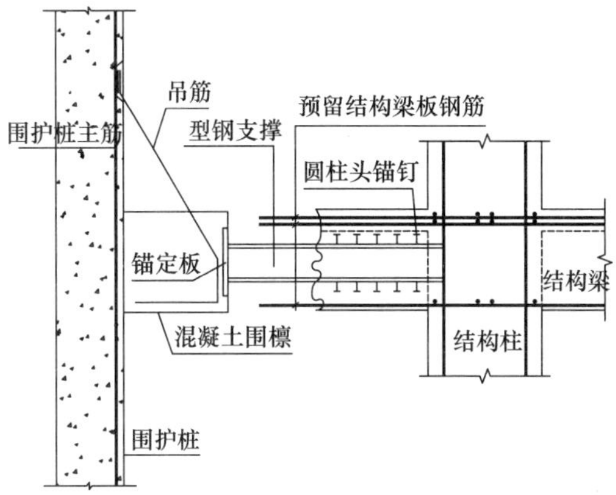

图 2-9　围护体与地下结构连接剖面

2.3　水平结构与支护结构相结合的设计

水平结构构件与支护结构相结合，系利用地下结构的梁板等内部水平构件兼作为基坑工程施工阶段的水平支撑系统的设计施工方法。水平结构构件与支护结构的相结合具有多方面的优点，主要体现在两个方面：一方面可利用地下结构梁板具有平面内巨大结构刚度的特点，可有效控制基坑开挖阶段围护体的变形，保护周边的环境，因此，该设计方法在有严格环境保护要求的基坑工程得到了广泛的应用；另一方面，还可节省大量临时支撑的设置和拆除，对节约社会资源具有显著的意义，同时可避免由于大量临时支撑的设置和拆除，而导致围护体的二次受力和二次变形对周边环境以及地下结构带来的不利影响。另外，随着逆作挖土技术水平的提高，该设计方法对节省地下室的施工工期也有重大的意义。

2.3.1　适合采用水平结构与支护结构相结合的结构类型

在地下结构梁板等水平构件与基坑内支撑系统相结合时，结构楼板可采用多种结构体系，工程中采用较多的为梁板结构体系和无梁楼盖结构体系。

2.3.1.1　梁板结构

用梁将楼板分成多个区格，从而形成整浇的连续板和连续梁，因板厚也是梁高的一部分，故梁的截面形状为 T 形。这种由梁板组成的现浇楼盖，通常称为肋梁楼盖。随着板区格平面尺寸比的不同，又可分成单向板肋梁楼盖和双向板肋梁楼盖。肋梁楼盖一般由板、次梁和主梁组成。次梁承受板传来的荷载，并通过自身受弯将传递到主梁上，主梁作为次梁的不动支点承受次梁传来的荷载，并将荷载传递给主梁的支承——墙或柱（图 2-10）。

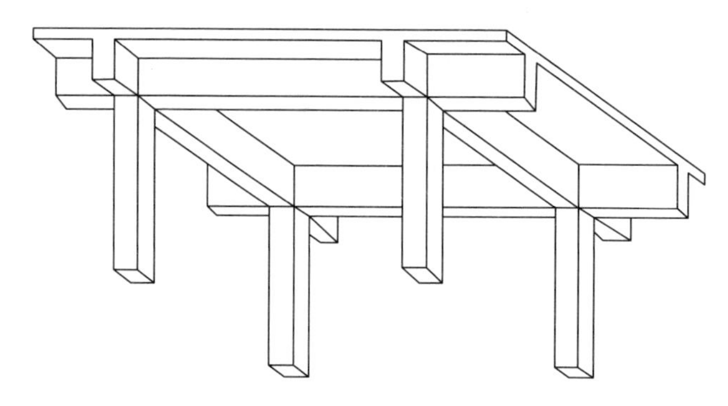

图 2-10 梁板结构示意图

地下结构采用肋梁楼盖作为水平支撑适于逆作法施工，其结构受力明确，可根据施工需要在梁间开设取土孔洞，并在梁周边预留止水片，在逆作法结束后再浇筑封闭。

此外，梁板结构在逆作施工阶段也可采用结构楼板后作的梁格体系。在开挖阶段仅浇筑框架梁作为内支撑，基础底板浇筑后再封闭楼板结构。该方法可减少施工阶段竖向支承的竖向荷载，同时也便于土方的开挖，不足之处在于梁板二次浇筑，存在二次浇筑接缝位置止水和连接的整体性问题。

2.3.1.2 无梁楼盖

无梁楼盖结构体系又称板柱结构体系，这是相对梁板结构体系而言的。由于没有梁，钢筋混凝土平面楼板直接支承在柱上，故与相同柱网尺寸的肋梁楼盖相比，其板厚要大些。为了提高柱顶处平板的受冲切承载力以及降低平板中的弯矩，往往在柱顶设置柱帽（图 2-11）。柱网尺寸较小或荷载较小时，也可以不设柱帽。通常柱和柱帽的截面形状为矩形，也有由于建筑功能要求而取圆形截面的。

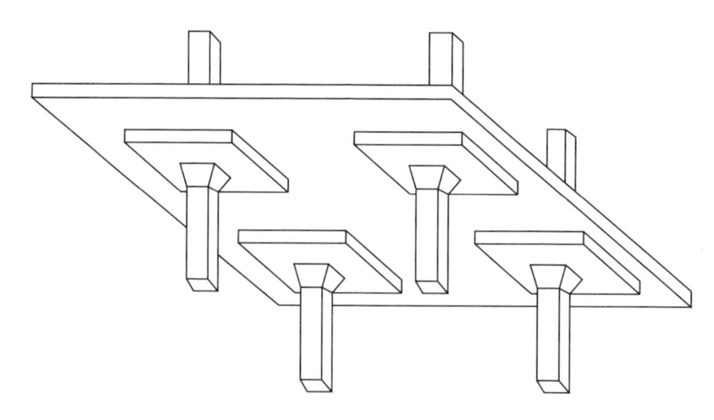

图 2-11 无梁楼盖示意图

在我国，无梁楼盖结构体系是近年来发展较为迅速的建筑结构。较之传统的密肋梁结构体系，它具有整体性好、建筑空间大、可有效增加层高等优点。在施工方面，采用无梁楼盖结构体系的建筑物具有施工支模简单、楼面钢筋绑扎方便、设备安装方便等优点，从而大大提高了施工速度。因此，建筑结构上采用无梁楼盖结构具有明显的经济效益和社会效益。

在主体结构与支护结构相结合的逆作法设计中可采用无梁楼盖作为水平支撑，其整体性好、支撑刚度大，并便于结构模板体系的施工。在无梁楼盖上设置施工孔洞时，一般需设置边梁并附加止水构造。无梁楼盖通常通过边环梁与地下连续墙连接。

无梁楼板一般在梁柱节点位置均设置一定长宽的柱帽，因此，无梁楼盖体系梁柱节点位置钢筋穿越矛盾相对梁板体系有所缓和，也易于解决。

上述两种结构体系，当同层楼板面标高有高差时，应设置可靠的水平向转换结构，转换结构应有足够的刚度和稳定性，并满足抗弯、抗剪和抗扭承载能力的要求；当结构楼板存在较大范围的缺失或在车道位置无法形成有效水平传力平面时，均需架设临时水平支撑，考虑拆除方便一般采用钢支撑；当地下结构梁板兼作施工用临时平台或栈桥时，其构件设计应考虑承受施工荷载的作用。

2.3.1.3 其他形式

地下水平结构作为支撑的设计方法适应性是不同的，并非所有的地下结构形式都适合采用此设计方法，以下几种属于比较合适应用此设计方法的地下结构形式。

1. 框架结构体系的地下结构

逆作法是一种首先施工结构体系的竖向支承结构，其后由上往下施工地下各层结构的设计与施工方法。地下结构采用框架结构体系，可结合框架柱的位置设置施工阶段的竖向支承，竖向支承体系可根据工程的具体情况采用角钢格构柱、型钢柱或钢管混凝土柱等，待基础底板施工完毕再形成结构正常使用阶段的框架柱。如果地下结构采用剪力墙结构，由于现阶段剪力墙逆作在施工精度、墙与各层结构之间的连接以及止水等方面技术尚不成熟，如采用大量临时钢立柱的方式进行托换，将带来经济性较差、剪力墙在各层水平结构位置的接缝浇筑质量及整体性难以保证，以及施工阶段和使用阶段水平结构边界约束条件迥异而对原水平结构设计调整幅度较大等难题，因此，剪力墙结构体系一般不适宜采用此设计方法。

2. 水平结构体系宜基本完整及位于同一结构面

地下水平结构作为支撑，要求地下水平结构在基坑工程施工期间作为水平支撑系统，以平衡坑外巨大的水土侧压力。水平结构体系出现过多的开口或高差、斜坡等情况，将不利于侧向水土压力的传递，也难以满足结构安全、基坑稳定以及保护周边环境的要求，同时也不便利用顶层结构作为施工场地。当然，也可通过对开口区域采取临时封板、加临时支撑以及高差区域设置转换梁等结构加固的方法，但将较大幅度地增加工程投资，而且还将带来大量的凿除临时加固结构的工作，技术经济性较差。

2.3.2 水平结构与支护结构相结合的设计计算方法

当地下水平结构作为支撑时，对水平支撑体系的受力分析必须考虑梁板的共同作用，根据实际的支撑结构形式建立考虑围檩、主梁、次梁和楼板的有限元模型，设置必要的边界条件并施加荷载进行分析。当有局部临时支撑时，模型中尚需考虑这些临时支撑的作用。一般的大型通用有限元程序（如 ANSYS、ABAQUS、ADINA、SAP2000、MARC 等）均可完成这种分析。以下是采用 ANSYS 软件进行分析的方法概要。

主体结构的主梁、次梁和局部临时支撑采用可考虑轴向变形的弹性梁单元 BEAM188 号单元进行模拟。钢筋混凝土楼板结构采用三维板单元 SHELL63 号单元进行模拟，该单元既具有弯曲能力又具有膜力，可以承受平面内荷载与法向荷载。在分析模型中，梁单元和楼板单元采用共用相同节点的耦合处理方法，以保证梁单元和楼板单元可以在交界面上进行有效的内力传递。有限元模型中梁单元的截面尺寸和楼板的厚度均应按照设计的实际尺寸建模参与计算。

荷载分为两类，一类是由围护结构传来的水平向荷载。采用平面竖向弹性地基梁法或平面有限元方法计算得到的弹性支座的反力即为围护结构传来的水平荷载，将其作用在水平支撑体系的围檩上，一般可将该反力均匀分布于围檩上，并且与围檩相垂直。另一类是施工的竖向荷载和结构的自重。水平支撑体系与主体工程地下结构梁板结构相结合的基坑工程中，在施工时，首层水平梁板时一般还需承受大量的竖向施工荷载，因而逆作阶段首层楼板处于双向受力状态，有限元计算中尚需考虑这部分荷载，为简便计可考虑施加作用在楼板上的竖向均布荷载。其他各层地下室梁板体系可考虑只承受自重及由围护体传来的侧向荷载。

复杂水平支撑体系受力分析中，由于基坑四周与围檩长度方向正交的水平荷载往往为不对称分布，为避免模型整体平移或者转动，须设置必要的边界条件以限制整个模型在其平面内的刚体运动。约束的数目应根据基坑形状、尺寸等实际情况来定。约束数目太少，会出现部分单元较大的整体位移；约束数目太多，也会与实际情况不符，使支撑杆的计算内力偏小而不安全。

在梁板结构与立柱相交处，由于立柱的竖向位移较小，可考虑限制这些点的竖向位移，否则模型将不能承受竖向荷载。围檩一般与围护墙连在一起，也可考虑限制围檩的竖向位移。

2.3.3 水平结构利用作为支撑的设计

2.3.3.1 水平力传递的设计

1. 后浇带以及结构缝位置的水平传力与竖向支承

超高层建筑通常由主楼和裙楼组成，主楼和裙楼之间由于上部荷重的差异较大，一般两者之间均设置沉降后浇带。此外，当地下室超长时，考虑到大体积混凝土的温度应力以及收缩等因素，通常间隔一定距离设置温度后浇带。但逆作法施工中，地下室各层结构作为基坑开挖阶段的水平支撑系统，后浇带的设置无异于将承受压力的支撑一分为二，使水平力无法传递，因此，必须采取措施解决后浇带位置的水平传力问题。工程中可采取如下设计对策：

水平力传递可通过计算，在框架梁或次梁内设置小截面的型钢。后浇带内设置型钢可以传递水平力，但型钢的抗弯刚度相对混凝土梁的抗弯刚度要小得多（如 I30 工字钢截面抗弯刚度仅为 500mm×700mm 框架梁截面抗弯刚度的 1/100），因而无法约束后浇带两侧单体的自由沉降。图 2-12 为后浇带处的处理措施示意图。

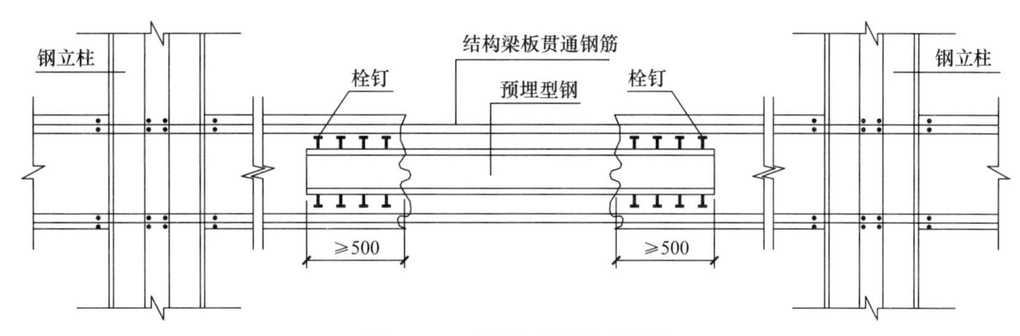

图 2-12 后浇带处的处理措施

后浇带两侧的结构楼板处于三边简支、一边自由的不利受力状态，在施工重载车辆的作用下易产生裂缝。此时，可考虑在后浇带两侧内退一定距离增设两道边梁对自由边楼板进行收口，以改善结构楼板的受力状态。

超高层建筑中，主楼和裙楼也常设置永久沉降缝，以实现使用阶段两个荷重差异大的单体自由沉降的目的。此外，根据结构要求，地下室各层结构有时尚需设置防震缝及诱导缝等结构缝，结构缝一般有一定宽度，两侧的结构完全独立。为实现逆作施工阶段水平力的传递，同时又能保证沉降缝在结构永久使用阶段的作用，可采取在沉降缝两侧预留埋件，上部和下部焊接一定间距布置的型钢，以达到逆作施工阶段传递水平力的目的，待地下室结构整体形成后，割除型钢恢复结构的沉降缝。

2. 局部高差、错层时的处理

实际工程中，地下室楼层结构的布置往往不是一个理想的完整平面，常出现局部结构突出和错层现象，逆作法设计中需视具体情况给予相应的对策。

采用逆作法，顶层结构平面往往利用作为施工的场地。逆作施工阶段，其上将有施工车辆频繁运作。当局部结构突出时，将对施工阶段施工车辆的通行造成障碍，此时局部突出结构可采取后浇筑，但在逆作施工阶段需留设好后接结构的埋件以保证前后两次浇筑结构的整体连接。如局部突出区域必须作为施工车辆的通道时，可考虑在该处设置临时的车道板。

当结构平面出现较大高差的错层时，周边的水、土压力通过围护墙最终传递给该楼层时，错层位置势必产生的集中应力，易造成结构的开裂。此时，可在错层位置加设临时斜撑（每跨均设）；也可在错层位置的框架梁位置加腋角，具体措施可根据实际情况通过计算确定。图 2-13 为错层位置加腋处理措施的示意图。

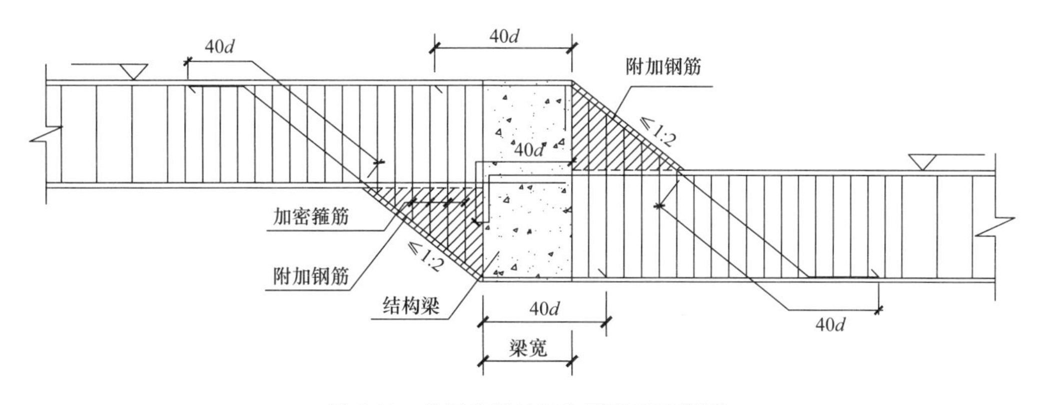

图 2-13 错层位置结构加腋处理配筋图

2.3.3.2 水平结构作为施工平台的设计

地下结构逆作法施工阶段的垂直运输（包括暗挖的土方、钢筋以及其他施工材料的垂直运输），主要依靠在顶层以及地下各层结构相对应的位置留设出土口来解决。出土口的数量、大小以及平面布置的合理性与否，直接影响逆作法期间的基坑变形控制效果、土方工程的效率和结构施工速度。通常情况下，出土口设计原则如下：

（1）出土口位置的留设根据主体结构平面布置以及施工组织设计等共同确定，并尽量利用主体结构设计的缺失区域、电梯井以及楼梯井等位置作为出土口；

（2）相邻出土口之间应保持一定的距离，以保证出土口之间的梁板能形成完整的传力带，利于逆作施工阶段水平力的传递；

（3）由于出土口呈矩形状，为避免逆作施工阶段结构在水平力作用下出土口四角产生较大应力集中，从而导致局部结构的破坏，在出土口四角均应增设三角形梁板，以扩散该范围的应力；

（4）由于逆作施工阶段出土口周边有施工车辆的运作，将出土口边梁设计为上翻口梁，以避免施工车辆、人员坠入基坑内等事故的发生；

（5）由于首层结构在永久使用阶段其上往往需要覆盖较大厚度的土，而出土口区域的结构梁分两次浇筑，削弱了连接位置结构梁的抗剪能力，因此在出土口周边的结构梁内预留槽钢作为与后接结构梁的抗剪件。

此外，施工期顶板除了留有出土口外，还要作为施工的便道，需要承受土方工程施工车辆巨大的动荷载作用，因此顶板除了承受挡土结构传来的水平力外，还需承受较大的施工荷载和结构自重荷载。中楼板同样也要受自重荷载、施工荷载、地下连续墙传来的水平力三种荷载作用，但与顶板不同的是，中楼板的施工荷载相对顶板较小，而地下连续墙传来的水平力较大。因此，地下室各层结构梁板在设计时，应根据不同的情况考虑荷载的最不利组合进行设计。

2.3.4 水平结构与竖向支承的连接设计

逆作阶段往往需要在框架柱位置设置立柱作为竖向支承，待逆作结束后再在钢立柱外侧另外浇筑混凝土形成永久的框架柱。而逆作阶段框架柱位置存在立柱，从而带来梁柱节点的框架梁钢筋穿越的问题。这也是逆作工艺中具有共性的难题。随着大量已实施和正在实施的逆作法工程设计与施工经验的积累和总结，逆作阶段梁柱节点的处理方法也逐渐丰富和成熟。立柱与框架梁的连接构造取决于立柱的结构形式。一般逆作法工程中，最为常见的立柱主要为角钢格构柱和钢管混凝土柱，灌注桩和 H 型钢立柱作为立柱也在一些逆作法工程中得到成功的实践。以下为几种立柱形式的梁柱节点处理方法。

2.3.4.1 H 型钢柱与梁的连接节点

H 型钢立柱与梁钢筋的连接，主要有钻孔钢筋连接法和传力钢板法。

1. 钻孔钢筋连接法

此法是在梁钢筋通过钢立柱处，于钢立柱 H 型钢上钻孔，将梁钢筋穿过。此法的优点是节点简单，柱梁接头混凝土浇筑质量好；缺点是在 H 型钢上钻孔削弱了截面，使承载力降低。因此，在施工中不能同时钻多个孔，而且梁钢筋穿过定位后，立即双面满焊将钻孔封闭。

2. 传力钢板法

传力钢板法是在楼盖梁受力钢筋接触钢立柱 H 型钢的翼缘处，焊上传力钢板（钢板、角钢等），再将梁受力钢筋焊在传力钢板上，从而达到传力的作用。传力钢板可以水平焊接，亦可竖向焊接。水平传力钢板与钢立柱焊接时，钢板或角钢下面的焊缝施焊较困难；而且，浇筑接头混凝土时，钢板下面混凝土的浇筑质量亦难以保证，需在钢板上钻出气孔；当钢立柱截面尺寸不大时，水平置放的传力钢板可能与柱的竖向钢筋相碰。采用竖向传力钢板，则可避免上述问题，焊接难度比水平传力钢板小，节点混凝土质量也易于保证；缺点是当配筋较多时，材料消耗较多。

2.3.4.2　角钢格构柱与梁的连接节点

角钢格构柱一般由四根等边的角钢和缀板拼接而成，角钢的肢宽以及缀板会阻碍梁主筋的穿越，根据梁截面宽度、主筋直径以及数量等情况，梁柱连接节点一般有钻孔钢筋连接法、传力钢板法及梁侧加腋法。

1. 钻孔钢筋连接法

钻孔钢筋连接法是为便于框架梁主筋在梁柱阶段的穿越，在角钢格构柱的缀板或角钢上钻孔穿框架梁钢筋的方法。该方法在框架梁宽度小、主筋直径较小以及数量较少的情况下适用，但由于在角钢格构柱上钻孔对逆作阶段竖向支承钢立柱有截面损伤的不利影响，因此，该方法应通过严格计算，确保截面损失后的角钢格构柱截面承载力满足要求时方可使用。图 2-14 为钻孔钢筋连接法示意图。

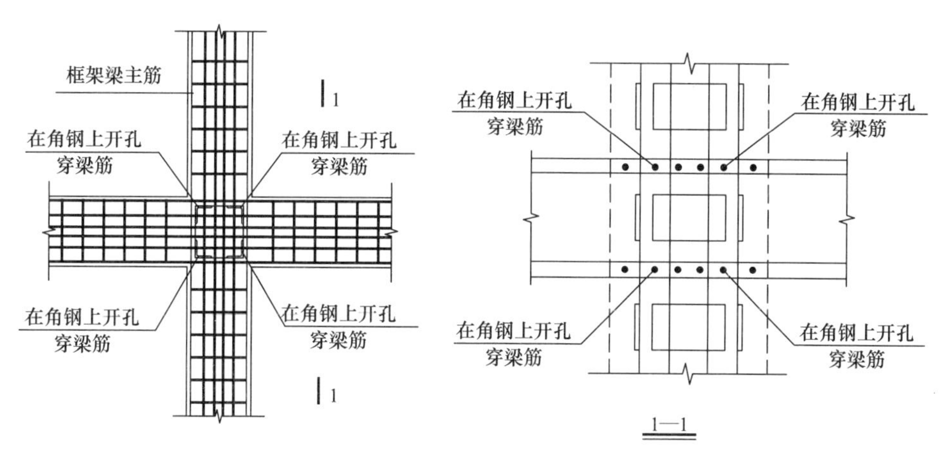

图 2-14　钻孔钢筋连接法示意图

2. 传力钢板法

传力钢板法是在格构柱上焊接连接钢板，将受角钢格构柱阻碍无法穿越的框架梁主筋与传力钢板焊接连接的方法。该方法的特点是无需在角钢格构柱上钻孔，可保证角钢格构柱截面的完整性，但在施工第二层及以下水平结构时，需要在已经处于受力状态的角钢上进行大量的焊接作业，因此施工时应对高温下钢结构的承载力降低因素给予充分考虑，同时由于传力钢板的焊接，也增加了梁柱节点混凝土浇筑密实的难度。图 2-15 为传力钢板法连接示意图。

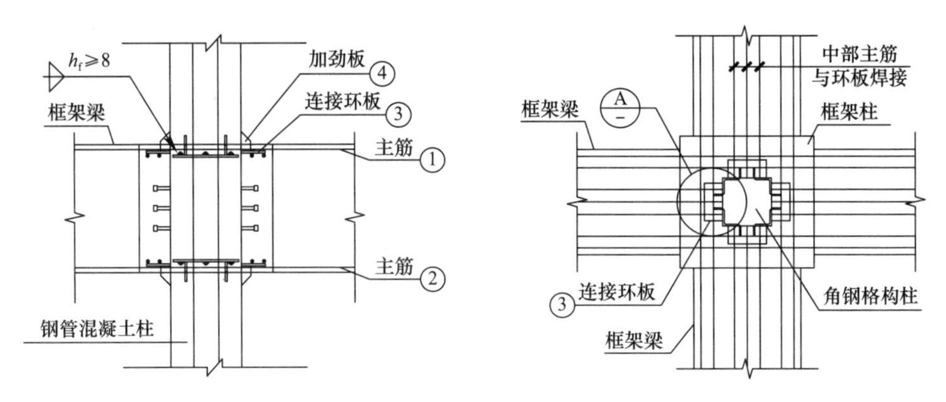

图 2-15 传力钢板法连接示意图

3. 梁侧加腋法

梁侧加腋法是通过在梁侧面加腋的方式扩大梁柱节点位置梁的宽度，使得梁的主筋得以从角钢格构柱侧面绕行贯通的方法。该方法回避了以上两种方法的不足之处，但由于需要在梁侧面加腋，梁柱节点位置大梁箍筋尺寸需根据加腋尺寸进行调整，且节点位置绕行的钢筋需在施工现场根据实际情况进行定型加工，一定程度上增加了现场施工的难度。图 2-16 和图 2-17 为梁柱节点典型的加腋做法。该节点做法在上海由由国际广场二期工程中得到了成功的实践。

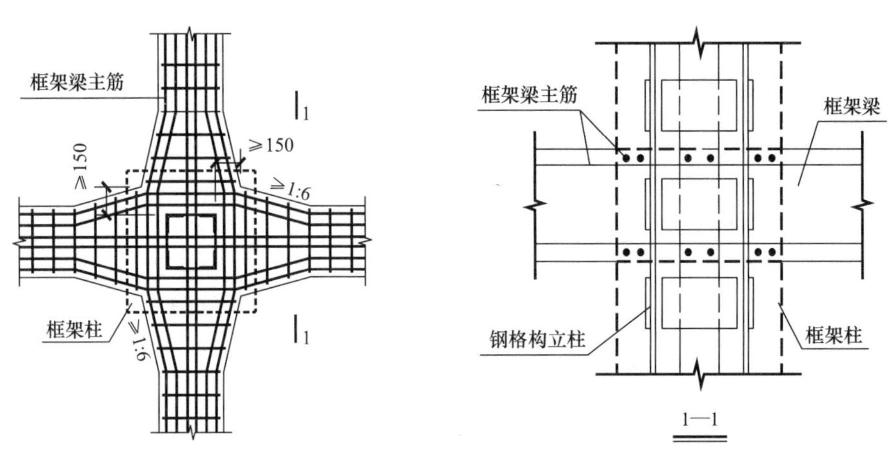

图 2-16 梁柱节点的加腋方法

图 2-17 梁柱节点加腋模板实景图

2.3.4.3 钢管混凝土柱与梁的连接节点

钢管混凝土利用钢管和混凝土两种材料在受力过程中的相互作用，即钢管对其核心混凝土的约束作用，使混凝土处于三向应力状态之下，不但提高混凝土的抗压强度及其竖向承载力，而且还使其塑性和韧性性能得到改善，增大其稳定性。因此钢管混凝土柱适用于对立柱竖向承载力要求较高的逆作法工程。与角钢格构柱不同的是，钢管混凝土柱由于为实腹式的，其平面范围之内的梁主筋均无法穿越，其梁柱节点的处理难度更大。在工程中应用比较多的连接节点主要有如下几种：

1. 双梁节点

双梁节点即将原框架梁一分为二，分成两根梁从钢管柱的侧面穿过，从而避免了框架梁钢筋穿越钢管柱的矛盾。该节点适用于框架梁宽度与钢管直径相比较小，梁钢筋不能从钢管穿越的情况。双梁节点的构造如图 2-18 所示。该节点在上海长峰商城逆作法工程中得到了应用。

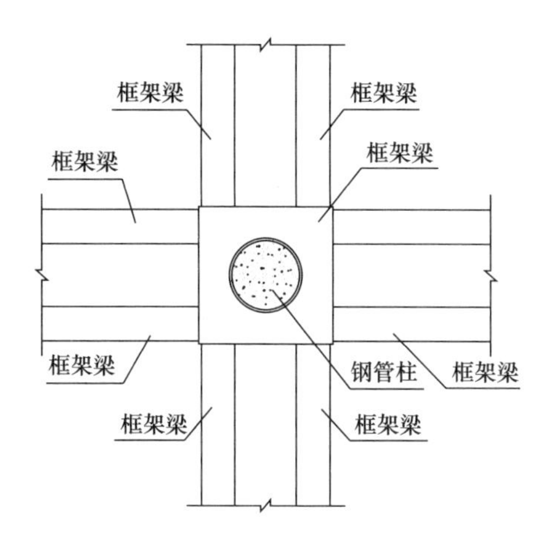

图 2-18 钢管混凝土柱的双梁节点构造

2. 环梁节点

环梁节点是在钢管柱的周边设置一圈刚度较大的钢筋混凝土环梁，形成一个刚性节点区，利用这个刚性区域的整体工作来承受和传递梁端的弯矩与剪力。这种连接方式中，环梁与钢管柱通过环筋、栓钉或钢牛腿等方式形成整体连接，其后框架梁主筋锚入环梁，而不必穿过钢管柱。环梁节点的构造如图 2-19 所示。该节点可在钢管柱直径较大、框架梁宽度较小的条件下应用。

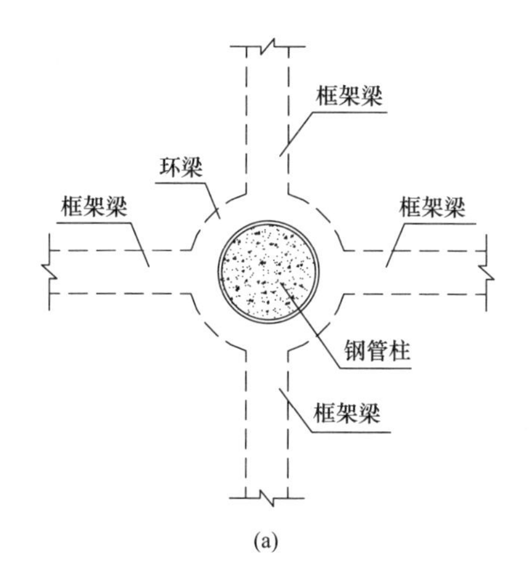

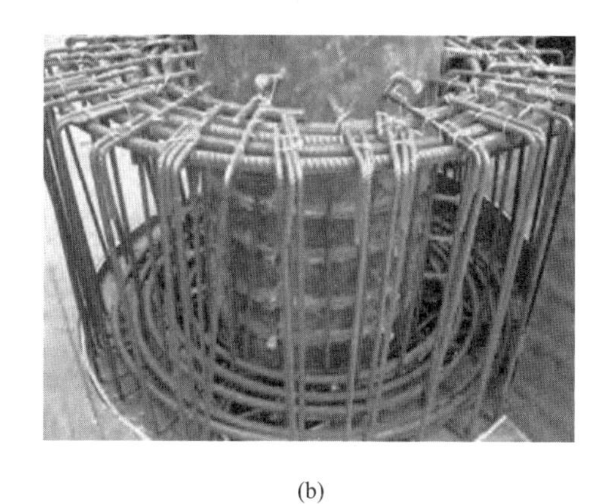

图 2-19 钢管混凝土柱的环梁节点构造

3. 传力钢板法

在结构梁顶标高处钢管设置两个方向且标高错位的四块环形加劲板，双向框架梁顶部第一排主筋遇钢管阻挡处钢筋断开并与加劲环焊接，而梁底部第一排主筋遇钢管则下弯，梁顶和梁底第二、三排主筋从钢管两侧穿越。它适用于梁宽度大于钢管柱直径，且梁钢筋较多需多排放置的情况。该连接节点既兼顾了节点结构受力的要求，又较大程度地降低了梁柱节点的施工难度；其缺点是节点用钢量大且焊接工作量多，梁柱节点混凝土浇筑时需采取特殊措施保证节点混凝土浇筑密实。传力钢板法外加强环节点如图 2-20 所示。该节点在上海世博 500kV 输变电工程中得到应用。

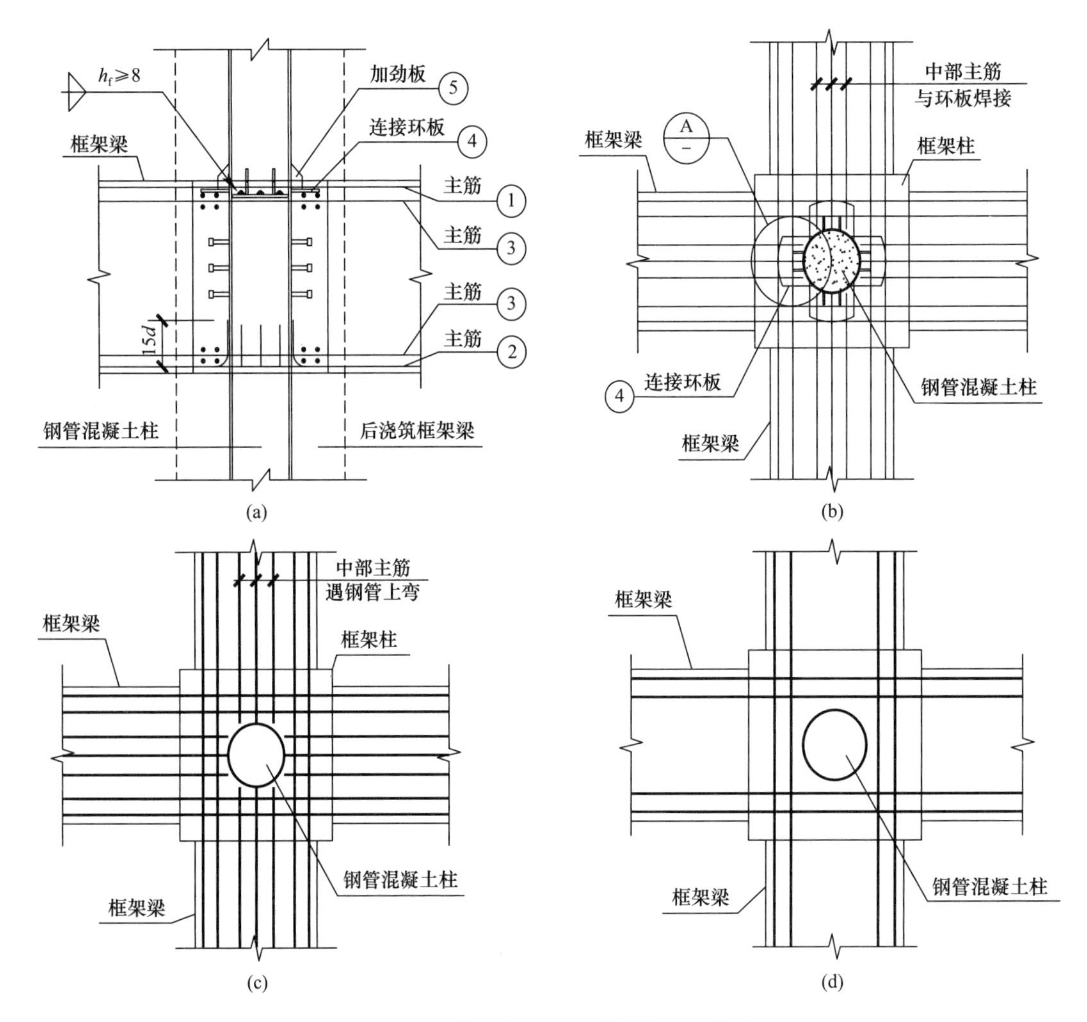

图 2-20 钢管混凝土柱的传力钢板法构造

(a) 框架梁与钢管混凝土柱节点构造；(b) 框架梁主筋①连接构造；(c) 框架梁主筋②连接构造；(d) 框架梁主筋③连接构造

2.3.4.4 灌注桩立柱与梁连接节点

灌注桩作为逆作法工程的竖向支承可称为“桩柱合一”，由于现阶段灌注桩施工工艺均为水下施工，其成桩水平及垂直度精度有限，而且水下浇筑混凝土质量也相对地面施工难以控制，因此也限制了“桩柱合一”在逆作法工程中的推广应用。

灌注桩立柱与梁的连接可采用钢管混凝土柱中的环梁节点方法，即在施工灌注桩时预先在桩内留设与环梁连接的钢筋，待基坑开挖之后，在各层地下结构标高处的灌注桩外侧设置钢筋混凝土环梁，环梁通过预留的钢筋与灌注桩形成整体连接，梁主筋可锚入环梁内，而不需穿越灌注桩。

2.4 逆作法中竖向支承系统设计

2.4.1 概述

逆作施工过程中，地下结构的梁板和逆作阶段需向上施工的上部结构（包括剪力墙）竖向荷载均需由竖向支承系统承担，其作用相当于主体结构使用阶段地下室的结构柱和剪力墙，即在基坑逆作开挖实施阶段，承受已浇筑的主体结构梁板自重和施工超载等荷载；在地下室底板浇筑完成、逆作阶段结束以后，与底板连接成整体，作为地下室结构的一部分，将上部结构等荷载传递给地基。

2.4.1.1 支承立柱与立柱桩的结构形式

逆作法竖向支承系统通常采用钢立柱插入立柱桩基的形式。由于逆作阶段结构梁板的自重相当大，钢立柱较多采用承载力较高而截面相对较小的角钢拼接格构柱（图 2-21）或钢管混凝土柱（图 2-22）。考虑到基坑支护体系工程量的节省并根据主体结构体系的具体情况，竖向支承系统钢立柱和立柱桩一般尽量设置于主体结构柱位置，并利用结构柱下工程桩作为立柱桩，钢立柱则在基坑逆作阶段结束后外包混凝土形成主体结构劲性柱。

竖向支承系统是基坑逆作实施期间的关键构件。钢立柱的具体形式是多样的，它要求能承受较大的荷载，同时要求截面不应过大，因此构件必须具备足够的强度和刚度。钢立柱必须具备一个具有相应承载能力的基础。根据支撑荷载的大小，立柱一般可采用型钢柱或钢管混凝土柱。为了方便与钢立柱的连接，立柱桩常采用钻孔灌注桩。竖向支承立柱桩尽量利用主体结构工程桩，在无法利用工程桩的部位需加设临时立柱桩。

在逆作法中，竖向支承立柱和立柱桩的主要作用是支承结构梁板与上部结构，因此支承立柱和立柱桩的布置主要是结合结构柱和剪力墙等的位置进行布置。竖向支承系统立柱和立柱桩的位置及数量，要根据地下室的结构布置和制定的施工方案经计算确定，其承受的最大荷载是地下室已浇筑至最下一层，而地面上已浇筑至规定的最高层数时的结构重量与施工荷载的总和。除承载能力必须满足荷载要求外，钢立柱底部桩基础的主要设计控制参数是沉降量。目标是使相邻立柱以及立柱与基坑周边围护体之间的沉降差控制在允许范围内，以免结构梁板中产生过大附加应力，导致裂缝的发生。

2.4.1.2 结构柱位置支承立柱与立柱桩

逆作法工程中竖向支承系统设计的最关键问题就是如何将在主体结构柱位置设置的钢立柱和立柱桩，使其与主体结构的柱子和工程桩有机地进行结合，使其能够同时满足基坑逆作实施阶段和永久使用阶段的要求。当然，逆作法工程中也不可避免地需要设置一部分临时钢立柱和立柱桩，其布置原则与顺作法实施的工程中钢立柱和立柱桩的布置原则是一致的。

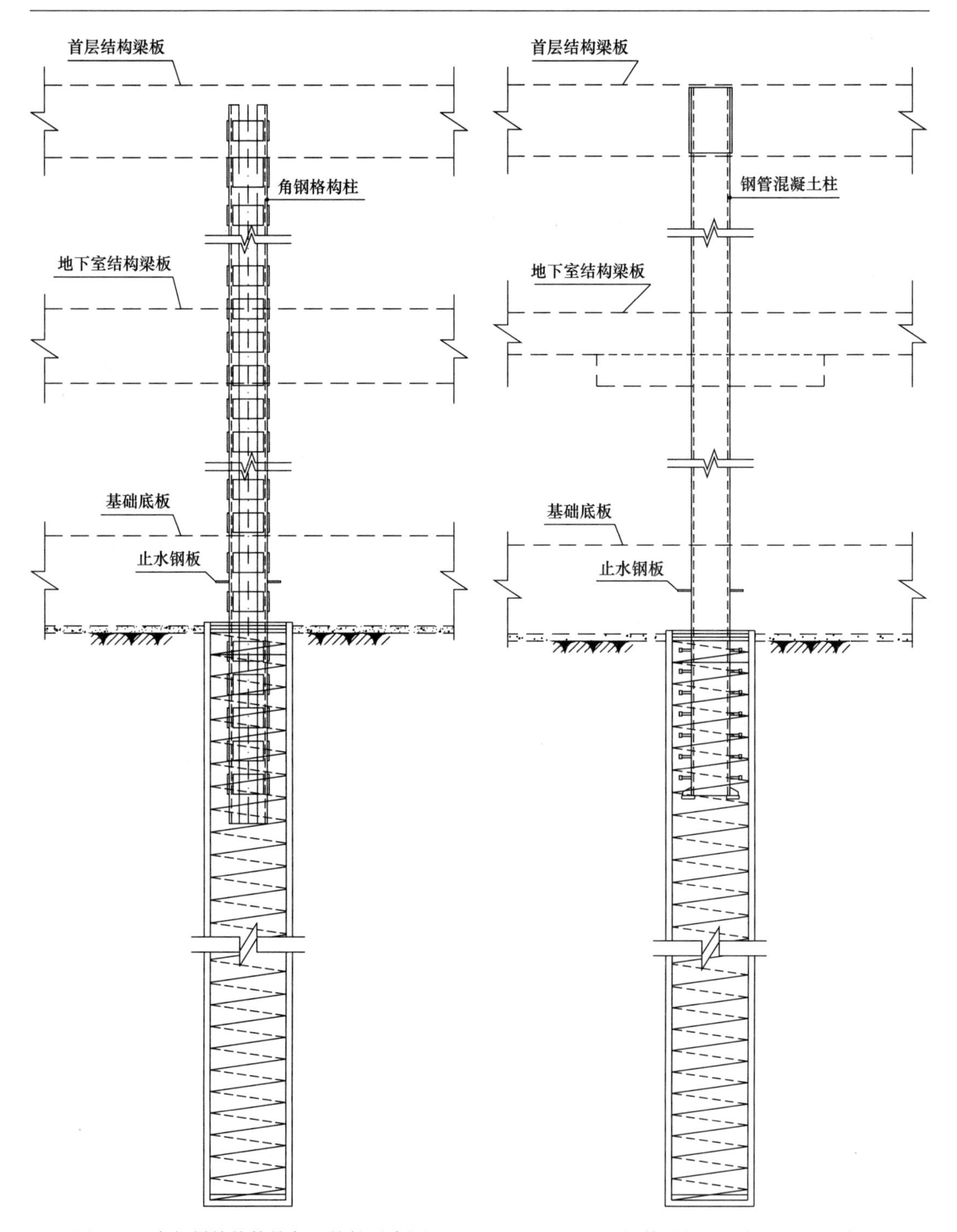

图 2-21 角钢拼接格构柱与立柱桩示意图

图 2-22 钢管混凝土柱与立柱桩示意图

对于一般承受结构梁板荷载及施工超载的竖向支承系统，结构水平构件的竖向支承立柱和立柱桩可采用临时立柱和与主体结构工程桩相结合的立柱桩（一柱多桩）的形式，也可以采用与主体地下结构柱及工程桩相结合的立柱和立柱桩（一柱一桩的形式）。除此之外，还有在基坑开挖阶段承受上部结构剪力墙荷载的竖向支承系统等立柱和立柱桩形式。

1. 一柱一桩

一柱一桩指逆作阶段在每根结构柱位置仅设置一根钢立柱和立柱桩，以承受相应区域的荷载。当采用一柱一桩时，钢立柱设置在地下室的结构柱位置，待逆作施工至基底并浇筑基础底板后再逐层在钢立柱的外围浇筑外包混凝土，与钢立柱一起形成永久性的组合柱。一般情况下，若逆作阶段立柱所需承受的荷载不大或者主体结构框架柱下是大直径钻孔灌注桩、钢管桩等具有较高竖向承载能力的工程桩，应优先采用一柱一桩。根据工程经验，一般对于仅承受2～3层结构荷载及相应施工超载的基坑工程，可采用常规角钢拼接格构柱与立柱桩所组成的竖向支承系统（图2-21）；若承受的结构荷载不大于6～8层，可采用钢管混凝土柱等具备较高承载力钢立柱所组成的一柱一桩形式（图2-22、图2-23）。

图2-23　一柱一桩节点实景

一柱一桩工程在逆作阶段施工过程中，需在梁柱节点附近的楼板上预留浇筑孔或在楼板施工时将柱向下延伸浇筑500mm左右，以便基坑开挖完毕后钢立柱外包混凝土的浇筑，使钢立柱在正常使用阶段可作为劲性构件与混凝土共同作用。

逆作法工程中，一柱一桩是最为基本的竖向支承系统形式。它构造形式简单、施工相对比较便捷。一柱一桩系统在基坑开挖施工结束后，可以全部作为永久结构构件使用，经济性也相当好。

2. 一柱多桩

在相应结构柱周边设置多组一柱一桩，则形成一柱多桩。一柱多桩可采用一柱（结构柱）两桩、一柱三桩（图2-24）等形式。当采用一柱多桩时，可在地下室结构施工完成后拆除临时立柱，完成主体结构柱的托换。图2-25为一柱两桩节点实景。

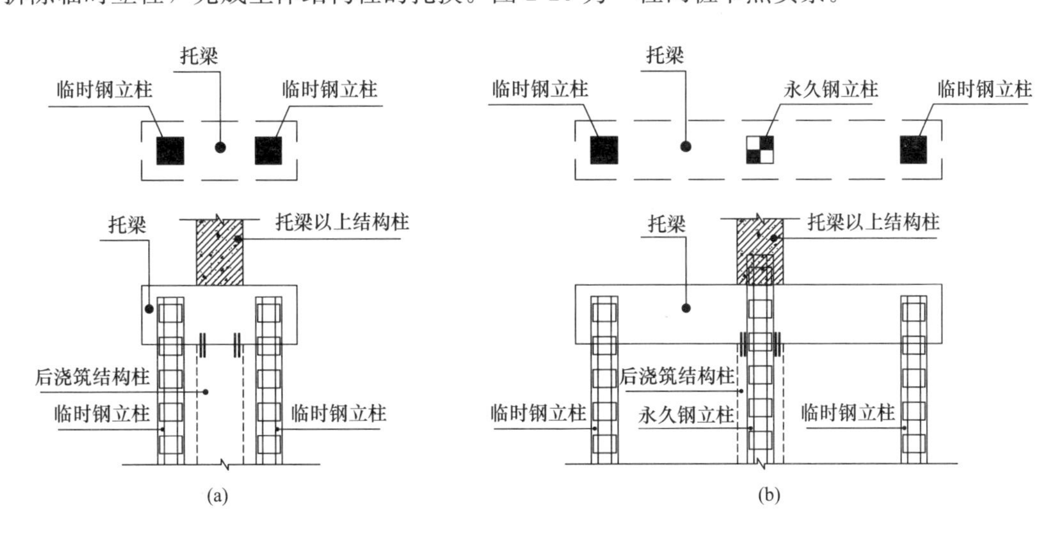

图2-24　一柱多桩布置示意图
（a）一柱两桩；（b）一柱三桩

图 2-25 一柱两桩节点实景

一柱多桩的主要缺点是：①钢立柱为临时立柱，逆作阶段结束后需割除；②节点构造相比一柱一桩更为复杂；③主体结构柱托换施工复杂。由于一柱多桩的设计需要设置多根临时钢立柱，钢立柱大多需要在结构柱浇筑完毕并达到设计强度要求后割除，而不能外包混凝土形成一柱一桩设计中的结构柱构件，加大了临时围护体系的工程量和资源消耗。一般而言，一柱多桩多用于工程中局部荷载较大的区域，因而应尽量避免大面积采用。利用一柱多桩设计全面提高竖向支承系统的承载能力，盲目增加逆作法基坑工程中同时施工的上部结构层数，以图加快施工进度，是不可取的。基坑开挖阶段主要竖向支承系统承受的最大荷载，应控制在一柱一桩系统最大允许承载能力范围之内。

2.4.1.3 剪力墙位置托换支承立柱与立柱桩

承受上部墙体荷载的竖向支承系统是一种特殊的一柱多桩应用方法，用于在那些必须在基坑开挖阶段同时施工地下结构剪力墙构件的工程中，通过在墙下设置密集的立柱与立柱桩，以提供足够的承载能力。承受上部墙体荷载的竖向支承系统与常规一柱多桩的区别在于，它在基坑工程完成后钢立柱不能够拆除，必须浇筑于相应的墙体之内，因此必须考虑合适的钢立柱构件的尺寸与位置，以利于墙体钢筋的穿越。

对于同时施工主体上部结构的逆作法基坑工程，若必须在逆作阶段完成上部剪力墙等自重较大的墙体构件施工，则必须在上部剪力墙下设置托梁及足够数量的竖向支承钢立柱与立柱桩，由托梁承受逆作施工期间剪力墙部位的荷载，然后托梁将荷载传给竖向支承系统。

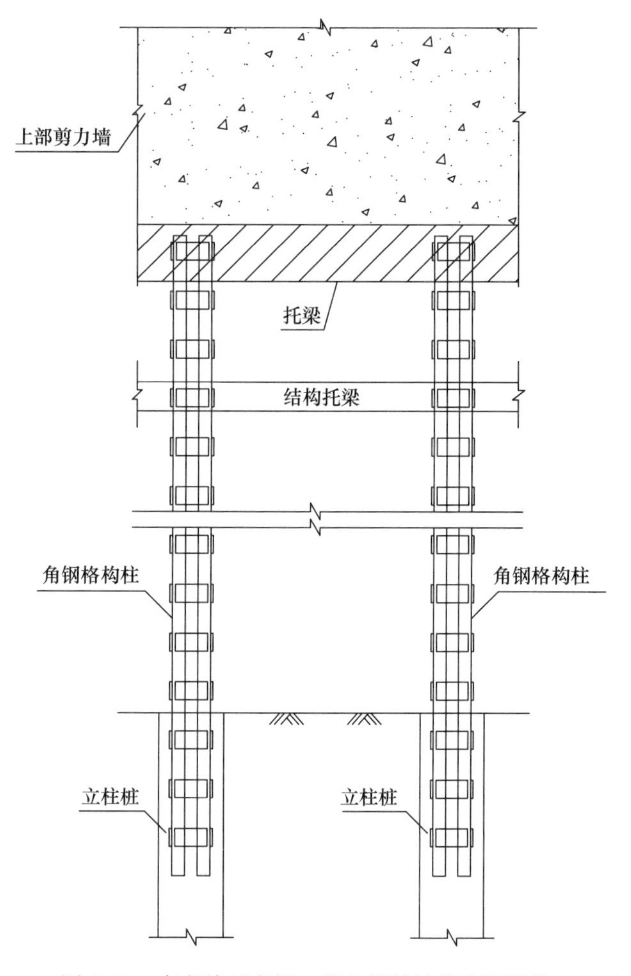

图 2-26 南京德基广场二期上部结构剪力墙托换

图 2-26 为南京德基广场二期基坑逆作实施期间，采用截面 500mm×500mm 角钢格构柱承担上部同时施

工地上 8 层剪力墙荷载的剖面图。图 2-27 为该工程上部结构剪力墙托换实景。南京德基广场二期工程地处新街口长江路和中山路，主楼为超高层办公楼，裙楼为 8 层商场，整体设置 5 层地下室。该工程是南京地区首例逆作法工程，其 5 层地下室均采用逆作法实施，在逆作施工阶段完成上部 8 层全部裙楼结构，以加快裙楼的施工进度，尽快实现裙楼的商业价值。

图 2-27 南京德基广场二期上部结构剪力墙托换实景

2.4.2 竖向支承立柱的设计

与主体结构相结合的竖向支承立柱可以采用钢立柱或钢管混凝土立柱。当采用钢立柱时，一般采用型钢格构柱或钢管混凝土柱。

2.4.2.1 设计与计算原则

逆作法工程中，竖向支承系统与临时基坑工程中竖向支承系统设计原则的最大区别在于必须使立柱与立柱桩同时满足逆作阶段和主体工程永久使用阶段的各项设计与计算要求。

1. 设计原则

在基坑围护设计中，应考虑到的主要问题如下：

（1）支承地下结构的竖向立柱的设计和布置，应按照主体地下结构的布置，以及地下结构施工时地上结构的建设要求和受荷大小等综合考虑。当立柱和立柱桩结合地下结构柱（或墙）和工程桩布置时，立柱和立柱桩的定位与承载能力应与主体地下结构的柱和工程桩的定位与承载能力相一致。

主体工程中，柱下桩应采取类似承台桩的布置形式，其中在柱下必须设置一根工程桩，同时该桩的竖向承载能力应大于基坑开挖阶段的荷载要求。主体结构框架柱可采用钢筋混凝土柱或其他劲性混凝土柱形式。若采用劲性混凝土柱，其劲性钢构件应构造简单，适于用作基坑围护结构的钢立柱，而不应采用一些截面过于复杂的构件形式。

（2）一般宜采用一根结构柱位置布置一根立柱和立柱桩形式（一柱一桩），考虑到一般单根钢立柱及软土地区的立柱桩的承载能力较小，要求在基坑工程实施过程中施工的结构层数不超过 6～8 层。当一柱一桩设计在局部位置无法满足基坑施工阶段的承载能力与沉降要求时，也可采用一根结构柱位置布置多根临时立柱和立柱桩形式（一柱多桩）。考虑到工程的经济性要求，一柱多桩设计中的立柱桩仍应尽量利用主体工程桩，但立柱可在主体结构完成后割除。

（3）钢立柱通常采用型钢格构柱或钢管混凝土立柱等截面构造简单、施工便捷、承载能力高的构造形式。型钢格构立柱是最常采用的钢立柱形式，在逆作阶段荷载较大并且主体结构允许的情况下也可采用钢管混凝土立柱。立柱桩宜采用灌注桩，并应尽量利用主体工程桩。钢管桩等其他桩型由于与钢立柱底部的连接施工不方便、钢立柱施工精度难以保证，因此较少采用。

（4）当钢立柱需外包混凝土形成主体结构框架柱时，钢立柱的形式与截面设计应与地下结构梁板、柱的截面和钢筋配置相协调。设计中应采取构造措施，以保证结构整体受力与节点连接的可靠性。立柱的截面尺寸不宜过大，若承载能力不能满足要求，可选用Q345B等具有较高承载能力的钢材。

（5）框架柱位置钢立柱待地下结构底板混凝土浇筑完成后，可逐层在立柱外侧浇筑混凝土，形成地下结构的永久框架柱。地下结构墙或结构柱一般在底板完成并达到设计要求后方可施工。临时立柱应在结构柱完成并达到设计要求后拆除。

2. 计算原则

与主体结构相结合的竖向支承系统，应根据基坑逆作施工阶段和主体结构永久使用阶段的不同荷载状况与结构状态，进行设计计算，满足两个阶段的承载能力极限状态和正常使用极限状态的设计要求。

（1）逆作施工阶段应根据钢立柱的最不利工况荷载，对其竖向承载能力、整体稳定性以及局部稳定性等进行计算；立柱桩的承载能力和沉降均需要进行计算。主体结构永久使用阶段，应根据该阶段的最不利荷载，对钢立柱外包混凝土后形成的劲性构件进行计算；兼做立柱桩的主体结构工程桩应满足相应的承载能力和沉降计算要求。

钢立柱应根据施工精度要求，按双向偏心受力劲性构件计算。立柱桩的竖向承载能力计算方法与工程桩相同。基坑开挖施工阶段由于底板尚未形成，立柱桩之间的连系较差，实际尚未形成一定的沉降协调关系，可按单桩沉降计算方法近似估算最大沉降值，通过控制最大沉降的方法以避免桩间出现较大的不均匀沉降。

（2）由于水平支撑系统荷载是由上至下逐步施加于立柱之上，立柱承受的荷载逐渐加大，但计算跨度逐渐缩小，因此应按实际工况分布对立柱的承载能力及稳定性进行验算，以满足其在最不利工况下的承载能力要求。

（3）逆作施工阶段立柱和立柱桩承受的竖向荷载包括结构梁板自重、板面活荷载以及结构梁板施工平台上的施工超载等，计算中应根据荷载规范要求考虑动、静荷载的分项系数及车辆荷载的动力系数。一般可按如下考虑进行设计：

1）在围护结构方案设计阶段：结构构件自重荷载应根据主体结构设计方案进行计算；不直接作用施工车辆荷载的各层结构梁板面的板面施工活荷载可按2.0～2.5kPa估算；直接作用施工机械的结构区域可以按每台挖机自重40～60t、运土机械30～40t、混凝土泵车30～35t进行估算。

2）施工图设计阶段应根据结构施工图进行结构荷载计算，施工超载的计算要求施工单位提供详细的施工机械参数表、施工机械运行布置方案图以及包含材料堆放、钢筋加工和设备堆放等内容的场地布置图。

3）永久使用阶段的荷载计算应根据主体结构的设计要求进行。

南京德基广场二期工程采用逆作法施工，利用地下5层结构梁板作为基坑逆作开挖阶段的支撑体系，考虑地上和地下结构同时进行施工，方案设计时考虑地上部分在基坑开挖至坑底、底板施工完毕前完成附楼地上8层结构施工，其竖向受荷情况如图2-28所示。因此以上部施工至8层，地下部分逆作开挖至基底位置的工况作为计算的控制工况。该计算工况下立柱桩须承受的上部荷载为：①地上8层结构总重和地上4层结构梁板上同时存在的施工荷载（每层按2kPa考虑）；②地下室首层结构梁板自重和其上作用的施工车辆超载（由施工总包单位提供，20kPa）；③地下室各层结构梁板自重和各层梁板上的施工荷载（按 2kPa 考虑）。根据计算，一般区域单根一柱一桩最不利工况下承受的上部荷载标准值为 17000～20000kN。

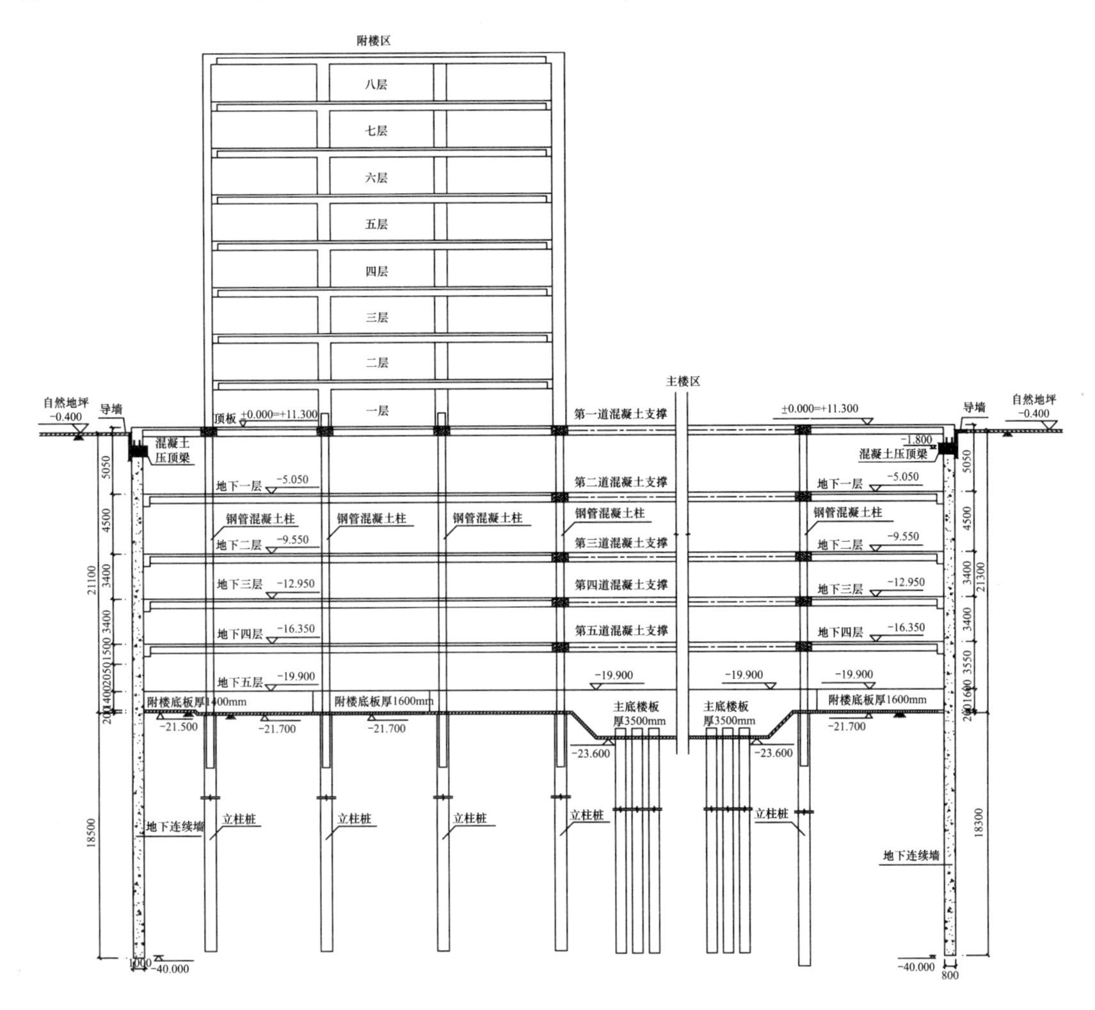

图 2-28　南京德基广场二期基坑工程竖向受荷剖面图

2.4.2.2　角钢格构立柱设计

立柱的设计一般应按照偏心受弯构件进行设计计算，同时应考虑所采用的立柱结构构件与主体结构水平构件的连接构造要求以及与底板连接位置的止水构造要求。基坑工程的立柱与主体结构的竖向钢构件的最大不同在于立柱需要在基坑开挖前置入立柱桩孔中，并在基坑开挖阶段逐层与水平支撑构件完成连接。因此，立柱的截面尺寸大小要有一定的限制，同时也应能够提供足够的承载能力。立柱截面构造应尽量简单，与水平支撑体系的连接节点应易于现场施工。

型钢格构柱由于构造简单、便于加工且承载能力较大，近几年来它无论是在采用钢筋混凝土支撑或是钢支撑系统的顺作法基坑工程中，还是在采用结构梁板代支撑的逆作法基坑工程中，均是应用最广的钢立柱形式。最常用的型钢格构柱采用 4 根角钢拼接而成的缀板格构柱，可选的角钢规格品种丰富，工程中常用∟120mm×12mm、∟140mm×14mm、∟160mm×16mm 和∟180mm×18mm 等规格。依据所承受的荷载大小，钢立柱设计钢材常采用 Q235B 或 Q345B 级钢。典型的型钢格构柱如图 2-29 所示。

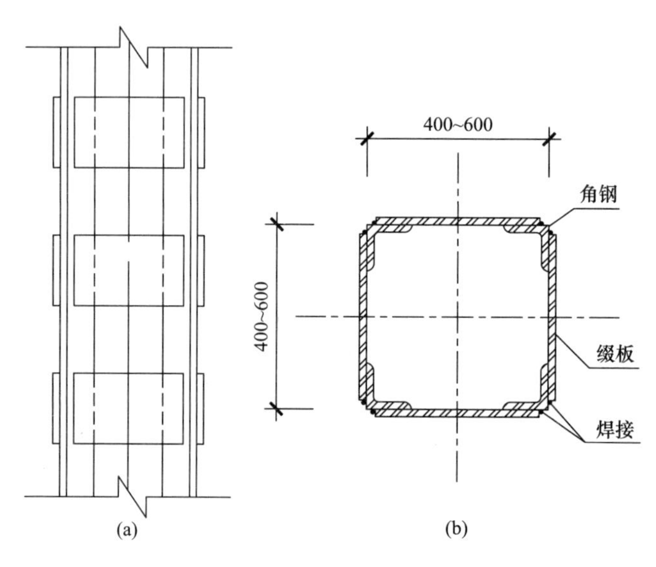

图 2-29　型钢格构柱

为满足下部连接的稳定与可靠，钢立柱一般需要插入立柱桩顶以下 3～4m。角钢格构柱在梁板位置也应当尽量避让结构梁板内的钢筋。因此，其截面尺寸除需满足承载能力要求外，尚应考虑立柱桩桩径和所穿越的结构梁等结构构件的尺寸。最常用的钢立柱截面边长为 420mm、440mm 和 460mm，所适用的最小立柱桩桩径分别为 ϕ700mm、ϕ750mm 和 ϕ800mm。

为了便于避让水平结构构件的钢筋，钢立柱拼接应采用从上至下平行、对称分布的钢缀板，而不采用交叉、斜向分布的钢缀条连接。钢缀板宽度应略小于钢立柱截面宽度，钢缀板高度、厚度和竖向间距根据稳定性计算确定，其中钢缀板的实际竖向布置，除了满足设计计算的间距要求外，也应当设置于能够避开水平结构构件主筋的标高位置。基坑开挖施工时，在各层结构梁板位置需要设置抗剪件，以传递竖向荷载。

图 2-30 为在上海铁路南站北广场地下逆作工程中的角钢格构立柱实景图。该工程钢立柱在基坑逆作实施阶段主要承受两层地下结构梁板自重以及作用于结构梁板上的挖土机械、运土机械等施工荷载。钢立柱采用 4∟160mm×16mm 角钢拼接，设计截面 460mm×460mm，角钢间采用 440mm×300mm×12@700 钢缀板连接。

逆作法工程中，用于支承水平结构构件及其上部超载的钢立柱和立柱桩一般设置于主体结构柱位置。立柱桩利用结构柱下工程桩，钢立柱则在基坑逆作阶段结束后外包混凝土形成主体结构劲性柱。图 2-31 所示为钢格构柱外包混凝土柱的钢筋笼及模板实景，图 2-32 为钢立柱外包混凝土方柱浇筑完毕、拆模后的实景。钢格构柱外包混凝土的施工质量是主体工程施工质量的关键，因而应采取合适的浇筑与振捣工艺。

(a)

(b)

图 2-30 上海铁路南站北广场地下逆作工程中的角钢格构立柱实景

图 2-31 钢格构柱外包混凝土柱的钢筋笼及模板实景

图 2-32 钢立柱外包混凝土方柱拆模后实景

2.4.2.3 钢管混凝土立柱设计

高层建筑结构采用在钢管中浇筑高强混凝土形成钢管混凝土柱，其施工便捷、承载力高且经济性好，因此近年来得到了广泛应用。基坑工程采用钢管混凝土立柱一般内插于其下的灌注桩中，施工时首先将立柱桩钢筋笼及钢管置入桩孔之中，再浇筑混凝土依次形成桩基础与钢管混凝土柱。

钢管混凝土柱作为竖向支承立柱由于具有较高的竖向承载能力，在逆作法工程中也有着不可替代的地位。角钢拼接格构柱的竖向承载能力值一般不超过 6000kN，因此，若地下结构层数较多且作用较大的施工超载，或者在地下结构逆作期间同时施工一定层数的上部结构，则单根角钢格构柱所能提供的承载力往往无法满足一个柱网范围内的荷载要求。在此情况下，工程中可采用基坑开挖阶段在地下结构柱周边设置多组钢立柱和立柱桩（一柱多桩）的设计方法来解决，但是在主体结构设计可行的条件下，基坑围护工程采用单根承载力更大的钢管混凝土柱作为立柱插入立柱桩的一柱一桩设计，则是技术、经济上更为合理的方案。

一般而言，钢管可以根据工程需要定制，直径和壁厚的选择范围较大，常用直径在 ϕ500～ϕ700mm。钢管混凝土柱通常内填设计强度等级不低于 C40 的高强混凝土。考虑到立柱桩一般采用强度等级为 C30、C35 的混凝土，因此混凝土浇筑至钢管与立柱桩交界面处的不同强度等级混凝土的施工工艺也是一个值得注意的问题。

基坑工程中，采用钢管混凝土立柱作为逆作水平结构梁板的竖向支承构件，由于钢管混凝土立柱在逆作结束后将作为结构柱（或直接作为结构柱，或外包混凝土后作为结构柱），故如果其位置或垂直度偏差过大，均难以处理，因此钢管混凝土立柱的施工精度要求很高。

采用钢管混凝土作为立柱还必须采取其他一系列与角钢格构柱不同的技术处理措施，如与结构梁板的连接构造、梁板钢筋穿立柱位置的处理等问题。图 2-33 为典型的钢管混凝土柱的截面图。图 2-34 为南京德基广场二期基坑工程中采用钢管混凝土柱作为支承立柱的现场实景图。

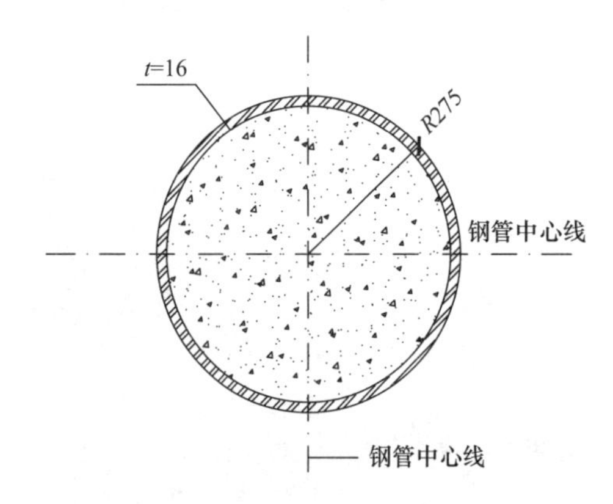

图 2-33　钢管混凝土柱截面图

图 2-34　南京德基广场二期钢管混凝土立柱实景

目前，由于大多地下室层数不超过 5 层，若逆作施工过程中不考虑同时施工上部结构，则采用角钢拼接格构柱作为立柱能够满足一般的承载能力要求。若工程要求同时施工一定的上部结构层数，采用钢管混凝土立柱是适宜的选择。

2.4.3　竖向支承立柱桩设计

2.4.3.1　桩身设计

逆作法工程中，立柱桩必须具备较高的承载能力，同时钢立柱需要与其下部立柱桩具有可靠的连接，因此各类预制桩都难以作为立柱桩基础，工程中常采用灌注桩将钢立柱承担的竖向荷载传递给地基。

当立柱桩采用钻孔灌注桩时，首先在地面成桩孔，然后置入钢筋笼及钢立柱，最后浇筑混凝土形成桩基。桩顶标高以下混凝土强度必须满足设计强度要求，因此混凝土一般应有 2m 以上的泛浆高度，可在基坑开挖过程中逐步凿除。钢立柱与钻孔灌注立柱桩的节点连接较为便利，可通过桩身混凝土浇筑使钢立柱底端锚固于灌注桩中，一般不必将钢立柱与桩身钢筋笼之间进行焊接。施工中需采取有效的调控措施，保证立柱桩的准确定位和精确度。

实施过程中，在桩孔形成后应将桩身钢筋笼和钢立柱一起下放入桩孔，在将钢立柱的位置和垂直度进行调整满足设计要求后，浇筑桩身混凝土。

立柱桩可以是专门加设的钻孔灌注桩，但应尽可能利用主体结构工程桩，以降低临时围护体系的工程量，提高工程的经济性。立柱桩应根据相应规范按受压桩的要求进行设计，且其承载力应结合主体结构工程桩的静载荷试验确定。因此，在工程设计中需保证立柱桩的设计承载力具备足够的安全度，并应提出全面的成桩质量检测要求。

立柱桩的设计计算方法与主体结构工程桩相同，可按照国家标准或工程所在地区的地方标准进行。逆作法工程中，利用主体结构工程桩的立柱桩设计应综合考虑满足基坑开挖阶段和永久使用阶段的设计要求。

立柱桩以桩与土的摩阻力和桩的端阻力来承受上部荷载，在基坑逆作施工阶段承受钢立柱传递下来的结构自重荷载与施工超载。与主体结构工程桩设计相结合的立柱桩设计流程如下：

（1）主体结构根据永久使用阶段的使用要求进行工程桩设计，设计中应根据支护结构的设计兼顾作为立柱桩的要求。

（2）基坑围护结构设计根据逆作阶段的结构平面布置、施工要求、荷载大小、钢立柱设计等条件进行立柱桩设计，并与主体结构设计进行协调，对局部工程桩的定位、桩径和桩长等进行必要的调整，使桩基础设计能够同时满足永久阶段和逆作法开挖施工阶段的要求。

（3）主体结构设计根据被调整后的桩位、桩型布置出图；支护结构设计对所有临时立柱桩和与主体结构相结合的立柱桩出图。

（4）逆作法工程中利用作为立柱桩的工程桩大多采用大直径的灌注桩，以满足钢立柱的插入。立柱桩的设计内容包括立柱桩承载力和沉降计算以及钢立柱与立柱桩的连接节点设计。

（5）对于灌注桩桩型，若利用主体结构承压桩作为立柱桩，支护设计将其桩径或桩长调整后，应确保配筋满足相关规范的构造要求；若利用抗拔桩作为立柱桩，其桩径、桩长调整后，应根据抗拔承载力进行计算，配筋应满足相关规范的抗裂设计要求。

（6）钢立柱插入立柱桩需要确保在插入范围内钢筋笼内径大于钢立柱的外径或对角线长度。若遇钢筋笼内径小于钢立柱外径或对角线长度的情况，可以将灌注桩端部一定范围进行扩径处理，其做法如图 2-35 所示。使钢立柱的垂直度易于进行调整，钢立柱与立柱桩钢筋笼之间一般不必采用焊接等任何方式进行直接连接。

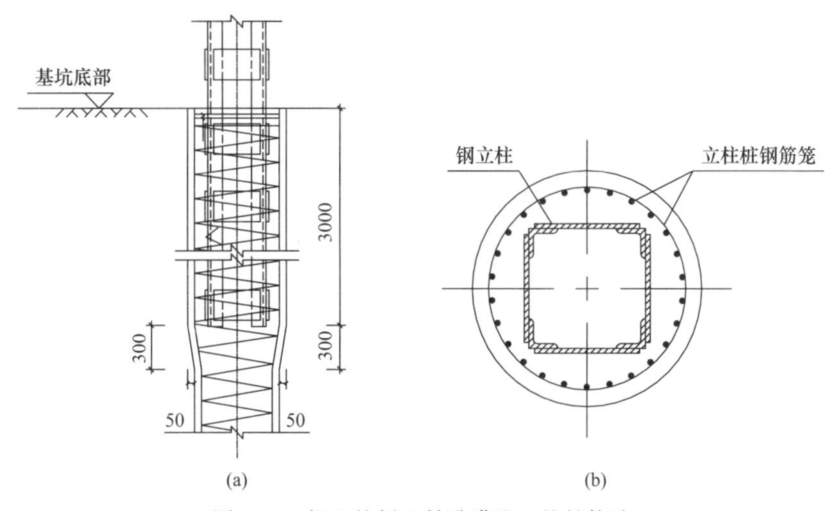

图 2-35　钢立柱插入钻孔灌注立柱桩构造

2.4.3.2 沉降控制措施

1. 沉降控制的必要性和技术措施

立柱桩在上部荷载及基坑开挖土体应力释放的作用下，往往会发生沉降或抬升，同时，立柱桩荷载的不均匀，增加了立柱桩间及立柱桩与地下连续墙之间产生沉降差的可能，若差异沉降过大，将影响结构安全和正常使用。现行上海市《基坑工程设计规程》DG/TJ08-61 规定，立柱桩之间以及立柱桩与地下连续墙之间的差异沉降不宜大于 20mm，且不宜大于 1/400 柱距。因此，控制整个结构的不均匀沉降是逆作法施工的关键技术之一。

目前，精确计算立柱桩在底板封底前的沉降抬升量还有一定困难，完全消除沉降差也是不可能的，但可以通过采取有关措施来减小沉降差。沉降控制的主要技术措施有以下几种：

（1）坑底隆起对立柱桩的抬升影响很大，减小坑底隆起，可以降低这种影响。减小坑底隆起可采用的方法有：合理确定地下连续墙的刚度和入土深度；坑内外进行地基土加固；设计合理的桩径、桩型和桩长等。

（2）按照施工工况对立柱桩及地下连续墙进行沉降估算，协调基坑开挖与桩顶附加荷载，使立柱与地下连续墙沉降差满足结构设计要求。

（3）增大立柱桩的承载力来减小沉降，如桩底注浆、增大桩径及桩长、选定高承载力的桩端持力层等。

（4）使立柱桩与地下连续墙处在相同的持力层上或增加边桩，以代替地下连续墙承载。

（5）使立柱之间及立柱与地下连续墙之间形成竖向刚性较大的整体，共同协调不均匀变形，如在柱间及柱与地下连续墙之间增设临时剪刀撑或尽早完成永久墙体结构等。

（6）加强对柱网及地下连续墙的竖向位移观测。当出现相邻柱间沉降差超过控制值时，立即采取措施，暂停上部结构继续施工，局部节点增加压重，局部加快或放慢挖土。

2. 桩端后注浆技术

（1）影响灌注桩承载力的原因

泥浆护壁钻孔灌注桩是较为常用的工程桩和立柱桩形式，在软土地区有大量的应用。但由于泥浆护壁钻孔灌注桩工艺本身的缺陷，导致在相同的土层、桩长、桩径等条件下，钻孔灌注桩的单桩承载力要明显低于预制桩。影响其承载力的主要原因如下：

1）桩底沉渣过厚，桩端阻力得不到充分发挥，这对桩端进入密实砂层的桩尤为明显。目前，无论是正循环法还是反循环法，孔底沉渣均难以清除到设计要求。

2）桩侧泥皮过厚，导致侧摩阻力明显下降。工程中有些桩由于种种原因造成泥浆护壁时间过长，最终孔壁泥皮增厚，桩侧摩阻力下降。

3）孔壁受扰动。钻孔过程中孔壁受扰动，特别是进入密实砂层较深的桩，成孔后孔壁附近土中应力释放，出现“松弛”现象。孔径越大，这种影响越明显。

4）施工时孔壁浸水泡软，土体抗剪强度降低，桩侧阻力降低。

支护结构与主体结构相结合工程中，对于立柱桩的承载力和不均匀沉降控制要求高。为了提高灌注桩的竖向承载力、减小离散性，上海地区的工程界根据软土地基的土层性质和组成特点，研究应用在灌注桩成桩后进行后注浆的方法来改善桩端支承条件和桩侧土的性质。目前，在上海地区的逆作法工程中，一般都对立柱桩采用桩端后注浆施工工艺。

(2) 桩端后注浆灌注桩的设计

桩端后注浆灌注桩的设计应对工程勘察提出增加对场地土进行后注浆的可行性分析的要求，必要时应进行浆液渗透性和可注性试验，并根据工程地质勘察报告结合建筑结构体系和基底压力大小，确定灌注桩桩径和桩端持力层。桩端后注浆灌注桩设计的关键在于合理注浆量的计算与注浆后单桩极限承载力的计算。在上海软土地区，逆作法工程多采用钻孔灌注桩作为立柱桩，桩端进入⑦$_2$层或⑨层粉砂土，工程实践中每根桩后注浆量约 2t，单桩承载力设计值均可提高 30%以上。

2.4.4　竖向支承系统的连接构造

2.4.4.1　立柱与结构梁板的连接构造

1. 角钢格构柱与梁板的连接构造

角钢格构柱与结构梁板的连接节点，在地下结构施工期间主要承受荷载引起的剪力，设计时一般根据剪力的大小计算确定，在节点位置钢立柱上设置足够数量的抗剪钢筋或抗剪栓钉。在主体结构永久使用阶段，结构梁主筋一般可全部穿越钢立柱外包混凝土形成的劲性柱，因此连接节点一般不需要再设置额外的抗弯构件。图 2-36 为设置抗剪钢筋与结构梁板连接节点的示意图。图 2-37 为钢立柱设置抗剪栓钉与结构梁板连接节点的示意图与实景图。

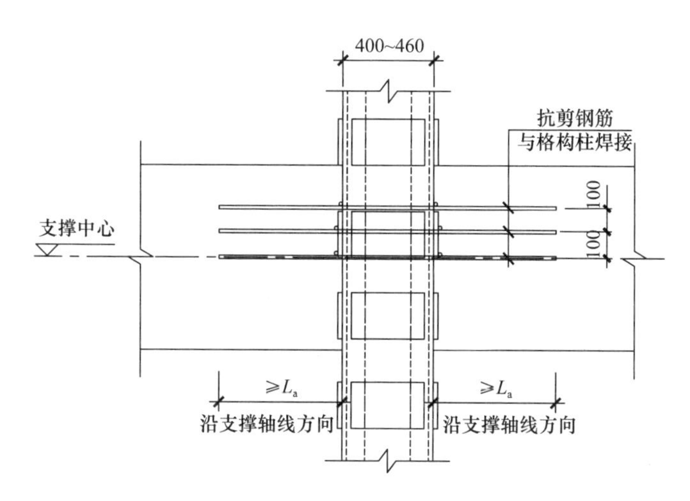

图 2-36　钢立柱设置抗剪钢筋与结构梁板的连接节点

抗剪栓钉和抗剪钢筋均需要在钢立柱设置完毕、土方开挖过程中现场安装，钢筋与钢立柱之间的焊接工作量相对较大，并且对于较小直径（小于 ϕ19）的栓钉，可采用焊枪打设、一次安装，机械化程度更高，施工质量也比较容易得到保证。

逆作施工阶段中，承受施工车辆等较大荷载直接作用的结构梁板层，需要在梁下钢立柱上设置钢牛腿或者在梁内钢牛腿上焊接足够抗剪能力的槽钢等构件。格构柱外包混凝土后伸出柱外的钢牛腿可以割除。图 2-38 和图 2-39 分别为钢格构柱设置钢牛腿作为抗剪件时的示意图和实景图。图 2-40 为钢格构柱设置槽钢作为抗剪件时的示意图。

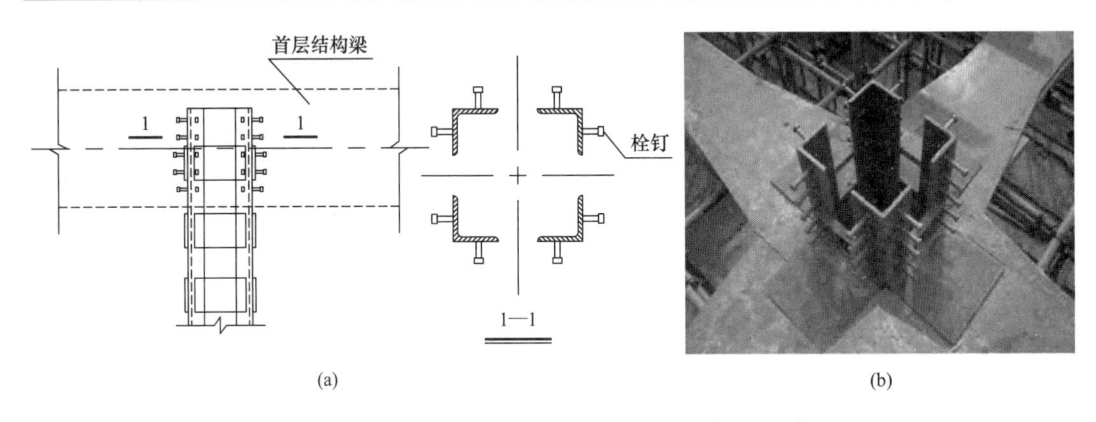

图 2-37　钢立柱设置抗剪栓钉与结构梁板连接节点

(a) 节点示意图；(b) 节点实景图

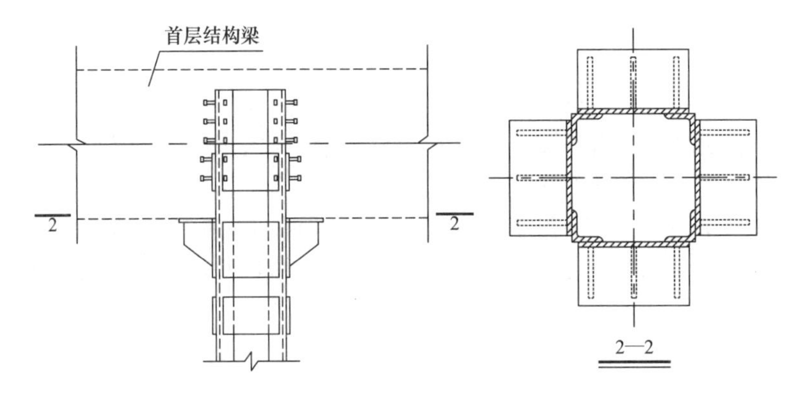

图 2-38　钢格构柱设置钢牛腿作为抗剪件的示意图

图 2-39　钢格构柱设置钢牛腿作为抗剪件的实景图

2. 钢管混凝土柱与结构梁板的连接构造

钢管混凝土柱与结构梁板的连接节点大致可以分为钢筋混凝土环梁连接节点和钢牛腿连接节点两种连接方式。

钢筋混凝土环梁连接节点适用于几乎所有钢管混凝土柱与钢筋混凝土梁、无梁楼盖连接的工程中。钢筋混凝土环梁是在钢管外侧设置一圈厚度约为 400～500mm 的钢筋混凝土环形梁，混凝土环梁由顶底面环筋、腰筋和抗剪箍筋组成。图 2-41 为钢管混凝土立柱与结构梁连接环梁节点构造，图 2-42 为其实景。在梁柱节点，受钢管混凝土柱阻挡无法贯通的结构梁钢筋全部锚入到筋混凝土环梁中，混凝土环梁与结构梁和节点范围内的框架柱外包混凝土一同浇筑。钢管混凝土柱与混凝土环梁的接触面需设置抗剪环筋及抗剪栓钉等抗剪键。钢筋混凝土环梁在逆作施工阶段承受结构梁端的弯矩与剪力，并传递给钢管混凝土柱，因此钢筋混凝土环梁应具有足够的强度和刚度，以确保梁柱节点传力的可靠性。由于钢筋混凝土环梁的顶底面钢筋和腰筋全部为环筋且箍筋较密，因此钢筋混凝土环梁的施工难度较大，对施工单位的施工技术要求较高。

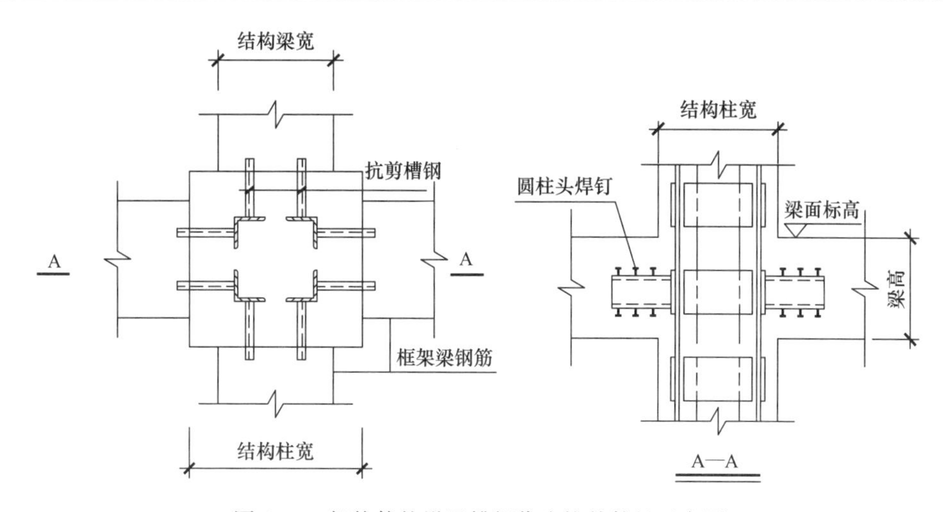

图 2-40 钢格构柱设置槽钢作为抗剪件的示意图

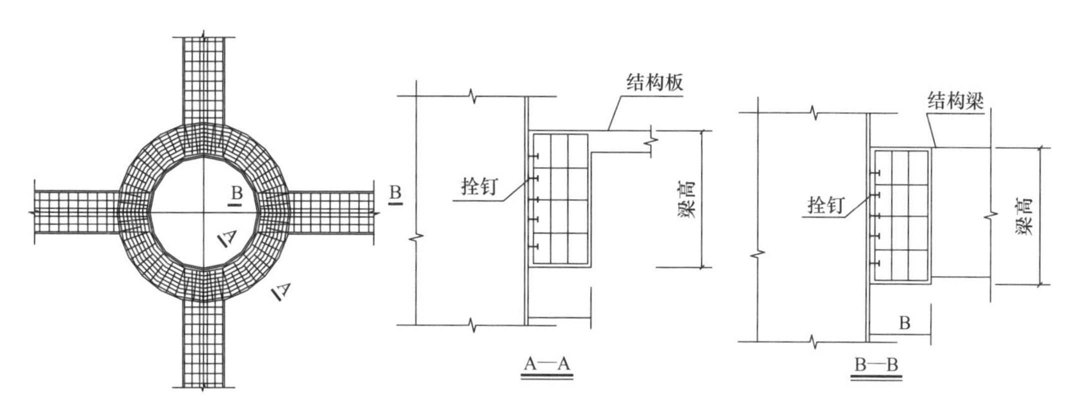

图 2-41 钢管混凝土立柱与结构梁连接环梁节点的示意图

钢管混凝土柱与结构梁的钢牛腿连接节点有钢牛腿结合加强环或钢牛腿等多种连接形式。钢牛腿连接节点适用于钢筋混凝土梁、钢骨混凝土劲性梁、无梁楼盖与钢管混凝土柱的连接，具体作法是在钢管周边设置钢牛腿，为了加强钢牛腿与钢管混凝土柱的连接刚度，可在钢牛腿上下翼缘设置封闭的加强环，梁板受力钢筋则焊在钢牛腿和加强环钢板上，图 2-43 和图 2-44 分别为该连接节点的构造详图、实景图。此外，还可采用钢牛腿等

(a)

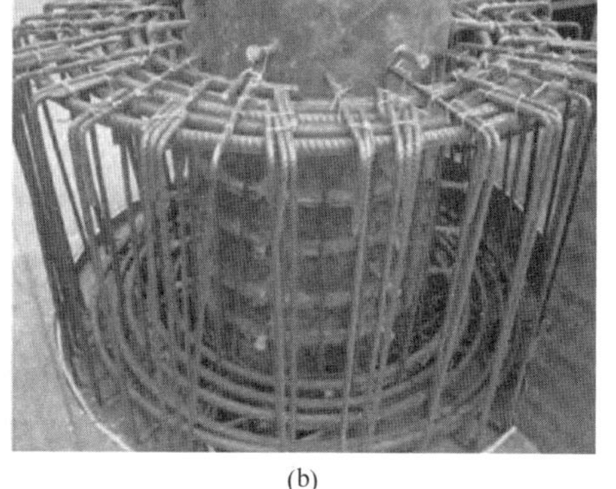

(b)

图 2-42 钢管混凝土立柱与结构梁连接环梁节点实景图（一）

(c)

(d)

图 2-42 钢管混凝土立柱与结构梁连接环梁节点实景图（二）

方法，图 2-45 为钢管混凝土立柱采用加劲环板作为抗剪件的示意图，图 2-46 则为 H 型钢牛腿连接的实景图。

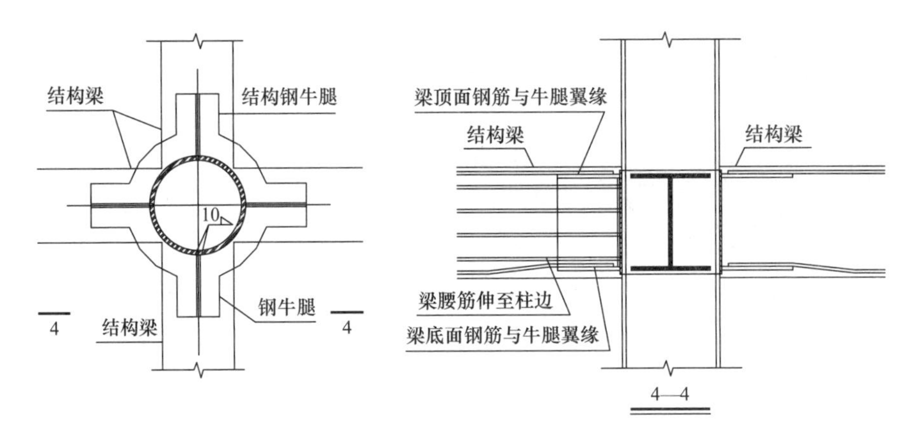

图 2-43 钢管混凝土柱结构梁采用钢环板连接构造

(a)

(b)

图 2-44 钢管混凝土柱结构梁采用钢环板连接构造实景图

2.4.4.2 立柱、立柱桩与基础底板的连接构造

钢立柱各层结构梁板位置应设置剪力与弯矩传递构件。钢立柱在底板位置应设置止水构件，以防止地下水上渗，通常采用在钢构件周边加焊止水钢板的形式。

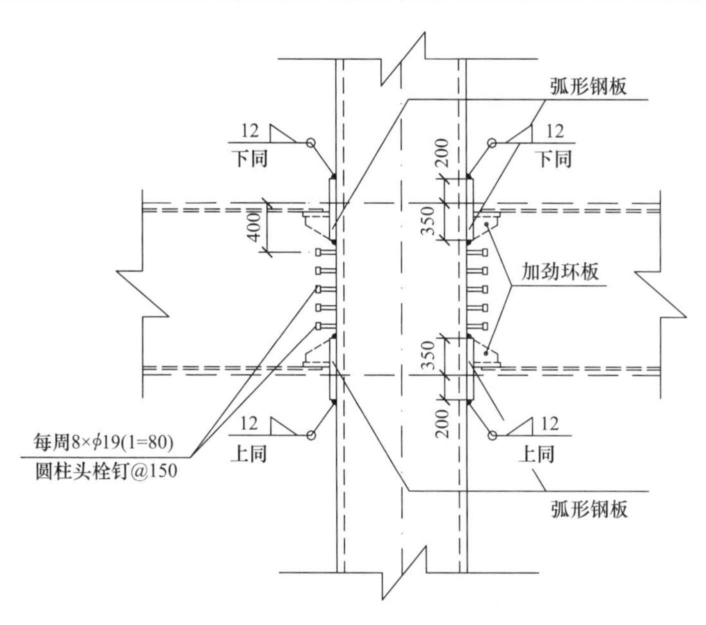

图 2-45 钢管混凝土立柱采用加劲环板作为抗剪件的示意图

(a) (b)

图 2-46 钢管混凝土立柱的 H 型钢牛腿连接的实景图

对于角钢拼接格构柱，通常的止水构造是在每根角钢的周边设置止水钢板，通过延长渗水路径起到止水目的。图 2-47、图 2-48 分别为角钢拼接格构柱在底板位置止水构造图和实景图。对于钢管混凝土立柱，则需要在钢管位于底板的适当标高位置设置封闭的环形钢板，作为止水构件，具体做法见图 2-49。

一柱一桩在穿越底板的范围内设置止水片。逆作施工结束后，一柱一桩外包混凝土形成正常使用阶段的结构柱。正常使用期间外包混凝土，永久框架柱位置的立柱桩均利用主体的柱下工程桩，结构边跨位置及出土口局部位置考虑新增立柱桩作为逆作施工阶段边跨及出土口区域的竖向支承。立柱桩在施工阶段底板浇筑前，承受全部结构自重，在使用阶段应满足结构抗压或抗拔要求。框架柱与支承立柱合二为一，梁柱、板柱节点均采取可靠抗剪措施。施工中要采取可靠措施，保证钢立柱混凝土浇筑质量及灌注桩顶混凝土质量。

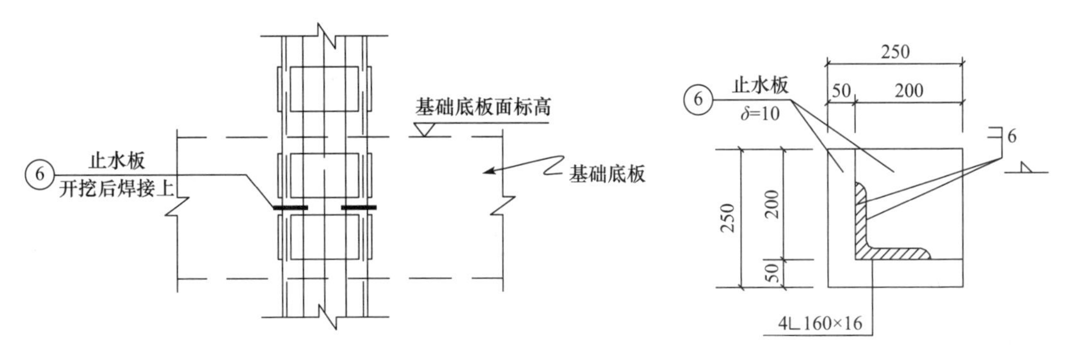

图 2-47 角钢拼接立柱在底板位置止水钢板构造图

图 2-48 角钢拼接立柱在底板位置止水钢板实景图

图 2-49 钢管混凝土柱环形钢板止水实景图

2.4.4.3 立柱与立柱桩的连接构造

逆作施工阶段竖向荷载全部由一柱一桩承担，而支承立柱最终将竖向荷载全部传递给立柱桩，因此支承立柱和立柱桩之间必须有足够的连接强度，以确保竖向力的可靠的传递。一方面钢立柱在立柱桩中应有足够的嵌固深度；另一方面，两者之间应有可靠的抗剪措施。钢立柱嵌入立柱桩的深度一般在 3～4m，且需通过计算确定。对于角钢格构柱，其自身截面决定了承受的竖向荷载相对较小，一般通过角钢与混凝土之间的粘结力，并在角钢侧面根据计算设置足够的竖向栓钉，即可将竖向荷载传递给立柱桩。角钢格构柱与立柱桩连接节点见图 2-50 及图 2-51。

钢管混凝土柱的柱端截面较大，柱端传力作为钢管混凝土柱与立柱桩之间的主要传力途径。为了进一步加大柱端传力面积，可在钢管混凝土柱端部外缘设置环板和加劲肋。为增加钢管混凝土柱与立柱桩之间的粘结力和锚固强度，在钢管外表面需设置足够数量的栓钉。钢管混凝土柱通过柱端和柱侧粘结力最终将荷载传递给立柱桩。一般钢管混凝土柱内填高强混凝土，为了立柱桩与钢管柱端截面的局部承压问题，通常将钢管混凝土柱底部以下一定范围的立柱桩身混凝土也采用高强混凝土浇筑。钢管混凝土柱与立柱桩连接节点见图 2-52 和图 2-53。

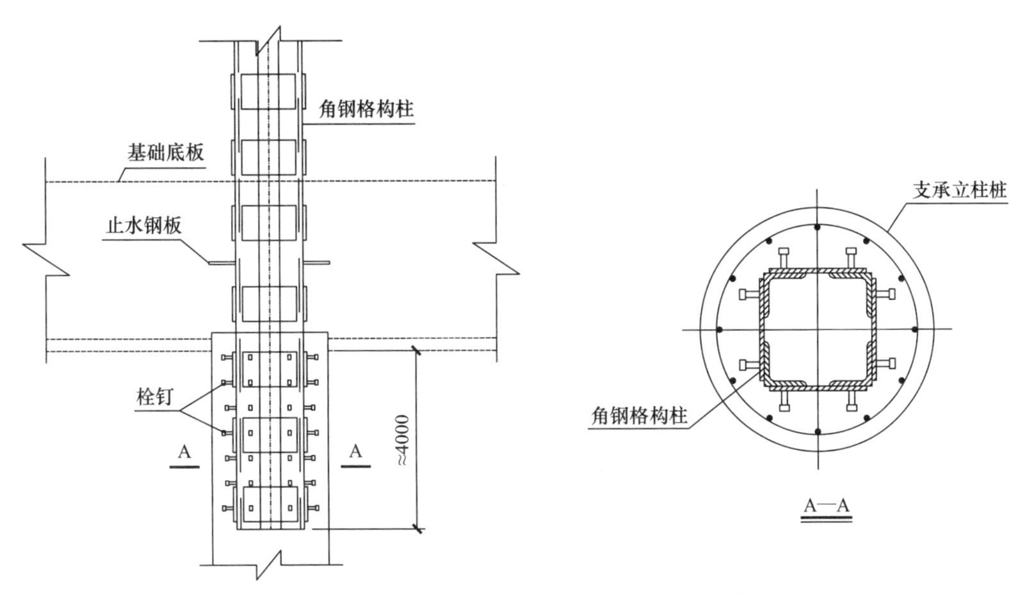

图 2-50 角钢格构柱与立柱桩连接抗剪栓钉详图

图 2-51 角钢格构柱与立柱桩连接抗剪栓钉实景图

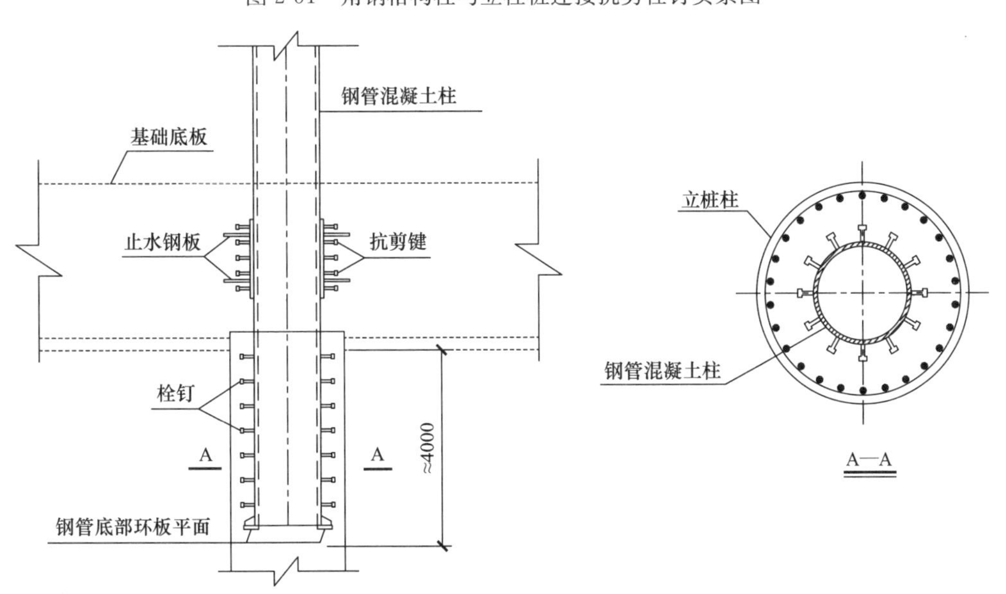

图 2-52 钢管混凝土柱与立柱桩连接

图 2-53 钢管混凝土柱与立柱桩连接底部钢环板与抗剪栓钉实景图

3 逆作法施工技术

逆作法有别于基坑工程的传统施工方法，主要体现在利用地下室永久结构替代基坑支护体系，除了结构设计理论方面的突破，其本身还融合了一系列创新的、技术特点鲜明的基坑施工技术。在数十年的技术研究与工程实践中，逆作法施工技术也在不断成熟。本章基于逆作法施工的特征，介绍基坑围护结构和地下室外墙施工、竖向支承结构施工、地下结构施工、挖土施工、施工环境控制与检测、BIM 施工技术等方面的关键技术。

3.1 围护结构施工

目前基坑工程的临时围护体系有地下连续墙、钻孔灌注桩、SMW 工法、重力式水泥土墙等多种围护形式。逆作法传统的围护结构施工方式以地下连续墙和钻孔灌注桩为主。近年来，桩墙合一的施工方式也开始运用。围护结构的施工方法、工艺和所用的施工机械也日新月异。对于围护结构的施工，也提出了新的要求。

3.1.1 地下连续墙施工

3.1.1.1 施工技术要求

我国的地下连续墙技术从 1960 年发展至今已较为成熟，并不断刷新施工深度的记录。目前已有最深可达 120m 左右的超深地下连续墙，并取得 1/1000 的垂直度控制精度，为超深地下空间的开发利用提供了有力的技术支撑。

当基坑围护结构的地下连续墙兼做地下室外墙时，这一结构形式称为两墙合一。两墙合一形式的地下连续墙可用于开挖深度较深、环境保护要求较高的基坑工程围护结构。它可采用单一墙、复合墙或叠合墙的形式。两墙合一地下连续墙在施工阶段主要承受水平方向的土压力，而在正常使用阶段又作为永久结构承受竖向和水平向的永久荷载，因此，在垂直度和平整度控制、接头防渗及墙底注浆等方面有更高的施工要求。

作为基坑临时围护的地下连续墙，其垂直度一般要求控制在 1/150 以内，两墙合一形式的地下连续墙垂直度则需达到 1/300，而超深地下连续墙的成槽垂直度要求达到 1/600，甚至更高的要求。地下连续墙垂直度控制与成槽机械、成槽人员的技术水平、成槽工艺及施工组织、垂直度监测及纠偏等几方面有关。

3.1.1.2 地下连续墙成槽方法

地下连续墙的成槽施工可采用抓斗式成槽机、铣槽机、冲击式成槽机、多头回转式等成槽机械。抓斗式成槽机适用的地层范围较广，是目前地下连续墙施工的主要设备，但在挖掘深度方面受到一定的限制，不适合坚硬岩层的挖掘；铣槽机是目前国内外较为先进的地下连续墙成槽机械，其掘进速度快、施工效率高，可应用于淤泥、砂、砾石、卵石、中等硬度岩石等地层中。但铣槽机设备价格和维护成本较高，不适用于有孤石和较大卵石的地层；冲击式成槽机适用于各类土、砂层、砾石、卵石、漂石、软岩和硬岩中，特别适用于深厚漂石、孤石等复杂地层施工，但其成槽效率较低、质量较差；多头回转式成槽机对地层的适应性较强、施工效率高、成槽精度高、挖掘深度大，其缺点与铣槽机类似。

地下连续墙各种成槽技术存在不同的优势和局限性。在地下连续墙成槽施工时，为了获得最好的施工效果、降低施工成本并提高施工效率，可利用不同的成槽机械组合施工，扬长避短。如图 3-1 所示，软土地基地下连续墙成槽施工时，上部软弱土层采用抓斗成槽机成槽，进入硬土层后采用液压铣槽机铣削成槽，深度超过 60m、进入标贯击数 N 大于 50 的密实砂层及进入岩层时，则采用抓铣结合的方法成槽。

(a)

(b)

(c)

图 3-1 组合成槽技术

(a) 旋挖机引孔施工；(b) 成槽机抓挖施工；(c) 冲击锤修垂施工

地下连续墙成槽应采用具有纠偏功能的成槽设备，在成槽过程中实时监测偏斜情况，并且及时进行自动调整。地下连续墙位于暗浜区、扰动土区、淤泥、浅部砂土、粉土中或邻近有保护要求的建筑物时，地下连续墙两侧宜进行槽壁加固。混凝土浇筑前墙底沉渣厚度不应大于 150mm，两墙合一时不应大于 100mm。

3.1.1.3 地下连续墙接头

地下连续墙的接头用于连接地下连续墙的相邻单元槽段，需满足挡土、抗渗和止水要求。

当地下连续墙作为地下主体结构的一部分时，工程中通常采用柔性接头，辅以一定的构造措施，以满足挡土、抗渗和止水的要求。柔性接头主要有圆形锁口管、波形管、楔形、预制钢筋混凝土等接头形式。工程中常用的地下连续墙为刚性接头，主要有穿孔钢板接头、钢筋搭接接头、型钢埋入式接头等。近年来，新型的铣接头和橡胶止水接头也在工程中广泛应用。常用的地下连续墙接头适应范围及效果见表 3-1。

常用的地下连续墙接头适应范围及效果 **表 3-1**

接头形式	最大适应深度（m）	止水效果	施工难度	施工成本
普通锁口管接头	50	中	低	低
橡胶止水接头	60	好	高	低
十字钢板/H 型钢接头	70	好	高	高
铣接头	150	好	高	高

1. 铣接头

铣接头工法是利用铣槽机（图 3-2）直接切削已成型槽段的混凝土，可在不采用锁口管、接头箱的情况下形成止水良好、致密的地下连续墙接头。铣接法接头的效果如图 3-3 所示。

图 3-2 铣槽机

图 3-3 铣接法接头

铣接头工法如下：先行施工先期槽段，槽段幅宽为 6200～7500mm，然后在两个先期槽段之间嵌入一个后期槽段，后期槽段有效宽度为 2200mm 左右。先期槽段与后期槽段间每个接头搭接 300mm，后期槽段在铣槽施工时将先期槽段接头处的新浇筑混凝土切削掉 300mm，形成致密的地下连续墙接头。铣接头的主要优势包括：接缝处混凝土的咬合效果好，抗渗性能优于柔性接头；施工过程中不使用锁口管或接头箱，无顶升风险；铣槽机成槽深度大、垂直度高，可用于坚硬土层；合金齿铣削，避免机械的强烈冲抓，槽壁稳定不宜坍塌；反循环系统携渣，清底效果好、渣土污染少。

2. 橡胶止水接头

地下连续墙橡胶止水接头是在传统接头基础上改进的一种新接头形式，接头的凹凸形状使先期和后期槽段咬合更加紧密，墙中嵌入的橡胶止水带，可延长或阻断地下水渗透路径，止水效果更好。在地下连续墙中使用橡胶止水接头时，成槽抓斗应采用方斗，如图 3-4 所示。橡胶止水带宜临时固定在接头箱上，随接头箱一同下放入槽内。接头箱安放入槽前应涂抹脱模剂，并于导墙上安置固定支架，以确保接头箱的垂直度。橡胶止水接头箱应采用侧向剥离的方式，并在相邻槽段清孔完毕后取出。

图 3-4 橡胶止水接头施工的成槽抓斗

采用橡胶止水接头的地下连续墙具有整体性好、止水效果好、可重复利用、工程造价低、适应变形能力强的优势。上海隧道股份在虹梅南路—金海路新建工程越江段、闵行段、沿江通道越江隧道新建工程 I 标等工程中采用了橡胶止水接头技术，均获得了较好的工程效果。

3.1.1.4 地下连续墙与地下结构的连接节点

地下连续墙与地下结构梁板之间的节点连接形式有钢筋接驳器连接、剪力槽预埋件焊接、预埋插筋连接、钻孔植筋连接等方法。若地下连续墙与地下结构板构件在接头处共同承受弯矩较大，且两种构件的抗弯刚度相近，同时板厚允许配置确保刚性连接的钢筋时，地下连续墙与结构板的连接宜采用预埋钢筋连接和预埋钢筋接驳器连接；若地下结构板构件相对于地下连续墙厚度较小，且接头处结构板承受的弯矩较小，可认为该节点不承受弯矩，仅起连接作用并承受剪力，此时可采用预埋钢筋连接和预埋剪力件的连接形式。地下室楼板也可以通过边环梁与地下连续墙连接，楼板钢筋进入边环梁，边环梁通过地下连续墙内预埋钢筋的弯出和地下连续墙连接，该接头为铰接接头，只承受剪力。

地下结构环梁与地下连续墙、后浇结构外墙之间一般可设置止水钢板进行连接。地下连续墙内预埋钢筋接驳器、预设剪力槽与结构底板形成刚性连接，如图 3-5 所示。可预先留设通长布置遇水膨胀橡胶止水条的止水措施，同时可在基础底板与地下连续墙之间留设通长注浆管进行止水补强处理。

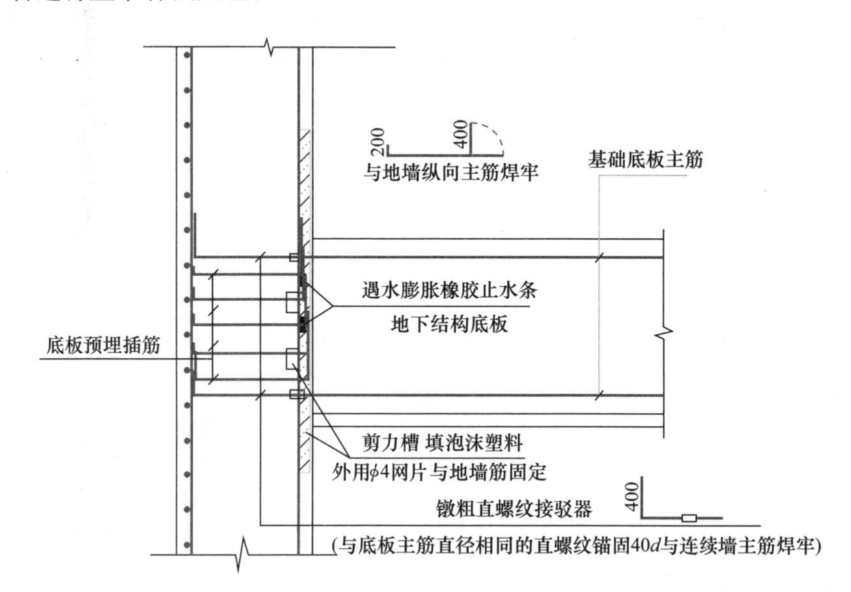

图 3-5 地下连续墙与基础底板接头连接构造

在地下室隔墙位置处的地下连续墙槽段接头应与隔墙位置协调，并在槽段接头处设置扶壁柱。墙段接缝位置的扶壁柱均通过预先留设在地下连续墙内的插筋与地下连续墙形成整体连接。

3.1.1.5 地下连续墙墙底注浆

墙底注浆有利于提高地下连续墙的承载能力并控制沉降。两墙合一的地下连续墙应进行墙底注浆。

在软土层中，注浆管下端应插入槽底土中，插入深度应根据成槽深度加上 200～500mm；在硬土或岩层中，注浆管下端宜采用倒“T”字形状，深度同槽底岩层齐平。

注浆管应在混凝土初凝后立即采用清水开塞。注浆器应采用单向阀，并能承受不小于

1MPa的静水压力。注浆宜在墙体混凝土达到设计强度后进行，注浆压力控制在0.2～0.4MPa，当注浆量达到设计要求或者注浆量达80%设计量且压力达到2MPa时，可终止注浆。

3.1.1.6　地下连续墙施工检测要求

作为临时围护结构的地下连续墙，其槽壁垂直度、深度、宽度及沉渣检测数量为总数的20%，有可靠的施工经验时可不进行超声波透射法检测。两墙合一地下连续墙的施工质量要求更高，其槽壁垂直度、深度、宽度及沉渣应全数进行检测，当采用铣接头时还应对接头处进行两个方向的垂直度检测。现浇地下连续墙的混凝土质量应采用超声波透射法进行检测，总检测数量不应少于墙体总量的20%，且不少3幅。当超声波透射法判定墙身质量不合格时，应采用钻孔取芯法进行复验。地下连续墙混凝土抗压强度试验应不少于每100m^{3}混凝土1组，且每幅槽段不应少于1组，每组3件。地下连续墙混凝土抗渗试块应不少于每5幅槽段1组，每组6件。

3.1.2　灌注桩排桩施工

3.1.2.1　施工技术要求

灌注桩排桩可作为临时支护或以桩墙合一的形式作为主体地下结构外墙的一部分。桩墙合一即围护排桩与地下结构外墙相结合，围护排桩在正常使用阶段承担一部分永久荷载。

灌注桩排桩施工前应通过试成孔确定成孔机械、施工工艺、孔壁稳定的技术参数。采用膨润土泥浆护壁可提高泥浆黏度，有效防止孔壁坍方、缩径。先施工截水帷幕，再施工灌注桩排桩，有利于保证截水帷幕和灌注桩的施工质量，也可避免先施工的灌注桩由于塌孔扩径导致外侧截水帷幕施工困难的不利情况。

灌注桩排桩的垂直度允许偏差不应大于1/100，采用桩墙合一设计时，应不大于1/200。作为桩墙合一的排桩围护结构，成孔机械一般选择钻架配重大、钻杆扭矩大的设备，如GPS-15型设备，也可采用旋挖成孔工艺。另外，还需采取措施减少围护桩的沉降，以减少与主体结构的差异沉降。严格控制桩端沉渣厚度不大于100mm。工程经验表明，通过泥浆反循环的工艺可有效控制沉渣厚度。

3.1.2.2　钻孔灌注桩与主体结构的连接节点

临时围护墙与内部主体结构之间必须设置可靠的水平传力支撑体系。水平支撑一般采用钢支撑、混凝土支撑或型钢混凝土组合支撑等形式，如图3-6～图3-9所示。

逆作法施工阶段先施工的边梁与后浇筑的边跨结构接缝处的止水，可先凿毛边梁与后浇筑顶板的接缝面，然后嵌固一条通长布置的遇水膨胀止水条。如结构防水要求较高时，还可在接缝位置增设注浆管，待结构达到强度后通过注浆充填接缝处的微小缝隙，以达到防水效果。不同的支撑方式穿过结构外墙处的止水处理方式也不尽相同，当支撑为H型钢支撑时，可在穿过外墙位置的H型钢四周焊接一定高度的止水钢板；当支撑为混凝土支撑时，可在混凝土支撑穿过外墙板的位置设置一圈遇水膨胀止水条，或在结构外墙上留洞，并在洞口四周设置刚性止水片，待混凝土支撑凿除后再封闭该部分的结构外墙。

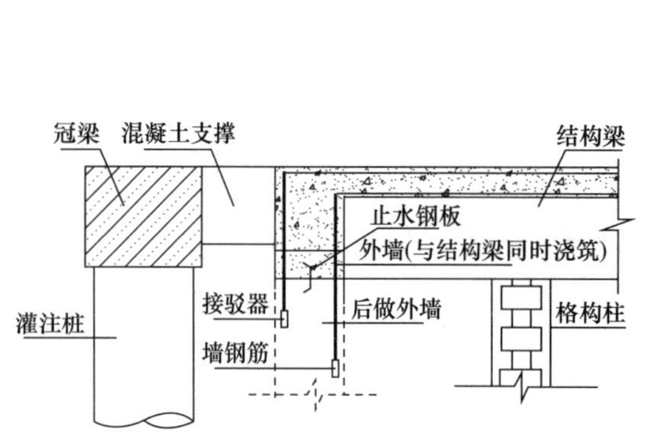

图 3-6 围护桩与顶板用混凝土支撑连接

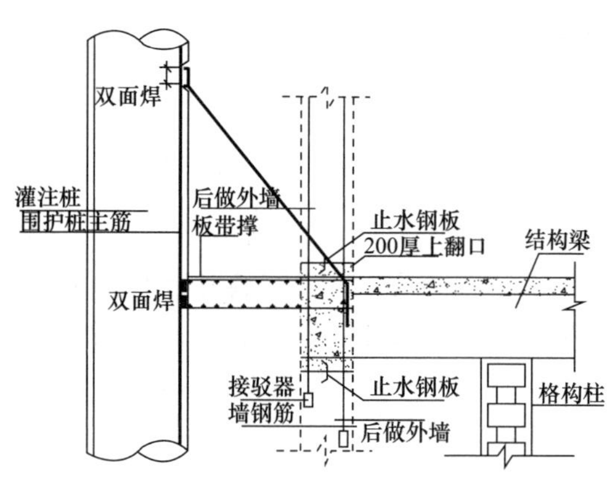

图 3-7 围护桩与中板用混凝土支撑连接

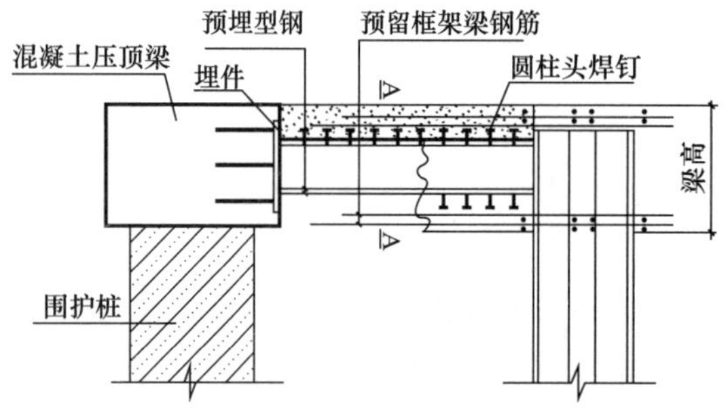

图 3-8 围护桩与顶板用型钢混凝土组合支撑连接

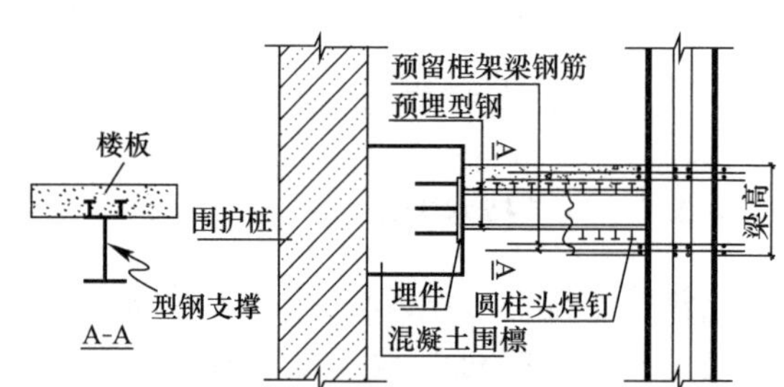

图 3-9 围护桩与中板型钢混凝土支撑连接

3.1.2.3 钻孔灌注桩施工检测要求

灌注桩排桩作为临时围护结构时，在灌注桩成孔后、灌注混凝土之前，应对每根桩的成孔中心位置、孔深、孔径、垂直度、孔底沉渣厚度进行检测。灌注混凝土时，应留置桩身混凝土抗压强度试块，满足每 $50m^3$ 混凝土不应少于 1 组、每根桩不应少于 1 组且每台班不应少于 1 组的要求。同时，宜采用低应变动测法检测桩身完整性，检测桩数不宜少于总桩数的 20%。当检测结果显示桩身存在质量问题时，应采用钻孔取芯方法进一步验证桩身完整性及混凝土强度。

桩墙合一的灌注桩排桩桩身应采用低应变动测法检测桩身完整性，采用声波透射法检测桩身混凝土质量。低应变动测法的检测比例应为 100%，声波透射法检测的围护桩数量不应低于总桩数的 10%。判定的桩身质量不合格时，应采用钻孔取芯方法进一步验证桩身完整性及混凝土强度，钻孔取芯完成后应对芯孔进行注浆填充密实。当对排桩的竖向承载力有要求时，宜进行静载荷试验检测，比例不宜低于 1%。

3.1.3 咬合桩施工

咬合桩施工方法可选用硬切割工艺或软切割工艺。硬切割是指Ⅱ序桩在Ⅰ序桩终凝后切割成孔的施工方法，具有在成孔过程中结合清障的特点，适用于硬质障碍较密集的环境。软切割是指Ⅱ序桩在Ⅰ序桩初凝前切割成孔的施工方法，清障能力较弱，但经济性较好。

有筋桩应采用设计强度等级高于C25的混凝土，无筋桩应采用设计强度等级高于C20的混凝土。桩墙合一的咬合式排桩混凝土设计强度等级一般不低于C30。

3.1.3.1 咬合桩施工设备

硬切割咬合桩应采用全套管全回转钻机施工。全套管全回转钻机（图3-10）一般具有能够对巨砾、岩床、地下存在的钢筋混凝土结构、钢筋混凝土桩、钢桩等切割穿透的能力，并能将其清除等特点。硬切割施工时，所选用的全套管全回转钻机要求具备切削C40钢筋混凝土的能力。

软切割采用全套管全回转钻机施工。此外搓管机等垂直度满足要求的机械也可用于软法切割施工。旋挖钻机可以用于施工咬合桩，但必须在护筒驱动器或搓管机配合下施工。

图3-10 全套管全回转钻机

3.1.3.2 咬合桩施工

咬合桩施工前应设置导墙，导墙施工时靠近路面一侧的导墙主筋与路面钢筋连接，以限制导墙的位移。导墙混凝土强度达到设计强度的70%后方可进行咬合桩施工。

软法切割施工时，Ⅰ序桩应采用超缓凝混凝土，Ⅱ序桩采用普通混凝土。咬合桩施工选用软咬合时采用跳孔施工，应按A1→A2→B1→A3→B2→A4→B3→……的顺序组织咬合桩施工，Ⅰ序桩和Ⅱ序桩应间隔布置，如图3-11所示。硬法切割施工时，Ⅱ序桩应在相邻Ⅰ序桩混凝土终凝后切割成孔，Ⅰ序桩和Ⅱ序桩均采用普通混凝土。咬合桩施工过程中应保证孔壁垂直度偏差不大于1/300，相邻桩咬合宽度一般不小于150mm。

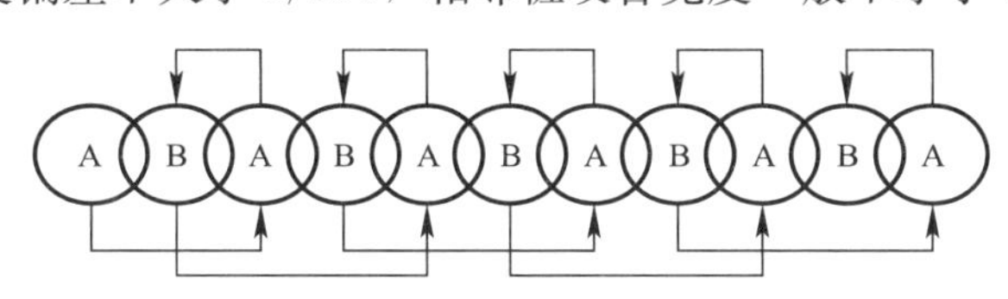

图3-11 咬合桩施工流程

3.1.3.3 咬合桩施工检测要求

咬合式排桩工程应进行桩位、桩长、桩径、垂直度和桩身质量的检验。

桩墙合一咬合式排桩的桩身完整性检测采用声波透射法，检测数量不应低于总桩数的10%，且不应少于5根。

3.1.4 型钢水泥土搅拌桩（墙）施工

型钢水泥土搅拌桩（墙）的施工应根据地质条件、成桩（墙）深度、桩径、墙厚、型钢规格等参数选用不同功率的设备和配套机具，并应通过试桩（墙）确定施工工艺及各项施工技术参数。

三轴水泥土搅拌桩适用于填土、淤泥质土、黏性土、粉土、砂性土和饱和黄土等土层，且施工深度不宜大于30m。三轴水泥土搅拌桩施工宜采用跳打双孔套接复搅连接成墙。对于标准贯入 N 值大于 30 击的硬质土层，可预先钻孔松动土层，再用跳打双孔套接复搅连接成墙。三轴水泥土搅拌桩施工深度大于 30m 时，可采用加接钻杆的施工工艺。桩与桩之间的搭接时间间隔不应大于 24h。

渠式切割水泥土连续墙可用于填土、淤泥质土、黏性土、粉土、砂性土、饱和黄土等土层以及 N 值大于 30 击的硬质土层，且施工深度不宜大于 50m。渠式切割水泥土连续墙施工中，锯链式切割箱先行挖掘、横向推进速度达到 2.0m/h 时，可采用注入固化液挖掘、搅拌的循环成墙工艺。当横向推进速度缓慢时，应采用先行挖掘、回撤挖掘、再注入固化液搅拌的三循环成墙工艺。

双轮铣削深搅水泥土搅拌墙可用于填土、淤泥质土、黏性土、粉土、砂性土等土层以及硬质土层，且施工深度不宜大于 55m。

3.2 竖向支承桩、柱施工

逆作法竖向支承结构由竖向支承柱（工程中常称钢立柱）和竖向支承桩（也称立柱桩）组成，竖向支承系统一般采用支承柱插入底板以下立柱桩的形式。支承柱可采用钢格构柱、H 型钢柱或钢管混凝土柱等结构形式。支承桩一般采用灌注桩，并应尽量利用主体结构工程桩。

竖向支承桩、柱宜采用一柱一桩形式。当逆作法施工阶段支承柱竖向承载要求高，一柱一桩形式不能满足竖向承载力要求时，可在一根框架柱周边设置多根支承柱和支承桩，即一柱多桩形式。

竖向支承桩、柱在施工中承受上部结构和施工荷载等垂直荷载，而在施工结束后，支承柱一般又外包混凝土后作为正式地下室结构柱的一部分，承受永久结构荷载。所以竖向支承桩、柱应根据逆作施工阶段和永久使用阶段的不同荷载工况与结构受力状态进行设计，并应同时符合两个阶段的承载能力极限状态和正常使用极限状态的要求。

3.2.1 技术要求

竖向支承桩、柱施工时，需要对支承柱的尺寸、插入深度、桩径等参数进行控制。支承柱采用钢格构柱时，其边长不宜小于 420mm，如图 3-12 所示；采用钢管混凝土柱时，钢管外径不宜小于 500mm，如图 3-13 所示。

钢立柱在工程桩内的锚固长度对钢格构桩的承载力起决定性作用，必须严格按设计要求施工，并保证相应工程桩顶部构造的施工质量，以防止在施工期间出现过大的偏差。带栓钉钢管混凝土支承柱插入深度不应小于 4 倍钢管外径，且不应小于 2.5m；无栓钉等抗剪措施的钢管混凝土支承柱插入深度不应小于 6 倍钢管外径，且不应小于 3m；钢格构柱插入深度不应小于 3m。图 3-14 为某工程支承柱插入支承桩节点详图。

支承桩的钢筋笼与支承柱之间的水平净距应根据二者的垂直度偏差控制要求和相关构造要求确定，且不应小于 100mm。桩顶直径 D 可按下式计算：

$$D=\sqrt{2}b(\text{或 }d)+\text{操作空间}+2(d_{\text{纵筋}}+d_{\text{箍筋}}+c_{\text{保护层}})$$

式中 b——钢格构柱宽度；

d——钢筋混凝土柱直径。

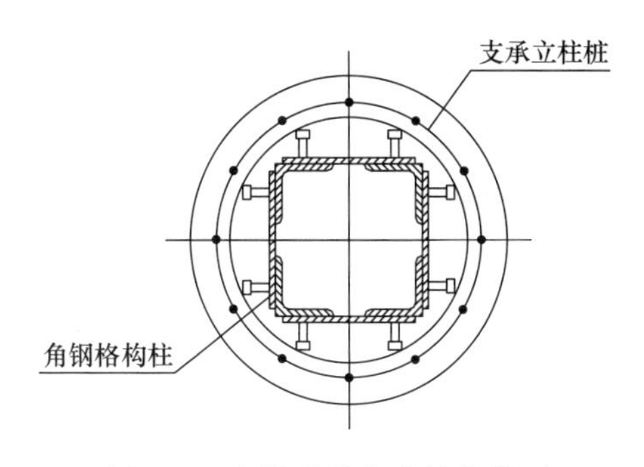

图 3-12 钢格构柱与立柱桩截面

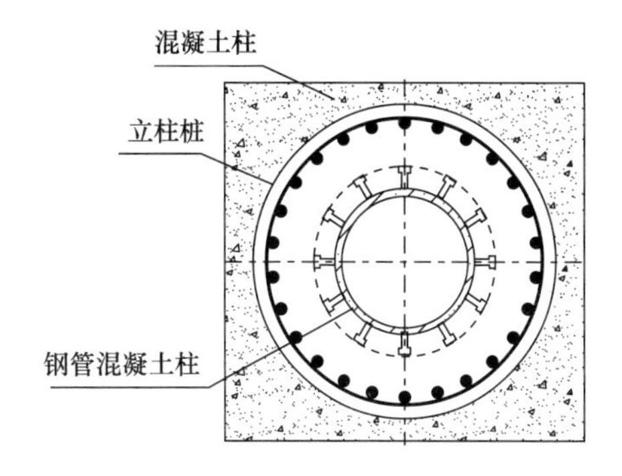

图 3-13 钢管混凝土柱与立柱桩截面

逆作法竖向支承桩、柱施工精度要求较高，竖向支承柱垂直度允许偏差为1/300，支承桩垂直度允许偏差为1/150，支承柱深度范围内的支承桩垂直度允许偏差为1/200，桩中心定位允许偏差为±10mm。对深度较大的地下工程逆作法，竖向支承桩、柱的质量要求更高，应按设计要求执行。

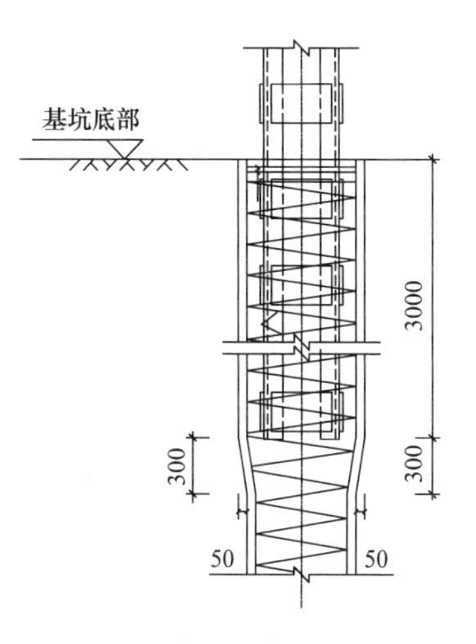

图 3-14 某工程支承柱插入支承桩节点详图

3.2.2 竖向支承结构施工

1. 先插法

先插法是将立柱与立柱桩钢筋笼焊接后同时下放，一体化施工的方法。

先插法钢管混凝土支承柱内混凝土与支承桩身混凝土采用不同强度等级时，施工时应控制其交界面处于低强度等级混凝土一侧；支承柱外部混凝土的上升高度应满足支承桩混凝土超灌高度要求。浇筑钢管内混凝土过程中，应人工对钢管柱外侧均匀回填碎石砂，分次回填至自然地面。

2. 后插法

后插法是在竖向支承桩混凝土初凝之前采用专用设备将竖向支承柱插入的施工方法。它具有施工精度更高、支承柱内充填混凝土质量好等特点。由于支承柱需在支承桩混凝土浇捣后、初凝之前插入，因此施工中应采用缓凝混凝土以确保支承柱插入施工的时间。由于支承桩内的混凝土会对竖向支承柱插入形成阻力，因此应选择功率较大的施工机械。

后插法支承桩混凝土应具有良好的流动性，且初凝时间不宜小于 36h，粗骨料宜采用5～25mm 连续级配碎石。当支承柱使用钢管柱时，钢管内混凝土的强度等级不应低于 C50时，并宜采用高流态、无收缩、自密实混凝土。

钢管柱端部制成圆锥状后插入可减少钢管柱插入的难度，但钢管桩封头后所受浮力较大，需采用灌水、使用大功率机械等方式配合施工。当支承柱采用型钢时，可将柱端削尖，以便于插入。

3. 干式作业

干式作业即人工挖孔施工支承桩。它是用人力开挖支承桩的土石方、现场浇筑的钢筋混凝土桩。干式作业桩具有工艺简单、不需要大型机械设备、单桩承载力高等特点。但人工劳动强度大、施工速度缓慢、必须采取井下作业，存在安全隐患。

逆作法中采用干式作业施工时，支承柱可采用先预埋定位基座后安装的施工方法。人工挖孔桩不计护壁井圈的有效孔径不应小于设计桩径，桩中心与设计桩轴线允许偏差为10mm。桩身混凝土可采用两次浇筑，第一次浇至不同强度等级混凝土分界处，距离竖向支承柱底部设计标高不应小于1000mm，第二次混凝土浇筑应在竖向支承柱安放固定后进行。

4. 桩底后注浆施工

逆作法竖向支承桩、柱可辅以桩底后注浆施工，大大提高一柱一桩的承载力，有效解决一柱一桩的沉降问题，为逆作法施工提供有效保障。

3.2.3 调垂施工

竖向支承柱的垂直度调整（调垂）是逆作法工艺中的一项核心技术，它直接影响到逆作竖向支承体系的承载能力及稳定性。早期的逆作法工程一般采用气囊法、校正架法、孔下调垂法等，目前已经发展形成调垂盘法、液压调垂盘法、孔下液压调垂系统和HDC高精度液压调垂系统等多种新技术（图3-15）。这些方法可快速有效地实现竖向支承结构的垂直度控制。各类型调垂系统的精度、操作要求、施工效率和经济性等方面对比见表3-2。

气囊法

孔下机械调垂法

校正架法

机械调垂盘法

液压调垂盘法

孔下液压调垂法

HDC高精度液压调垂法

HPE液压调垂法

图3-15 逆作法调垂方法

常用调垂方法对比 **表3-2**

调垂系统	调垂精度	操作要求	施工效率	经济性
气囊法	1/200	复杂	差	差
校正架法	1/300	简易	高	优
机械调垂盘法	1/300	简易	中	优
液压调垂盘法	1/300	复杂	中	良
孔下机械调垂法	1/500	中等	高	差
孔下液压调垂法	1/500	中等	中	良
HDC高精度液压调垂法	1/1000	中等	中	良
HPE液压调垂法	1/1000	中等	中	良

1. 气囊法

采用气囊法调垂时，在支承柱下端四边外侧各安放一个气囊，随支承柱一起下放到钻孔中，并固定于受力较好的土层中。每个气囊通过进气管与电脑控制室相连，传感器的终端同样与电脑相连，形成调垂和监测全过程施工的监控体系。系统运行时，打开倾斜方向的气囊进行充气，由此推动钢格构柱下部纠偏。当钢格构柱达到规定的垂直度后，即指令关闭气阀停止充气，于是气囊停止推动钢格构柱。格构柱平面的两个方向垂直度可同时调整。待混凝土浇灌至离气囊下方 1m 左右时，即可拆除气囊，并继续浇灌混凝土至设计标高。

由于调垂气囊在施工过程中容易破损，调垂精度有限，目前已逐渐被淘汰。

2. 校正架法

机械校正架调垂系统主要由传感器、校正架、调节螺栓等组成。在钢立柱上端 X 和 Y 两个正交方向分别安装一个传感器。钢立柱固定在校正架上，钢立柱上设置 2 组调节螺栓，每组共 4 个，两两对称，两组调节螺栓有一定的高差，以便形成扭矩。测斜传感器和上下调节螺栓在立柱两对边各设置 1 组。若钢立柱下端向 X 正方向偏移，X 方向两侧的上调节螺栓一松一紧，使钢立柱绕下调节螺栓旋转，当钢立柱达到规定的垂直度后，停止调节螺栓。同理 Y 方向的偏差可通过 Y 方向的调节螺栓进行调节。

校正架法较经济实用，但校正架法只能用于刚度较大的钢立柱（钢管柱等）的调垂，如图 3-16 所示。施工过程中，调垂方式简便直观，机械化程度高，且混凝土浇筑可自卸式浇筑。利用校正架从内插型钢安放到混凝土浇筑一般仅需 30～60min。

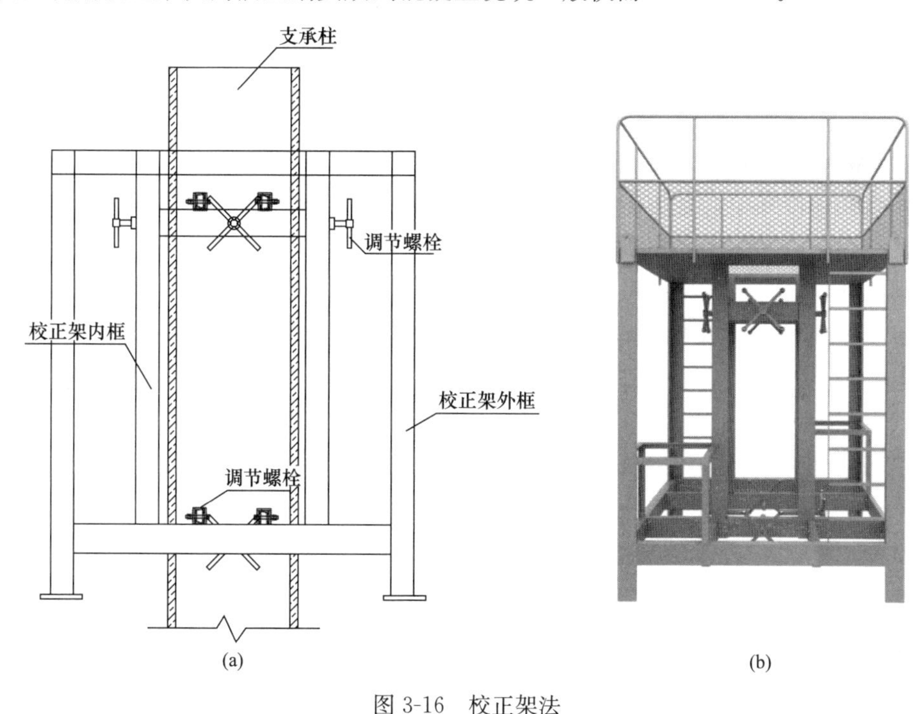

图 3-16 校正架法

(a) 校正架原理示意图；(b) 校正架实例

3. 机械调垂盘法

调垂盘法是校正架法的简化，也是目前较常用的竖向支承柱调垂方法。它主要由调垂盘支架、调垂盘及竖向螺栓顶升装置或钢丝绳等组成，如图 3-17 所示。其调垂原理是通过调节调垂盘平面或钢丝绳，达到支承柱垂直度校正的效果。

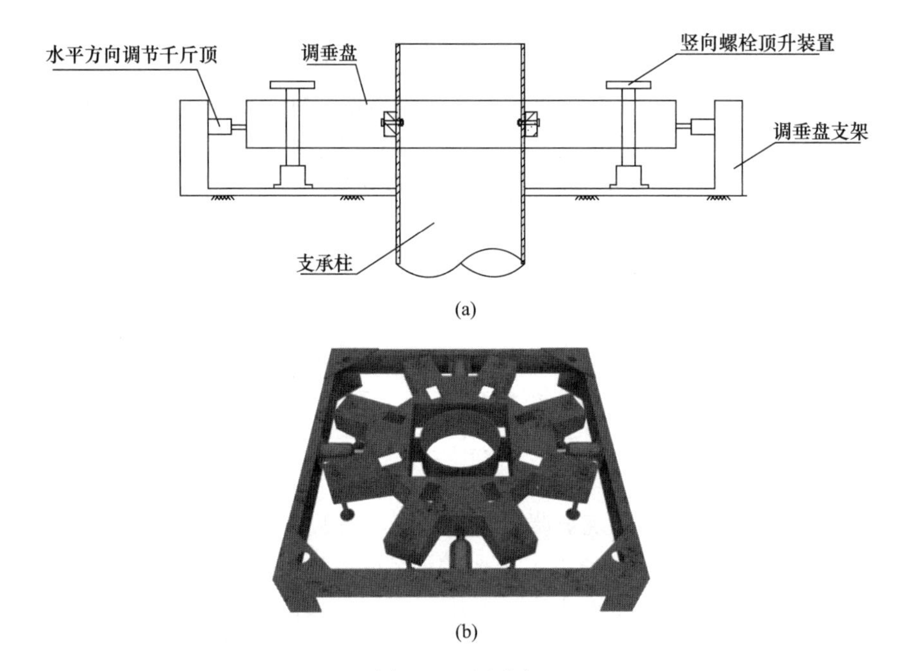

图 3-17 调垂盘
（a）调垂盘原理；（b）调垂盘实例

在工程实施中，调垂盘支架具有较大的刚度，固定于地坪上提供反力。调垂盘与支承柱箍紧形成刚性连接，并通过调节四面的顶升装置，实现垂直度调节。同时，调垂盘可在支架范围内水平方向移动，实现平面位置的调节。

调垂盘法较校正架调垂法而言，更适用于对超重钢柱的调垂。其机械构造更加简单，便于安装拆卸、操作施工，在工程应用中更简单灵便，其调垂精度可达 1/300 以上，并可直接在支承柱顶进行混凝土浇筑。

调垂盘法的缺点是在调垂操作的同时需要及时调整立柱中心位置，通常需反复操作，耗时较多。

4. 液压调垂盘法

液压调垂盘法调垂系统是对调垂盘法调垂系统的自动化改造的成果。它主要包括：调垂盘、液压顶升装置、数控系统等组成部件，其调垂原理与调垂盘法调垂系统基本相同，如图 3-18 所示。

在工程实施中，调垂盘通过地锚与硬地坪连接，再通过控制相互正交的四点液压顶升装置，实现支承柱垂直度的自动调节。

液压调垂盘法调垂系统能有效地降低劳动强度、节约劳动力，但对设备操作人员的专业化要求较高，且目前还未能形成水平方向调节，调平过程中支承柱顶中心位置易发生水平偏移，影响调垂精度的提升。

5. 孔下机械调垂法

孔下机械调垂法是在支承柱下端平面的两个正交方向各设置一组调垂机构，通过调垂机构顶推桩孔壁以实现支承柱垂直度的调节。该调垂系统主要包括：孔下调垂机构、可拆卸式长螺杆等装置。

图 3-18 液压调垂盘法数控系统

该调垂系统操作简单，调垂精度较高，可达 1/500 以上，但对孔壁的稳定性要求比较高，适合在土层稳定、能提供有效反力的地质条件下施工。在软土地基桩基施工中要选择合适的土层用于承担调垂机构的反力，因此使用范围有一定局限性（图 3-19）。

(a)

(b)

图 3-19 孔下机械调垂法

（a）压入钢护筒；（b）支承桩柱吊装

该系统在调垂施工过程中无法实现调垂机构的回收和再利用，施工成本较高。

6. 孔下液压调垂法

孔下液压调垂法为在孔下采用全自动调垂系统进行调整的方法。该系统由主站、从站、传感器模块、液压工作器等装置组成，如图 3-20 所示。控制系统采用数字倾角传感器对支承柱的倾斜度进行测量，并采用无线数传模块在传感器与控制站之间进行数据通信，经过控制计算机对数据进行处理后，用液压装置对支承柱进行纠偏，以达到使支承柱调垂的目的。

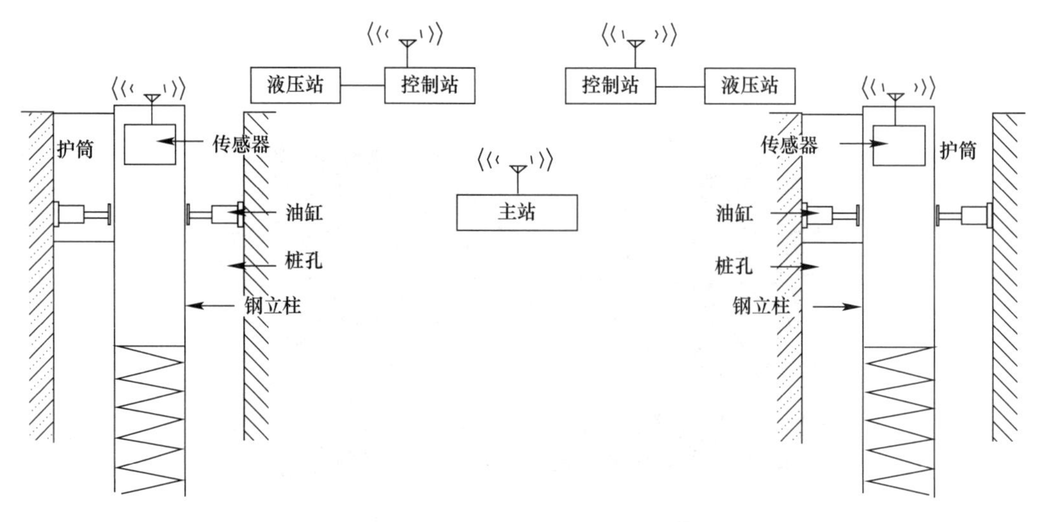

图 3-20 孔下液压调垂法的调垂系统

孔下液压调垂法调垂系统的每个控制站上都配有一台液压工作站，作为控制支承柱垂直度的执行部件。每台液压工作站是由三套同样的油缸液压控制回路组成的。每套液压控制回路中都有换向阀、锁阀、节流阀、液控单向阀、背压阀以及压力继电器和压力表，对油缸进行控制。

该调垂系统将调垂系统固定在桩护筒上，实现了全自动调垂，操作简单、高效，调垂系统可回收重复使用。

孔下液压调垂法需要事先埋设大直径、长护筒，但工程中往往受到护筒埋设深度的限制，调垂力臂较短，其调垂精度较低，一般在 1/500 以内，影响了支承柱的垂直精度。近年来，在西南地区开发出了适合超深硬土地区的带套管施工方法，所用钢套管的垂直度可达到 1/1000 左右，从而可保证立柱调垂后的精度。

7. HDC 高精度液压调垂法

HDC 高精度液压调垂法是数字传感技术与逆作法调垂技术的有机结合，代表着当今世界最先进的竖向支承桩柱调垂技术。该调垂系统主要由上、下液压抱闸、竖向液压垂直插拔装置以及孔内导向纠偏装置组成。施工过程中，将钢立柱垂直向下插入支承桩时，边插边利用安装在钢立柱上的测斜仪实时监测钢立柱的垂直度，全程进行动态监控，及时调整垂直度，直至钢立柱插入达到设计标高。

HDC 高精度液压调垂系统融合了国内外同类施工方法的优点，克服了常规方法不能及时进行纠偏的不足，具有可靠度高、自动化程度高、调垂精度高和调垂成本低等特点，使支承柱的安装垂直度能够达到 1/1000。

8. HPE 液压调垂法

该施工方法根据二点定位的原理，通过 HPE 液压垂直插入机机身上的两个液压垂直插入装置，在支承桩混凝土浇筑后、混凝土初凝前将底端封闭的永久性钢管柱垂直插入支承桩混凝土中，直到插入至设计标高。

HPE 液压垂直插入机施工过程中完全机械化作业，垂直度可达 1/500～1/1200。HPE 液压垂直插入钢管柱工法施工速度快，平均单根钢管柱安装时间 10～20h。

随着逆作法技术的发展与推广，竖向支承柱调垂技术已趋于成熟，并向着更多元化发展，以适应不同地质条件、不同桩柱类型、不同技术特点的逆作法工程的施工需要。就调垂系统而言，高精度、数字化及自动化调垂体系将逐步成为基本装备，并成为主流，这将极大提升调垂施工能力和效率，进而降低逆作法工艺的操作要求，推动逆作法施工技术更广泛应用。

3.2.4　调垂监测系统

垂直度监测系统作为调垂系统整体的主要组成部分，很大程度上决定了调垂系统的水平，同时是支承柱垂直度测量和垂直精度的核心影响因素。

1. 传感器监测系统

传感器监测是一种早期应用较广的方法，如图 3-21 所示。安装传感器时，分别在平面正交的两个方向设置传感器，固定在上下两端。使用时必须对传感器进行调试。首先传感器线路接好并临时固定，将传感器上的电线沿钢立柱临时固定，一直接至钢立柱底。在起吊钢立柱时，先采用一台经纬仪在一个方向校核，控制钢管柱的垂直度，使之竖直，此时测出对应传感器的初始读数，再用经纬仪从另一方向按上述方法校核垂直度，并读出另一传感器的初始读数，以此数据作为传感器的初始值归零，消除其对今后测量的影响。

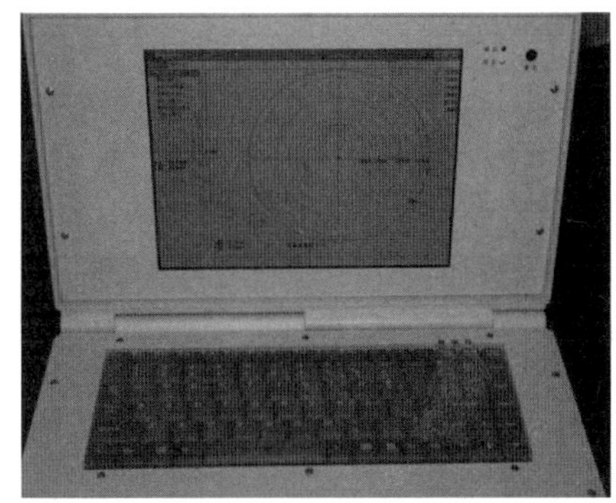

图 3-21　传感器监测系统

该方法的缺点是传感器的安装要求高，操作复杂。

2. 测斜管监测系统

目前工程中常用测斜管的方法来测量钢立柱的垂直精度，即在平行于钢立柱纵轴线位置的外侧绑缚测斜管，然后在钢立柱下放到竖井孔中后，用测斜仪在测斜管中测量若干个点来计算钢立柱的垂直度。

测斜管监测系统一般采用钢管或 PVC 管。使用时，测斜管与竖向支承柱采用环箍固定，与支承柱纵轴线平行，以确保测斜管测试垂直度能代表竖向支承柱安放垂直度。

测斜管监测系统原理如图 3-22 所示。该方法操作简单，成本低廉，测量的数据可靠。缺点是在调垂过程中需反复测量测斜管的垂直度，并经过换算，给出调垂的数据，自动化程度低。

3. 激光测斜仪

激光测斜仪监测系统是一种能够快速、便捷、高精度测量钢立柱垂直度的实时监控系统。它可解决目前对逆作法一柱一桩施工钢立柱的垂直度监测在技术上存在的测量精度差、效率低、劳动强度大的缺点，适应钢立柱垂直度的高要求，更好地为工程施工服务。

(a)

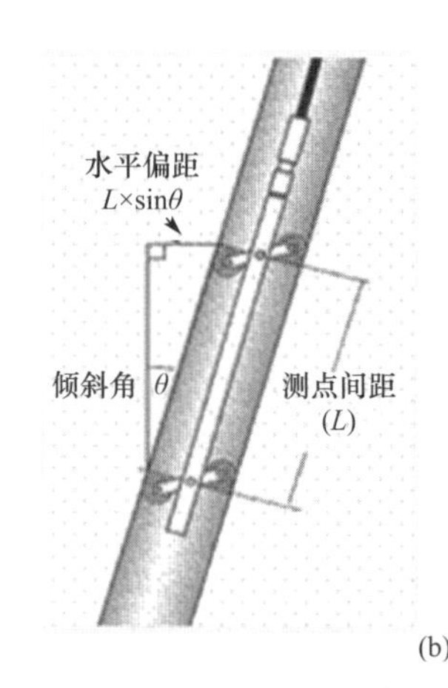

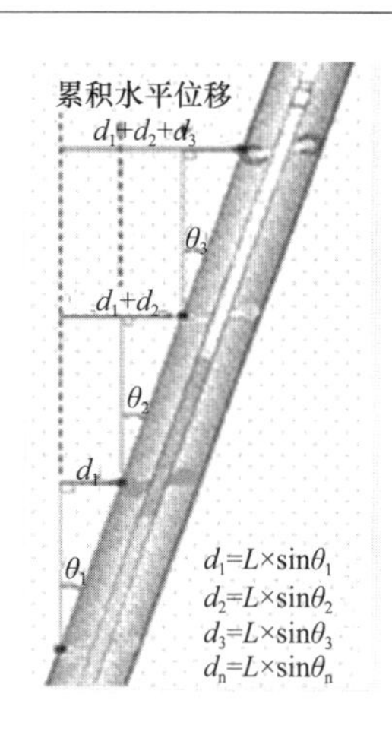

(b)

图 3-22 测斜管监测系统

(a) 测斜管监测现场照片；(b) 测斜管监测的原理图

激光测斜仪监测系统将激光原理和测斜仪原理有机结合，直观地反映出被测物的垂直度和偏移尺寸。

工程施工中，首先将微型激光器与高精度倾角传感器连成一个整体，利用激光定位快速安装高精度倾角传感器，并保证足够的定位精度。安装时调整激光测斜仪的调整装置，令激光束与钢立柱纵向轴线平行，使钢立柱与传感器定位安装面相互垂直。当钢立柱下放到桩孔中，激光测斜仪即可实时输出钢立柱的倾斜变化。

该法在调垂过程中能实时给出数据，便于调垂施工。它的缺点是测斜系统安装要求高，操作时间长，而且在吊装过程中要严格保证测斜系统不能被移位或损坏，否则其反映的数据往往会失真。

激光测斜有单联式和双联式两类。双联置换式激光测斜设备是在单联式基础上开发的新一代激光侧垂设备。其由主、副激光测斜仪及其调整基座、手持式垂直度监测仪、配套有机玻璃光靶等构成（图 3-23）。适用于逆作法一柱一桩施工调垂。在钢立柱下放桩孔过程中，通过安装在钢管中心的主激光测斜仪及手持式垂直度监测仪对管身垂直度进行动态监测，并通过调垂系统进行管身垂直度的实时调整。图 3-24 是在调垂盘上安装双联置换式激光测斜设备的示意图。

图 3-23 双联置换式激光测斜设备

由于灌注管身及桩身混凝土需要从钢管内下放下料管，必须拆除钢管内主激光测斜仪。在拆除主激光测斜仪之前，将主激光测斜仪管身垂直度数据同步至副激光测斜仪，后拆除主激光测斜仪及十字钢板，灌注桩身及管身混凝土，利用副激光测斜仪进行此阶段管身垂直监测及调整。逆作法一柱一桩钢管柱内外两侧各安装一套激光测斜设备，并实现测量过程中钢管垂直度监测数据的联动，进而实现了一柱一桩施工过程中钢管柱垂直度的全过程测量。

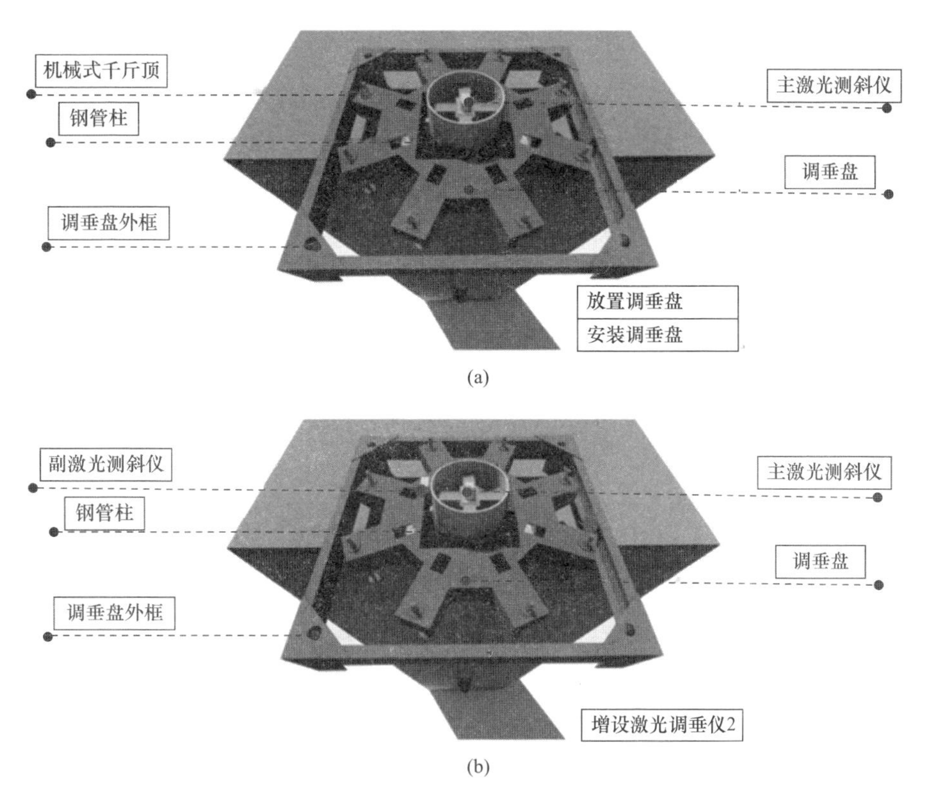

图 3-24 双联置换式激光测斜设备安装示意

（a）放置、安装调垂盘；（b）增设副激光测斜仪

定位光靶在激光测斜仪标定安装面时，安置于钢管一端内，用以标记立柱中心。常用固定式有机玻璃光靶尺寸固定，但其通用性不强，综合使用成本较高。

可调式碳纤维光靶利用圆周“三点定位法”对圆心进行准确定位，其定位精度高，盘面可伸缩，尺寸可调，适用于不同内径尺寸钢管的形心快速定位，如图 3-25 所示。该系统监测精度高，理论可达 1/1000 以上；整机模块化密封设计，用碳纤维材料制造，坚固耐用，综合使用成本低，可实现一柱一桩施工全过程的垂直度高精度测量与控制。这一成套设备的应用可将传统的一柱一桩施工垂直度调整精度大大提高。

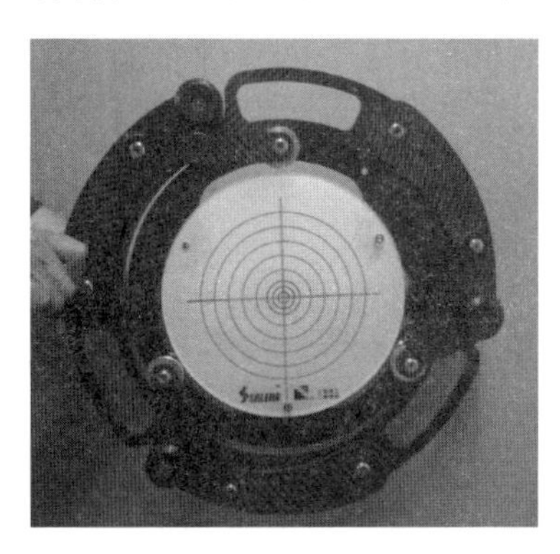
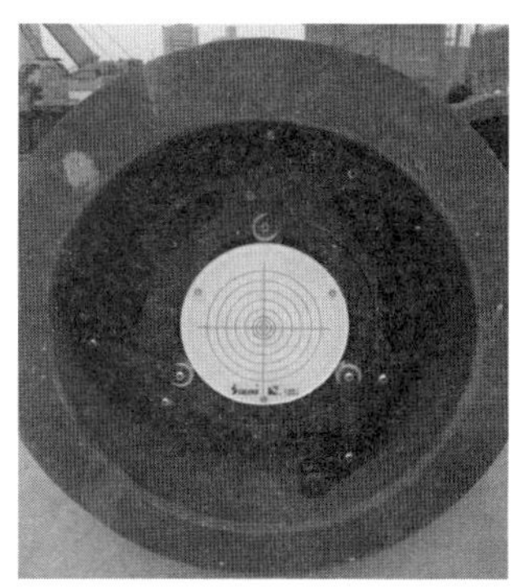

图 3-25 定位光靶

逆作法垂直度监测系统精度对比见表 3-3。

逆作法垂直度监测系统精度对比 表 3-3

监测系统	精度	操作要求	监测方式
传感器监测系统	1/300	复杂	部分施工过程监测
测斜管监测系统	1/600	中等	部分施工过程监测
双联式激光监测系统	1/1000	简易	全过程实时监测

3.2.5 逆作法钢立柱转换接头

一柱一桩施工中上部结构钢立柱有时有多种不同的尺寸，与地下结构钢立柱涉及截面尺寸与形状的过渡，一般需对这一节点进行专项深化。

转换接头可采用承插型十字钢板、内开浇捣口的封口板组成满足设计要求的立柱连接转换节点，如图 3-26 所示。这种形式的接头在满足结构整体受力的情况下可减少节点焊缝数量，提高节点整体质量可靠性，并降低转换节点的造价。

图 3-26 立柱桩的转换接头——承插型十字钢板

转换接头处也可采用变截面环形加劲板的形式。上部立柱和下部立柱各加一块环形加劲板，环形加劲板与柱壁全熔透对接焊，中间部分采用截面尺寸过渡钢板过渡，如图 3-27 所示。

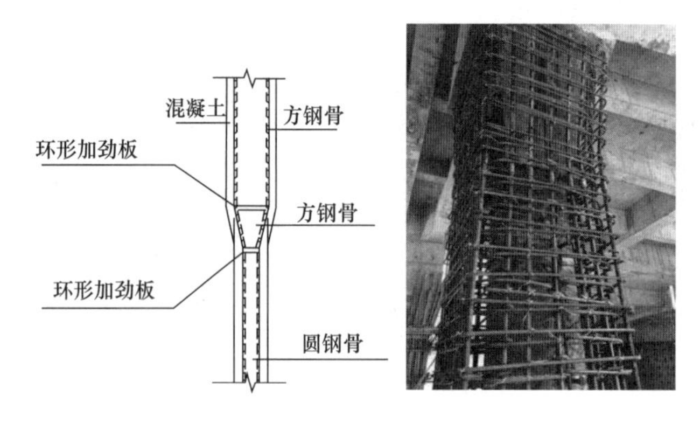

图 3-27 立柱桩转换接头——变截面环形加劲板

3.2.6　桩基检测

支承桩柱的中心定位允许偏差应为10mm。竖向支承柱垂直度允许偏差应为1/300，并应符合设计要求；钢立柱截面中轴线应与结构柱网方向一致，其转角允许偏差为5°；支承桩垂直度允许偏差为1/150，支承柱深度范围内的支承桩垂直度允许偏差为1/200。

支承柱施工时应对就位后的支承柱全数进行垂直度检测，基坑开挖后应对暴露出来的支承柱全数进行垂直度复测。当支承柱采用钢管混凝土柱时，基坑开挖前应采用超声波透射法对支承柱进行质量检测，检测数量不应小于支承柱总数的20%，必要时应采用钻芯法对钢管混凝土支承柱的混凝土质量进一步检测；基坑开挖后应采用敲击法全数检测支承柱质量。

支承桩应全数进行成孔检测，内容包括成孔的中心位置、孔深、孔径、垂直度、孔底沉渣厚度；并应采用超声波透射法检测桩身混凝土质量，检测比例不少于20%。对于工程地质条件复杂、上下同步逆作法工程、逆作阶段承载力和变形控制要求高的竖向支承桩，应采用静载荷试验对支承桩单桩竖向承载力进行检测，检测数量不应少于1%，且不应少于3根。

基桩静载试验主要有3种加载方法：堆载法、锚桩法和自平衡法。

自平衡法检测技术在大吨位试桩试验中具有不可比拟的优势，特别适用于逆作法工程的静载试验。自平衡法的工作原理是把荷载箱（荷载箱埋置深度根据桩及土层预先估算）和钢筋笼焊接在一起埋入桩内，然后浇筑成桩，如图3-28所示。通过高压油泵在地面向荷载箱充油加载，荷载箱将力传递到桩身，其上部桩身的摩擦力与下部桩的摩擦力及端阻力相平衡——自平衡来维持加载。根据向上向下 Q-S 曲线、S-lg T 曲线、S-lg Q 曲线以及等效转换曲线确定基桩承载力和相应沉降。

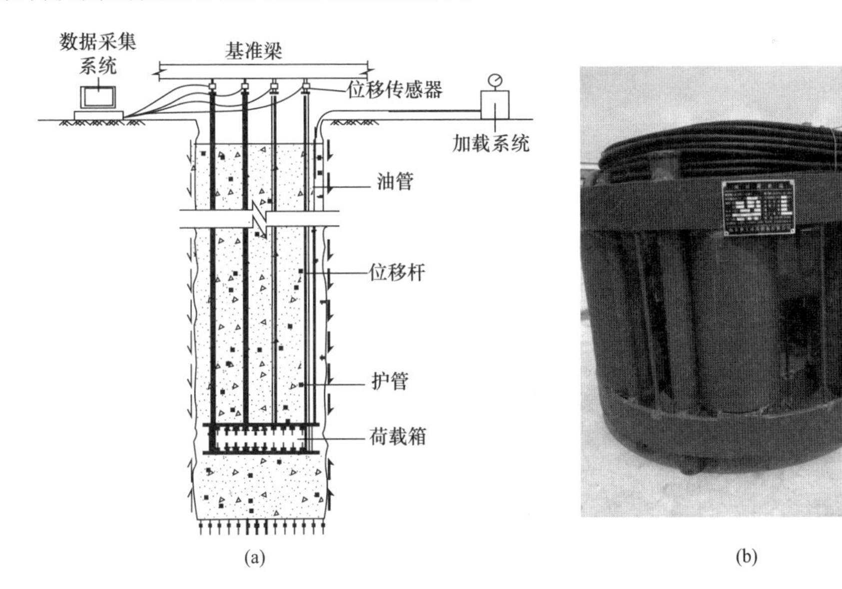

图3-28　自平衡法

（a）自平衡法原理；（b）荷载箱

自平衡法在理论计算上尚有一定缺陷，测得的桩承载力往往较实际值小，偏于保守安全。但自平衡法桩基检测技术具有不占用施工场地、不影响施工进度、工地安全易保障、检测承载力大、检测成本易控制等优点，尤其适用于桩基抗压极限承载力较大的上下同步逆作法中。自平衡法在上海迪士尼管理中心等工程中成功应用，取得预期效果，显示出很好的推广和应用价值。

3.3 结构工程

地下工程逆作法施工与顺作法施工的主要区别在于水平和竖向构件的施工以及地下室的结构节点形式。根据逆作法的施工特点，地下室结构是由上往下分层浇筑，一般将地下室结构分为先期施工结构及后期施工结构两部分。

先期地下结构指逆作法阶段基础底板形成之前施工的地下水平和竖向结构，包括地下各层楼板、竖向支承柱外包混凝土形成的框架柱和剪力墙竖向结构。先期施工结构主要为水平结构，但柱、梁以及墙、梁等节点部位也可与水平结构施工同步完成。先期结构施工前应会同设计确定各类临时开口（出土口、施工预留口和降水井口等）。施工前应做好相应的施工组织工作，明确施工分区、运输道路、材料堆放及机械设备的停放区等。先期结构临时洞口施工时，钢筋间断处可采取预留钢筋接头、设置钢筋接驳器等形式，并应对预留钢筋和接驳器采取必要的保护措施，避免挖土过程中造成损坏。

后期地下结构指基础底板施工完成之后再进行施工的地下水平和竖向结构，包括界面层以下的框架柱、剪力墙、地下室外墙、内衬墙及壁柱等竖向结构。

先行施工的水平结构在每一次土方开挖后开始施工，水平结构完成后待水平结构达到设计强度再进行下面的挖土工程，最后施工竖向结构。逆作法一般施工流程如图 3-29 所示。

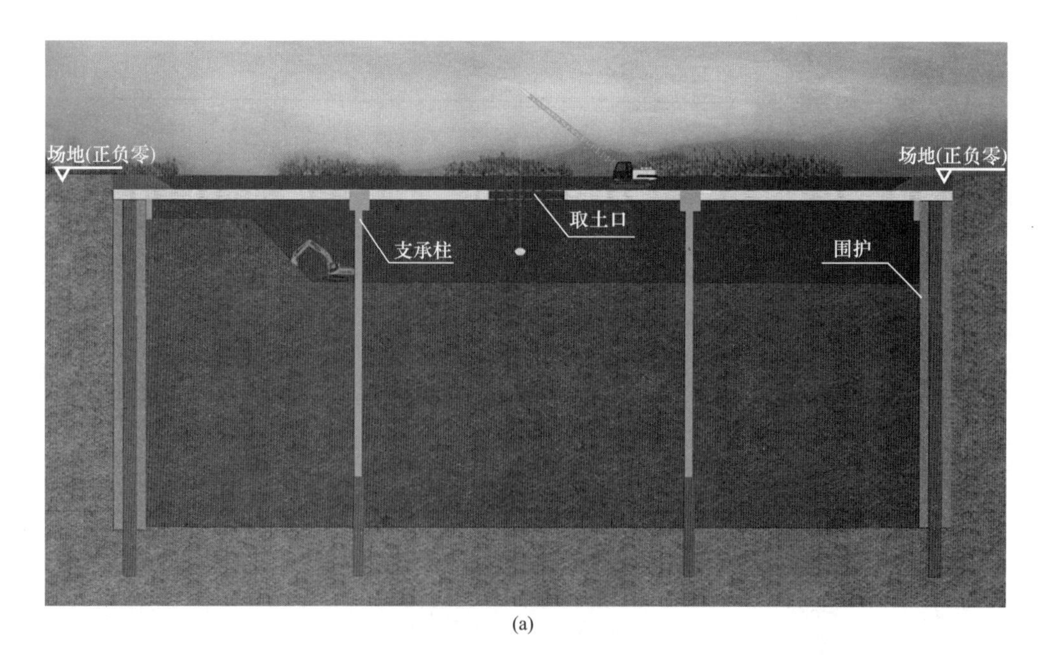

(a)

图 3-29 一般逆作施工流程图（一）

(a) 施工顶板

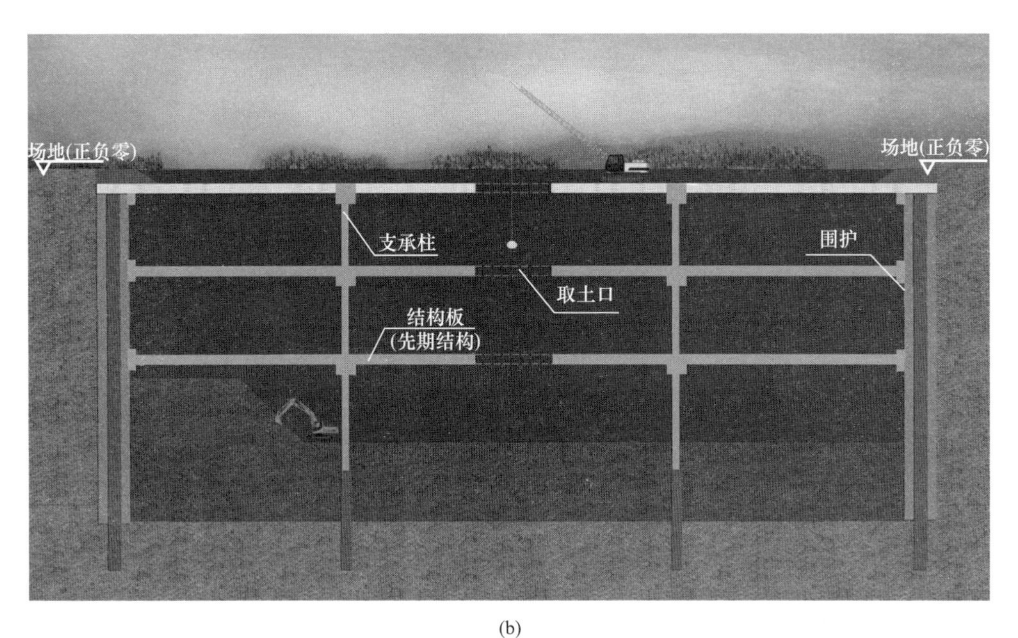

(b)

(c)

图 3-29　一般逆作施工流程图（二）

（b）逐层向下开挖并逐层施工先期结构；（c）地下结构底板完成

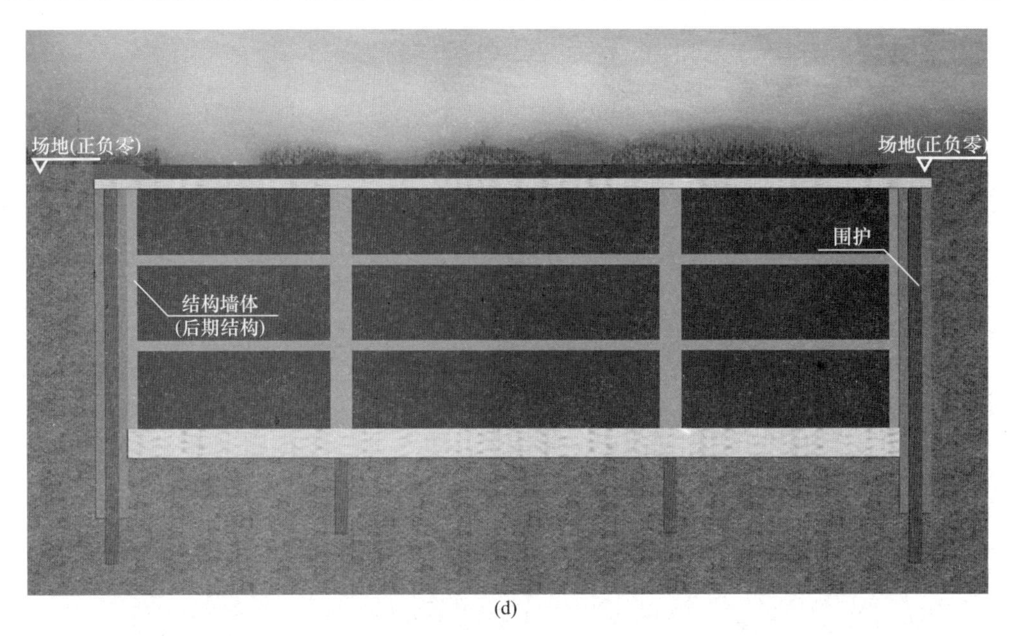

(d)

图 3-29 一般逆作施工流程图（三）
（d）施工后期结构（柱、墙等）

3.3.1 先期结构

3.3.1.1 模板工程

先期结构主要为水平结构，其中模板工程以梁、板为主要对象。水平结构模板形式一般可采取土胎模、钢管排架支撑模板、垂吊模板等三种形式。模板工程应尽量减少临时排架材料的使用量、模板工程应考虑模板拆除时的作业需求、模板工程应考虑支架具有足够的承载力能可靠地承受浇筑混凝土的重量侧压力以及施工荷载。

1. 胎模

对于地面梁板或地下各层梁板，挖至其设计标高后，将土面整平，浇筑一层垫层后直接铺设胎模，即成楼板模板。对于基础梁模板，如土质较好，则可直接开挖后按梁断面挖出沟槽砌筑砖胎膜即可，如地基承载力和变形不符合支模要求时应预先对地基进行加固处理。采用胎膜时混凝土垫层厚度不宜小于 100mm，混凝土强度等级宜采用 C20，如图 3-30 所示。

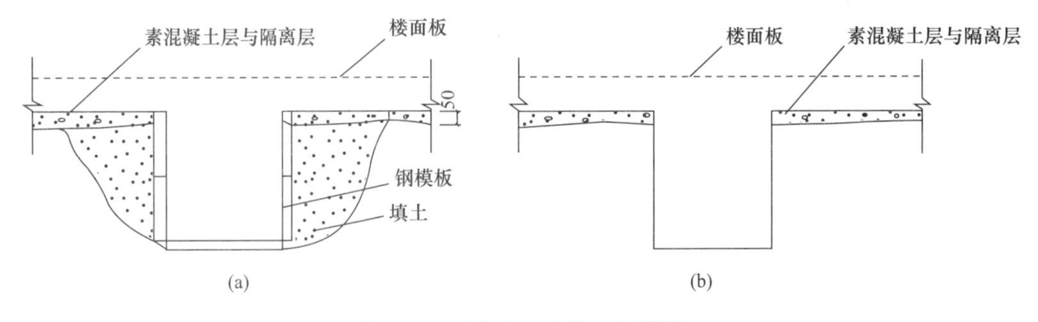

(a) (b)

图 3-30 逆作施工的梁、板胎膜
（a）用钢模板组成梁模；（b）梁模用土胎模

直接设置胎膜或采用砖胎膜具有施工方便、成本低以及无需超深开挖的优点，但梁板的位置、平整度及表面质量都难以保证。采用砖胎膜外设置木模板的形式既便于施工，又可保证施工质量。

2. 钢管排架支撑模板

用钢管排架支撑模板施工时，排架支撑模板的排架高度宜为1.2～1.8m，因此也称短排架支模。该支模高度既便于工人操作，又可提升施工效率、节省人工费用，并可减小楼板形成前的超前开挖深度，有利于控制围护墙的变形。排架搭设后可按常规方法搭设梁板模板，浇筑梁板混凝土。采用排架支模施工前也应设置垫层，垫层厚度不宜小于100mm，混凝土强度等级宜采用C20。当垫层下地基承载力和变形不符合支模要求时应预先对地基进行加固处理。当水平结构施工完毕，下层土方开挖之前应先拆除排架，并破除垫层。

为了减少楼板支撑沉降引起的结构变形和支撑失稳，施工时需对支撑下的土层采取措施进行临时加固。由于素混凝土垫层初期强度较低，容易造成楼板支撑不均匀沉降，在排架下应垫置方木，防止浇筑完成后楼面凹凸不平，如图3-31所示。排架下的垫层待梁、板浇筑完毕、开挖下层土方时随土一并挖去。

(a)

(b)

图3-31 短排架支撑形式

(a) 排架下的方木垫置；(b) 排架支撑

根据现行国家标准《混凝土结构工程施工质量验收规范》GB 50204的规定：构件≥8m时混凝土强度应达到100%才可进行拆模，这对工期存在较大影响。为了在逆作法施工中大梁能够提前拆模，通过在主梁到柱边三分之一处设置吊筋，使主梁构件跨度不大于8m，混凝土达到75%设计强度即可进行拆模，达到既能满足质量要求又能缩短工期的目的，如图3-32所示。

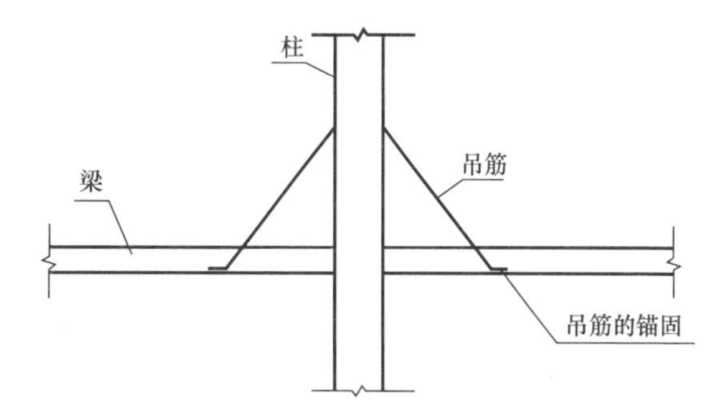

图3-32 主梁提前拆模的吊筋设置

3. 垂吊模板

垂吊模板是在垫层上直接铺设模板施工，同时将模板通过吊筋倒挂在上面待浇筑的梁板结构上。垂吊模板可逐层周转使用，实现模板及龙骨体系的重复利用，从而降低成本、减少木材用量及加快施工进度，而且可以避免施工现场的超挖。为了减少排架支撑的沉降和结构变形，施工时需对土层采取措施进行临时加固。采用垂吊模板时，垂吊装置应具备安全自锁功能。

垂吊模板施工流程为：在垫层上安装龙骨体系→铺设模板、绑扎钢筋、在吊筋上穿 PVC 套管→浇筑混凝土、达到设计强度后安装吊筋螺母→在不拆模板的情况下继续挖下一层土体并做好垫层→拆除上一层模板龙骨体系，移至下一层使用，如图 3-33 和图 3-34 所示。

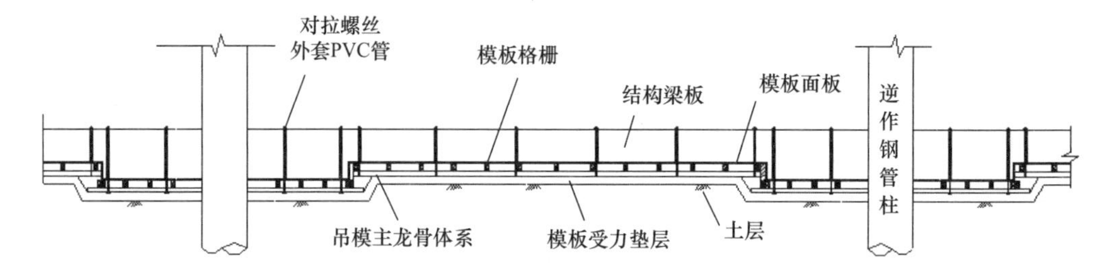

第一阶段

(结构浇捣与养护,模板垫层受力)

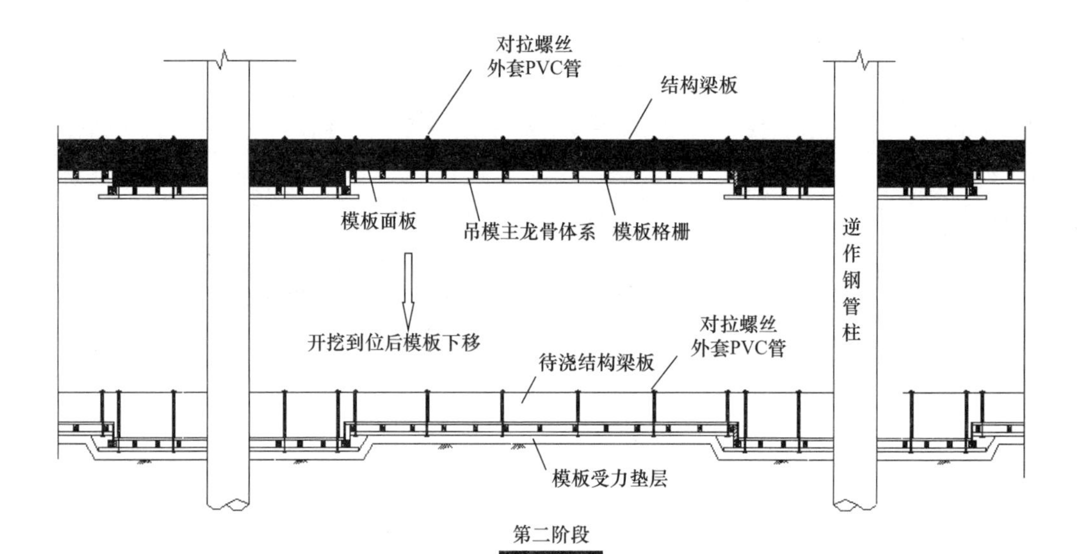

第二阶段

(逆作开挖阶段,模板结构吊拉)

图 3-33 垂吊模板施工图

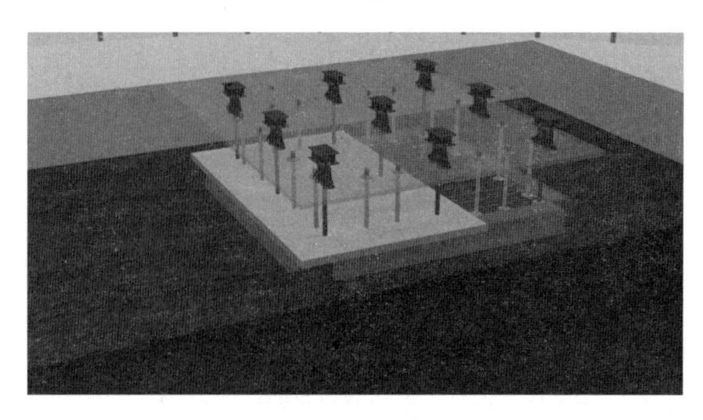

图 3-34 垂吊模板示意图

3.3.1.2　结构节点

逆作法地下结构施工中的节点包括围护墙与地下水平结构连接节点、梁柱节点以及先期与后期地下结构的连接节点等。

1. 倒置埋件节点

倒置埋件是一种逆作法顶板梁柱节点施工方法，用于在结构柱和结构梁之间形成可靠连接。该节点由钢筋、钢板构成。将钢筋进行弯锚，并与钢板进行焊接，钢板和钢管柱之间采用剖口焊连接，如图 3-35 和图 3-36 所示。倒置埋件法简化了梁柱节点形式，能有效节省材料、减低施工难度、缩短工期。其施工步骤如下：

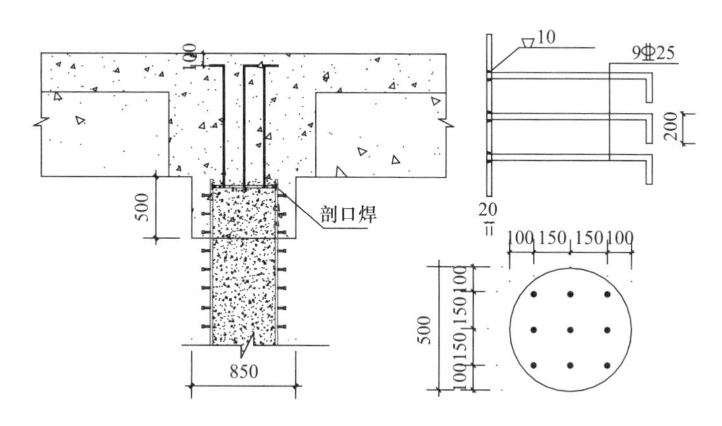

图 3-35　倒置埋件节点

(1) 制作倒置埋件：锚筋全部采用塞焊，并在钢板上开灌浆通孔，用于在下一道工序的灌浆施工。

(2) 放置倒置埋件：倒置埋件放置预先浇筑好的钢管柱上端并与钢管柱进行剖口焊连接。倒置埋件与钢管柱内混凝土空隙采用灌浆料进行灌浆。

(3) 浇筑混凝土：倒置埋件所处的梁柱节点位置的混凝土浇筑成型。

(4) 浇筑结构梁：在楼板下方浇筑结构梁。

图 3-36　倒置埋件节点示意图

2. 钢格构柱与梁板的连接构造

由于钢格构柱主肢角钢的影响，格构柱与梁板节点处的钢筋穿过率减少，往往满足不了设计要求。格构柱与结构梁板的连接节点采用钻孔钢筋连接法、传力钢板法、梁侧加腋法等方式，可解决格构柱与梁板节点处钢筋布置。

钻孔钢筋连接法是通过在立柱上钻孔穿越钢筋的方法，如图 3-37 所示。钻孔钢筋连接法节点构造简单、柱梁接头混凝土浇筑质量好，但是在型钢上钻孔削弱了截面，使钢格构柱的承载力有所降低。一般用于钢筋直径较小，数量较少的情况。

图 3-37 钻孔钢筋连接法

传力钢板法是在钢格构柱上焊接传力钢板，将钢筋与钢板焊接连接的方法，如图 3-38 所示。这一方法无需在立柱上钻孔，保证了立柱的截面完整性，可以解决钻孔法过多梁钢筋难以定位穿越的问题。但此方法需要大量现场焊接，传力钢板下面的钢筋施焊困难；焊接融化对钢管柱受力产生一定影响，大量焊接废气影响作业环境；钢板下混凝土的浇筑质量难以保证，可能影响工程工期、质量与成本。

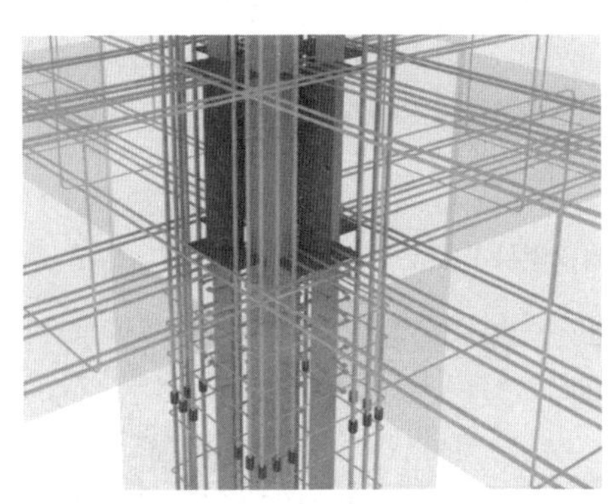

图 3-38 传力钢板法

梁侧加腋法是通过增大梁端部截面，即做加腋处理，使钢筋从侧面绕行，如图 3-39 所示。此方法不损伤中间支承柱，也不需穿过中间支承柱。为了增大钢筋弯折区域，仍需要根据现场实际需要，将钢筋适当弯折，并对箍筋做相应处理。

图 3-39 梁侧加腋法

3. 钢管混凝土柱与结构梁板的连接构造

钢管混凝土柱与结构梁板的连接节点可以分为环梁连接法、传力钢板法和双梁连接节点等连接方式（图 3-40～图 3-42）。

图 3-40 环梁连接法

图 3-41 传力钢板法

图 3-42 双梁连接法

环梁连接节点适用于几乎所有钢管混凝土柱与钢筋混凝土梁、无梁楼盖连接的工程中。钢筋混凝土环梁是在钢管外侧设置一圈钢筋混凝土环形梁，如图 3-40 所示。环梁节点施工顺序一般为先施工环梁钢筋，环梁成型后穿插框架梁钢筋。环梁钢筋由内侧至外侧依次绑扎，穿插进行焊接，并保证焊缝长度符合要求。

由于钢筋混凝土环梁钢筋全部为环筋，且箍筋较密，因此钢筋混凝土环梁的施工难度较大，对施工单位的施工技术要求较高。施工中应注意环梁节点采用的环筋尺寸要准确，可使用专门的钢筋加工设备加工，保证钢筋尺寸、形状满足要求。

传力钢板法是在钢格构柱上焊接钢板，将受阻断钢筋与钢板焊接连接的方法，如图 3-41 所示。此方法与格构柱所用传力钢板法类似，其焊接施工工作量较大，并应考虑高温下结构承载力降低的问题。

双梁连接法将框架梁一分为二，从钢管柱两边穿过，如图 3-42 所示。该工艺操作方便、安全可靠，节点质量易于受控，适用于框架梁宽度与钢管直径比较小的情况。

4. 围护墙与地下水平结构连接节点防水

围护墙与地下水平结构连接节点是防水的重要环节，节点下方止水不应采用钢板止水带。混凝土浇筑时，由于钢板止水带会阻碍混凝土的流动，造成钢板止水带侧方空洞，从而影响节点防水。围护墙与地下水平结构连接节点防水可采用橡胶止水带等措施替代钢板止水带。

3.3.1.3 先期结构预留

先期地下结构施工前应结合地下结构开孔布置、逆作阶段施工要求留设的孔洞，在施工时预留后期地下结构所需要的钢筋、埋件以及混凝土浇捣孔。

施工预留钢筋宜采用螺纹接头。梁柱节点处，梁钢筋穿过临时立柱时，应按施工阶段受力状况配置钢筋，框架梁钢筋宜通长布置并锚入支座，受力钢筋严禁在钢格构柱处直接切断，以确保钢筋的锚固长度。在 B0 板行车路线的拐角处，留置钢筋接头宜设置在场地自然标高以下，以便于车辆通行。梁板结构与柱的节点位置也应预留钢筋，以便与下层后浇筑结构的钢筋连接。柱、墙竖向受力钢筋接头宜相互错开，无法错开时，应预留 I 级机械接头。预留孔洞周边的结构梁板钢筋宜伸出 300mm，梁预留筋应留设 I 级机械接头。对将长期暴露在外部的预留钢筋，应采取防碰撞和防锈蚀的保护措施，避免造成钢筋破坏。

框架柱的四周或中间应预留混凝土浇捣孔，如图 3-43 所示。浇捣孔孔径宜为 100～220mm，每个框架柱浇捣孔数量不应少于 2 个，应呈对角布置，且避让框架梁。浇捣孔推荐使用预埋塑料螺纹管，便于浇筑后去除处理。浇捣孔预埋 PVC 螺纹管可制作成带波纹的上大下小的锥形（图 3-44），便于后期洞口修补。螺纹管的波纹则提供了抗剪构造，并增加了渗流难度。

图 3-43　浇捣孔预留实例

图 3-44　锥形浇捣孔预留管

3.3.2 后期结构

后期结构主要为地下竖向结构，也包括少量的预留洞口的水平楼板等。后期地下结构柱、墙、梁与先期地下结构连接的预留钢筋连接可采用电焊、直螺纹等接头形式。当钢筋直径较大时，宜采用机械连接接头。

临时竖向支承柱的拆除应在后期竖向结构施工完成并达到竖向荷载转换条件后进行，并按自上而下的顺序拆除。

3.3.2.1 施工准备

后期地下结构施工前应做好准备工作，主要包括对先期地下结构连接的接缝部位进行清理，对预留的钢筋、机械接头、浇捣孔进行整修等。

3.3.2.2 钢筋工程

竖向结构的插筋留置及连接是逆作法施工的技术难点之一。在先期构件施工时应将竖向构件的钢筋在板面和板底做好预留，在下层和上层竖向构件施工时进行连接。柱、墙竖向受力钢筋接头位置无法错开时，应预留Ⅰ级机械接头。

传统的逆作法竖向结构柱的插筋较短，每层有 2 个连接接头，即用一根钢筋分别与上部及下部的预留钢筋焊接连接，完成竖向结构的钢筋绑扎。

在一柱一桩垂直度施工精度较高的前提下，可采用一种全新的“一段式”插筋方式，减少每层钢筋的连接接头：在施工上层结构板时先向下预留一段较长的柱钢筋，钢筋下端标高位于下一层楼层的中间。在施工下层结构板时，继续设置一根通长钢筋，向上用接驳器连接上层板的预留柱钢筋，同时再向下预留下层的柱钢筋，如图 3-45 所示。柱钢筋、箍筋、梁板钢筋宜在下层楼板浇筑前先行施工，避免后期箍筋弯钩施工困难。

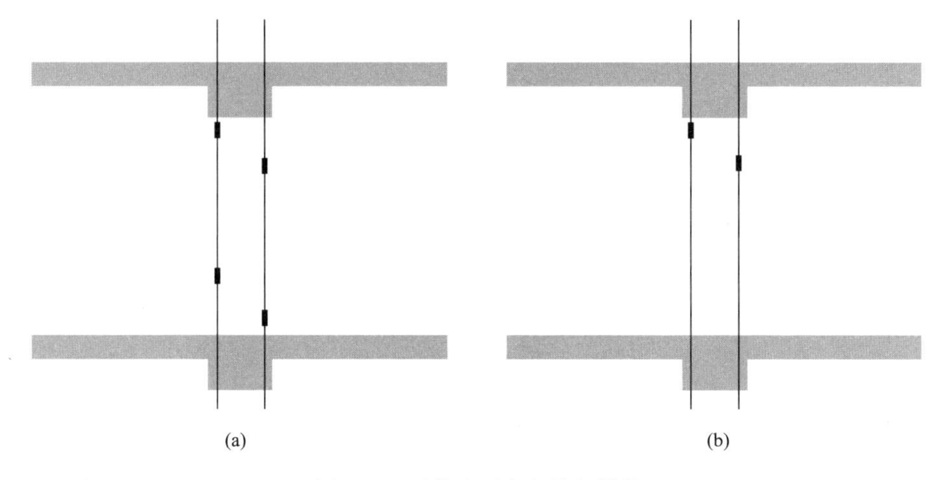

图 3-45 逆作法预留钢筋与搭接

(a) 一般逆作法预留钢筋；(b)“一段式”预留钢筋

此方法相比于传统的逆作法插筋工艺，将传统一层的 2 个钢筋接头减少为 1 个。不仅节约了钢筋，减少了施工工序、提高了施工效率，同时也对施工质量有着明显的提升。

图 3-46　“一段式”钢筋连接

图 3-46 是“一段式”插筋方式的过程实例照片。

3.3.2.3　模板工程

后期地下结构柱、墙竖向结构模板制作应根据先期水平结构预留的浇捣孔位置对应设置喇叭口，喇叭口内混凝土浇筑面应高于施工缝 300mm 以上，以便能在后期结构柱、墙混凝土浇筑时形成一定压力，确保施工缝混凝土浇筑密实。

当工程框架柱为圆柱时，可采用定型钢模板，易于制作，也可提高周转次数，保证柱的施工质量。在钢模板上口可设置小型的锥形口，便于浇筑，保证竖向结构和水平结构接缝密实。锥形口可进一步制作成活动型，浇筑混凝土后闭合，将浇捣口处多余混凝土挤出，从而免除后期浇捣口处混凝土凿除工作。圆柱定型钢模板及其浇筑口模型如图 3-47 所示。

图 3-47　圆柱定型钢模及其浇筑口模型

剪力墙回筑的模板宜沿墙两侧设置锥形浇筑口，浇筑口位置与先期结构预留浇捣孔位置对应，间距宜为 1200～2000mm，如图 3-48 所示。当单侧设置锥形口时，锥形口的间距不应大于 1500mm。墙的锥形口留设时同样应该高出施工缝一定高度，以确保浇筑密实，如图 3-49 所示。模板底板应设置防漏浆措施。

3.3.2.4　混凝土浇筑

后期竖向结构混凝土浇筑前应清除模板内各种垃圾并浇水湿润。宜通过浇捣孔用振动棒对竖向结构混凝土进行内部振捣，钢筋密集处应加强振捣，以保证施工质量。不宜直接振捣部位可在外侧使用挂壁式振捣器组合振捣。

图 3-48 剪力墙回筑支模的浇筑口设置

图 3-49 浇捣孔留设

3.3.3 结构回筑

逆作法施工竖向结构与水平结构的接缝处理至关重要，但由于施工顺序及工艺要求，竖向结构与水平结构施工的接缝处理存在接缝密实度差、需后期修补、工序复杂等不足之处。经过工程的实践，采用超灌法、注浆法和灌浆法三种接缝处理方式可有效解决这一问题。这些方法在大量工程中已经得到成功应用，并取得了良好的效果。

1. 超灌法

当有操作空间，能保证浇捣面高出接缝 300mm，则可采用超灌法施工。超灌法可以与柱、墙混凝土浇灌工作连续进行，也可单独后做。超灌法竖向结构混凝土宜采用高流态低收缩混凝土，必要时采用自密实混凝土。通过设置较高的浇筑口，或浇捣通道，形成足够的超灌压力，如图 3-50 所示。在完成混凝土浇灌后，待柱混凝土强度达到设计值 100%后凿除超灌部分。超灌法成本低、可靠性好，但对材料和操作工艺等有较高的要求。

图 3-50 结构柱超灌法施工实例照片

为验证超灌法在逆作法中的可靠程度，某逆作法工程项目进行了结构柱的现场混凝土进行回筑和现场取芯检测，检验其抗压强度及抗渗性能。采用优化后的超灌法工艺，20 组强度试验均达到设计强度要求，混凝土 6 组抗渗试验均达到 P6 级以上，满足设计要求。结合大量工程实践，在混凝土工作性能满足的情况下，只要保证浇捣口高于接缝 300mm 以上，配以合理的接缝振捣工艺，接缝处的混凝土施工质量都能保证。

2. 灌浆法

灌浆法主要通过柱外边模板的入浆口进行灌浆以封闭竖向结构与水平结构的接缝。施工前首先对柱混凝土表面进行清理，再对柱周边进行砂浆封堵，以保证注浆密实。然后对柱体进行模板外包，经过清水湿润，最后进行灌浆处理，灌浆后对其进行养护以达到更好的效果。如图 3-51 和图 3-52 所示。

为确保灌浆法的可靠性，施工前应对灌浆法的灌浆料进行流动性实验，选择坍落度大于 240mm 高强无收缩灌浆材料，进行现场试验，并取芯检验。

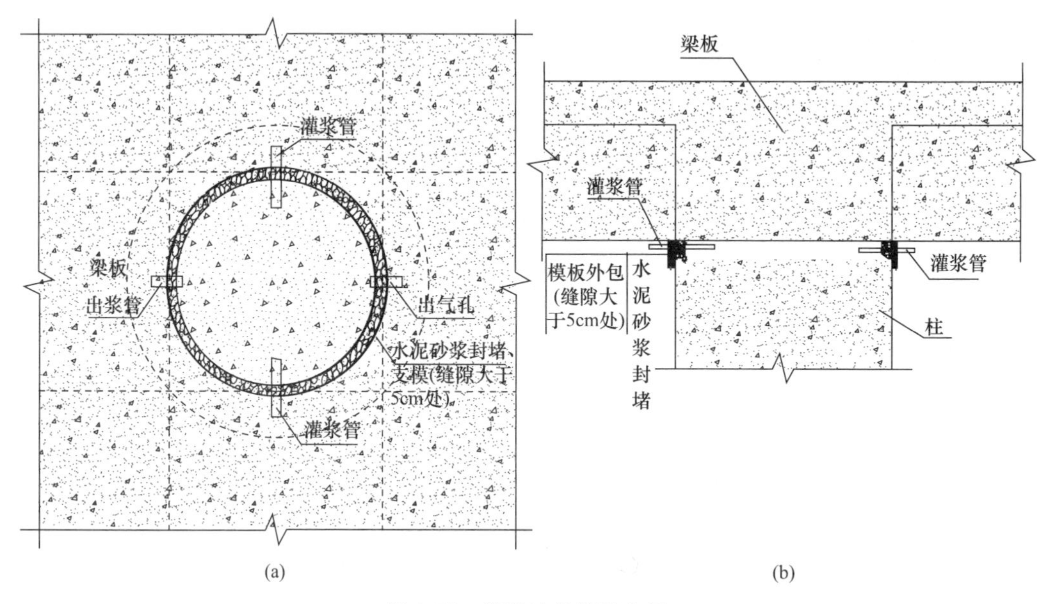

图 3-51 灌浆法的管道布置

(a) 无机料灌浆管道布置；(b) 灌浆施工示意图

图 3-52 结构柱灌浆法施工实例照片

3. 注浆法

注浆法是指对接缝处注入高强环氧树脂、水泥浆液的施工方法，充填密实、胶结底部，使结构强度及整体性大幅度提高。

注浆施工工艺流程如下：

(1) 距接缝 10～30mm 用电钻沿接缝处倾斜 30°～45°钻孔至一定深度；

(2) 埋设逆止注射针头，并锁紧，以防高压时退出；

(3) 注射针头设置完成后，再以高压灌注机注入高强度环氧树脂，直至注射材料于结构体表面渗出，再灌注其他注射针头；

(4) 灌注完成 24～48h 后即可除去注射针头。

为验证注浆法的效果，在某逆作法项目中，针对外墙渗漏的接缝和墙体裂缝部位进行了注浆试验。注浆后通过检测，接缝得到了较好的修复，且接缝处的抗压、抗拉强度均大于混凝土设计强度，说明注浆法对于修补因超灌法施工原因导致的不密实缺陷有效、可行。

试验研究和工程实践表明，超灌法、注浆法、灌浆法三种方法只要合理选择材料和施工工艺，后期结构施工接缝的密实度、抗渗性和强度等均能满足主体结构设计的要求。

3.3.4 逆作法外墙施工

逆作法利用围护墙的外墙形式可分为两墙（桩墙）合一式和分离式两类形式。

1. 两墙（桩墙）合一式

采用地下连续墙围护的两墙合一式结构外墙由地下连续墙和内衬墙组成，如图 3-53

所示。内衬墙和地下连续墙通过插筋连接，可以采用防水毯等方法进行防水。内衬墙可通过单边支模进行浇筑。

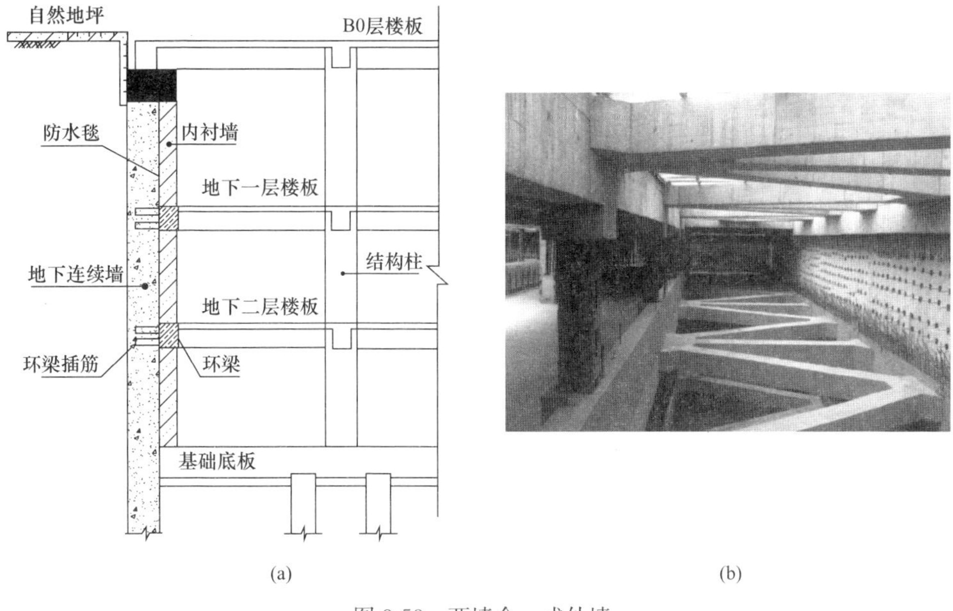

图 3-53　两墙合一式外墙

(a) 两墙合一构造；(b) 工程实例照片

采用灌注桩排桩围护的桩墙合一式结构外墙时，需要预先在围檩、暗柱位置及地下室外墙的结合部分埋设拉结筋。地下室外墙施工前，先对灌注桩表面进行处理。在桩表面挂设钢筋网片，拉结筋处增加水平加强箍。找平后施工防水涂料、膨胀止水条等防水措施，如图 3-54 所示。外墙浇筑模板固定可使用单边支撑，如图 3-55 所示。也可在灌注桩上布置拉结筋固定模板。当使用拉结筋时，拉结筋需穿过防水卷材，其穿越点四周可使用硅胶等进行封闭，防止漏水。

图 3-54　桩墙合一钢筋及防水层布置

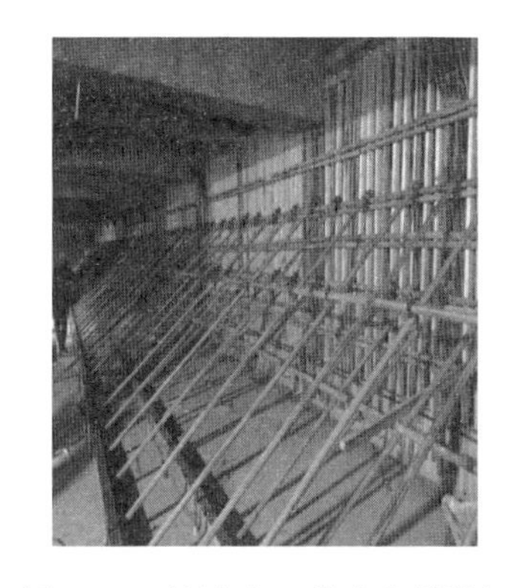

图 3-55　桩墙合一单边支撑模板

2. 两墙分离式

两墙分离式外墙在地下连续墙槽幅分缝位置内侧设置壁柱，壁柱通过预留的钢筋与地下连续墙形成整体连接。在基坑内侧设置一道内衬砖墙，各层结构环梁顶面留设导流沟，将可能发生的局部渗漏水导至指定位置后排出，如图 3-56 所示。

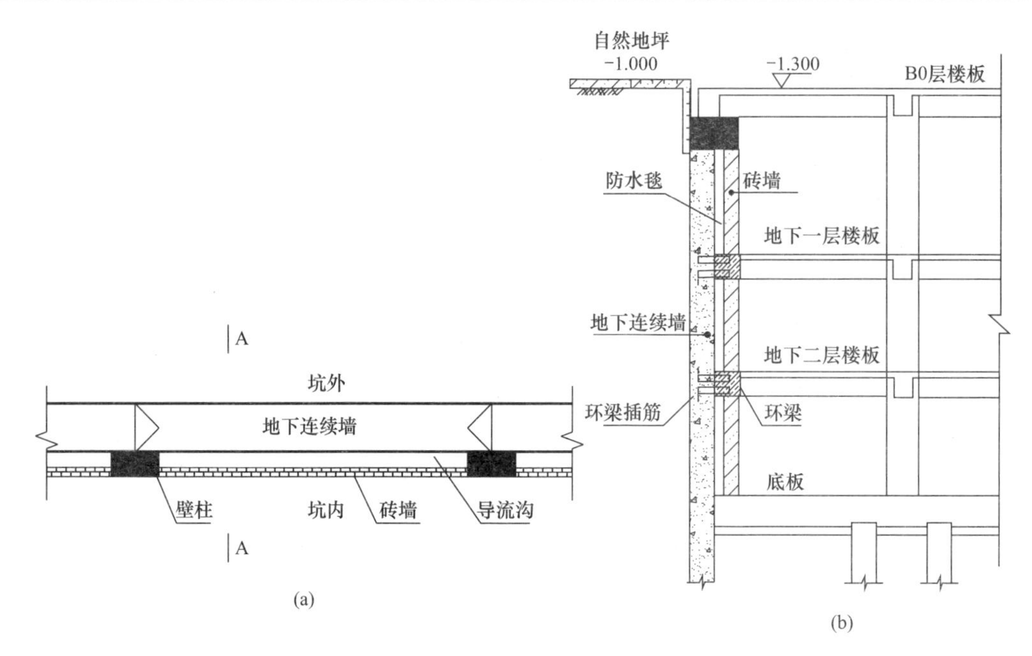

图 3-56 两墙分离式外墙

（a）两墙分离式外墙平面示意图；（b）A-A 剖面图

采用临时围护墙，水平结构逆作施工时，其外墙施工与顺作法类似，但应做好外墙与围护结构、外墙与楼板等节点构造及防水处理。

3.3.5 取土口的封闭

逆作法施工取土口一般设置在建筑留洞、楼梯井、电梯井等结构的孔口，必要时应在楼板上预留临时孔口。临时孔口在后期结构施工时，需要针对各个位置进行封闭。常用的封闭方法有现浇封闭施工、垂吊模板封闭施工、钢筋桁架模板封闭施工和工业化快速封闭等。

工业化快速封闭技术是将取土口处楼板、梁、楼梯、剪力墙等结构进行预制，实现现场快速封闭安装的施工工艺，如图 3-57 所示。

图 3-57 工业化快速封闭技术

工业化快速封闭技术的施工步骤为：根据取土口处梁和板的几何尺寸及配筋要求，在现场进行预制，并在现浇取土口边梁处预留搁置及连接构造。在孔口封闭施工前，见预制构件吊装至取土口，安装就位后将预留的钢筋进行有效连接，并在接缝处进行二次灌浆。先用高强度灌浆料进行填充，达到设计强度后在缝隙区域进行二次注浆。

传统现浇封闭方法每层需要3～4d的施工时间，后续还需要养护及辅助工序约25d。在排架拆除前无法进行后续施工。工业化快速封闭技术只需进行结构吊装，施工进度快，注浆施工仅需搭设小型操作平台即可，不影响二次结构施工及机电安装。预制构件可采用现场预制，大幅减少构件在工厂预制、运输所产生的额外费用，节省成本效果更显著。

3.4 挖土施工

3.4.1 取土口设置

逆作法施工中，顶板施工阶段可采用明挖法，其余结构下的土方一般采用暗挖法施工。施工时，需要在地下各层楼板结构上留设上下贯通的垂直运输孔洞以运送土方。

取土孔洞可以利用地下室车道的进出口、电梯通道、建筑留孔等设计的结构孔洞。当已有结构孔洞不能满足垂直运输要求时，必须在楼板结构上设置临时孔洞。

取土口设置的数量、间距和位置应综合考虑基坑平面形状、土方开挖量、挖土工期、运输方式等确定。

取土口的位置宜设置在各挖土分区的中部位置，且不宜紧贴基坑的围护结构。取土口的布置应符合挖土分块流水的需要，每个流水分块应至少布置一个出土口；当底板土方采用抽条开挖时，应符合抽条开挖时的出土要求，并应考虑场地内部交通畅通且能与外部道路形成回路。

在软土地层的逆作法施工中取土口间的水平净距不宜超过30m。取土口平面尺寸应符合挖土机械和施工材料垂直运输的作业要求。在满足结构受力的情况下，宜加大取土口的面积。大型基坑每个取土口的面积一般宜不小于60m^2，同时为方便材料运输，取土口长度方向不宜小于9m。

地下结构各层楼板洞口位置宜上下对齐。取土口边缘应在设置防护上翻梁，其截面尺寸可取200mm×300mm。预留孔洞应采取避雨措施。

3.4.2 土方开挖方法

逆作法地下暗挖挖土机有效半径一般在7～8m，软土地区地下土方水平运输主要依靠挖机翻驳，一般控制在翻驳二次为宜，避免多次翻土引起下方土体过分扰动。

对于土方及混凝土结构工程量较大的基坑，无论是基坑开挖还是结构施工形成支撑体系相应工期较长，由此会增大基坑的风险。为了有效控制基坑变形，可利用“时空效应”，将基坑土方开挖和主体结构划分施工段并采取分块开挖的方法。施工段划分的原则是：

（1）按照“时空效应”，遵循“分层、分块、平衡对称、限时支撑”的原则；

（2）利用后浇带，综合考虑基坑立体施工和交叉流水的要求；

（3）必要时增设结构施工缝。

在土方开挖时，可采取以下具体措施：

1. 合理划分各层分段

由于一般情况下顶板为明挖法施工，挖土速度比较快，基坑暴露时间短，故第一层顶板的土层开挖施工段可相应划分得大些。顶板以下地下各层板的挖土在顶板完成情况下进行的，属于逆作暗挖，挖土速度比较慢。为减小各施工段开挖的基坑暴露时间，顶板以下各层水平结构土方开挖和结构施工的分段面积应相对小些，这样可以缩短每施工段的施工时间，从而减小围护结构的变形。地下结构分段时还需考虑每施工段挖土时有对应的较为方便的出土口。

2. 盆式开挖

逆作区顶板施工前，通常可大面积开挖至板底下约150mm的标高，然后利用土胎模、安装钢筋、浇筑混凝土，完成顶板结构施工。采用土胎模施工明挖的土方量较少，顶板下大量的土方需在后期进行逆作暗挖，将大大降低挖土效率。同时由于顶板下的模板及支撑无法在挖土前进行拆除、周转，因而造成浪费。因此，针对大面积深基坑的开挖，为兼顾基坑变形控制及提供土方开挖效率，可采用盆式开挖的方式，周边土方保留，中间大部分土方进行明挖（图3-58）。

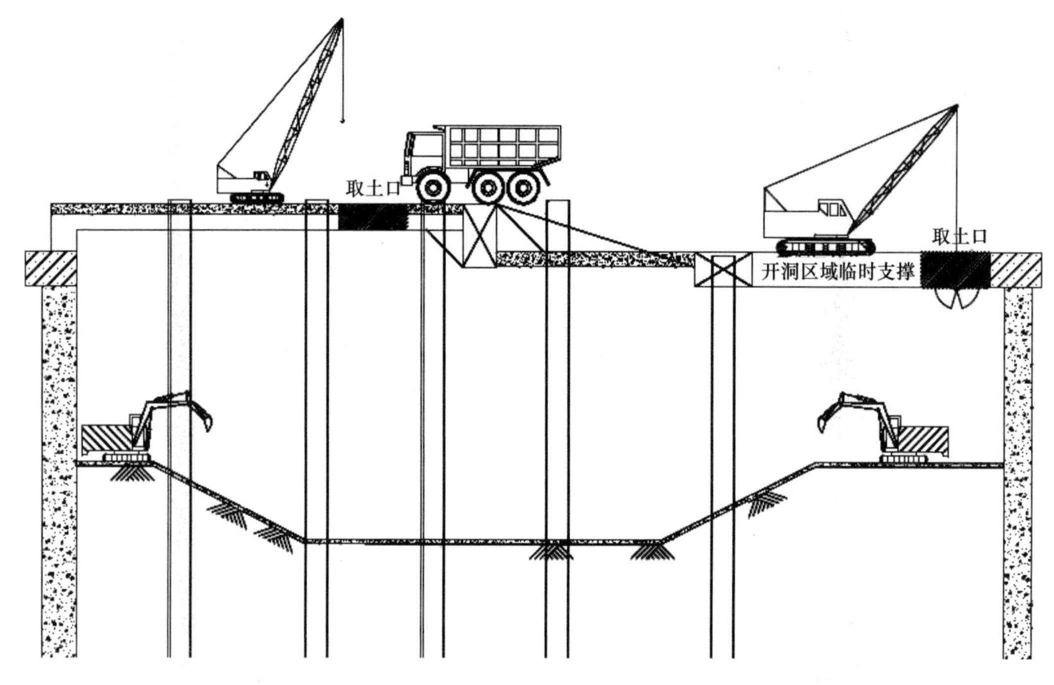

图3-58 盆式开挖示意图

3. 抽条开挖

厚度较大的逆作底板土方开挖时，支撑到挖土面的净空较大，尤其在层高较大或坑边紧邻重要保护建筑或设施时，较大的净空对基坑控制变形不利。此时，可采取中心岛施工的方式，先施工基坑中部底板，待其达到一定强度后，按一定间距间隔抽条开挖坑边土方，并分条浇捣基础底板。每分条底板土方开挖至混凝土浇捣完毕的施工时间宜控制在72h以内。

4. 楼板结构的局部加强

由于顶板先于大量土方开挖施工，因此可将顶板上施工道路的设计和水平楼板永久结构一并考虑，并充分利用永久结构的工程桩，对局部楼板以及节点进行加强，使结构顶板兼作施工道路和挖土栈桥，满足工程施工的需要。

3.4.3 土方开挖设备

当基坑变形控制要求高，且与周围环境极其复杂而必须采用逆作法施工时，如何提高土方的开挖和运输效率成为整个基坑施工过程中的重点。此外，暗挖作业时通风、照明条件远不如常规施工，作业环境较差，因此选择有效的挖土施工机械将大大提高土方开挖的效率。

逆作挖土施工常采用坑内小型挖土机作业，地面上则采用长臂挖土机、滑臂挖土机、起重机、取土架等设备进行挖土，如图 3-59 所示。根据各种挖土机设备的施工性能，其挖土作业深度亦有所不同，一般长臂挖土机作业深度为 7～14m，滑臂挖土机一般 7～19m，

图 3-59 逆作法常用挖土施工设备

(a) 长臂挖土机；(b) 取土架；(c) 液压抓斗；(d) 输送带运土；(e) 电动克令吊；(f) 升降机运土

起重机及取土架作业深度可达 30 余米。土方的翻运方法也有挖机翻运、输送带运土、升降机装运、卡车装运等方式，工程中可根据实际情况选用。

电动轮胎式抓斗起重机是近年来出现的一种新型运土设备。电动轮胎式抓斗起重机提高了土方运输效率，尤其在作业面狭窄、施工环境差的条件下，优势更为明显。同时，该设备采用电力驱动，减少了对逆作基坑的空气污染，降低了能耗，体现了建筑业低碳、绿色施工的政策。电动轮胎式抓斗起重机的整体能耗是同等效率的柴油挖土机械的 1/3～1/2。目前该类机械已不断升级换代，起重能力不断上升，抓斗容量有 1.2m^3、1.7m^3、2.5m^3，每台班作业效率可达 600m^3 左右。

图 3-60 花瓣斗

花瓣斗是在双索抓斗的结构上进行改进的一种更为先进的抓斗类型（图 3-60）。它采用双组双绳，构成 4 绳的起吊结构。在桥式行车上，配有两组电机卷筒（即电动葫芦），每组卷筒引出两根钢丝绳，其中两根成一组分别生根在抓斗平衡架两端作支持用，另一组钢丝绳经过上横梁的滑轮与下横梁的滑轮，组成滑轮组，起开闭斗部作用。四绳抓斗的钢绳拉升强度更高，抓斗闭合过程后期的抓取力要远大于其他单索或双索抓斗。使用花瓣斗配合其他取土设备，可有效提高挖土的效率。

升降机运土是另一种新型运土方式。升降机装运系统由电动机组、钢架、桥箱（吊篮）、减速机、传力系统（钢丝绳和滑轮组）、刹车组及电器电路等部分组成。钢架架设于已有工程桩上，电动机组通过传力系统实现对桥箱的升降，土方车辆出入桥箱实现快速出入地下室开挖面。升降机运土可用于硬土地区，但土方车的运作会使作业区域空气质量变差。

3.5 施工作业环境控制

逆作法施工安全及作业环境控制包括安全、降噪、通风、排气、照明与电力等方面。由于逆作法施工处于半封闭状态，空气流动性差、光照不足，因此，做好通风、照明和用电安全是逆作法施工中保障施工人员安全作业的重要措施。

3.5.1 通风

逆作法工程每层地下室开挖及后续施工过程中，应根据结构设计及施工方案设通风及排气设施，使工作场所机械排放等废气立即排至地下作业区外，同时输送新鲜空气至工作场所，确保施工人员健康，防止废气中毒。

在浇筑地下室各层楼板时，应按挖土行进路线预先留设通风口，随地下挖土工作面的推进，在通风口露出部位及时安装通风及排气设施，向地下施工操作面输送新鲜空气，如图 3-61 所示。

根据国家安全生产规定，地下室空气成分必须符合下列要求：

（1）采掘工作面的进风流中，氧气浓度不低于 20%；

（2）有害气体中，一氧化碳浓度不得超过 30mg/m^3，二氧化碳浓度不得超过 0.5%（按体积计），氮氧化物换算成二氧化氮的浓度不得超过 5mg/m^3；

图 3-61　逆作法施工通风设备实景

(3) 瓦斯浓度应小于 0.75%。

地下施工时，形成空气流通循环是保证施工作业面安全的有效方法。应在作业点设风机进行送风，在出口处设风机进行抽风。采用风机向地下工人施工操作面输送清新空气，供工人呼吸，后流向施工机械处，与施工机械排出的废气一并由抽风机抽出，形成良好的空气流通循环。一味送风或排风而无良好的循环路径，其通风效果难以达到保障施工人员安全作业的要求。

风机的选择应考虑工程实际情况和经济性，选择时应注意以下几方面：

(1) 风机的安装空间和传动装置；

(2) 输送介质、环境要求；

(3) 风机类型和噪声；

(4) 风机的串、并联及运行调节；

(5) 传动装置的可靠性；

(6) 风机使用年限；

(7) 首次成本和运行成本。

通风排气宜采用轴流风机。

风机表面应保持清洁，进、出风口不得有杂物。风机在运行过程中如发现有异常声、电机严重发热、外壳带电、开关跳闸、不能启动等现象，应立即停机检查，维修后确认无异常现象方可重新开机运转。

通风管道可采用塑料波纹管，波纹管固定在结构楼板或支承柱上，并架设到挖土作业点。

3.5.2　照明

地下施工阶段的动力、照明线路应设置专用的防水线路，并埋设在楼板、梁、柱等结构中。专用防水电箱应设置在柱上，并不得随意挪动。电箱至各电器设备的线路均需采用双层绝缘电线，并架空铺设在楼板底。施工完毕应及时收拢架空线，并切断电箱电源。在土方开挖施工过程中，各施工操作面上均应安排专职安全巡视员监护用电安全措施并检查落实。

通常情况下，照明线路水平向可通过在楼板中的预埋管路，竖向则可利用固定在格构支承柱上的预设管路。照明灯具应采用预先制作的标准灯架，灯架可固定在格构支承柱或结构楼板上，也可利用结构楼板安装常规的照明灯具，如图 3-62 和图 3-63 所示。

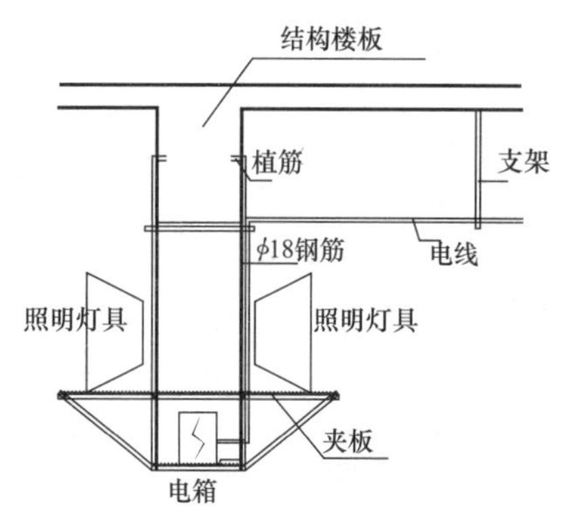

图 3-62 标准灯架搭设示意图

图 3-63 逆作阶段利用楼板设置照明灯具

为了防止突发停电，各层板的应急通道应设置应急照明系统，应急照明应采用单独线路，每隔约 20m 设置 1 盏应急照明灯，应急照明灯在停电后应能保持充分的照明时间，以便于发生意外事故导致停电时施工人员的安全撤离，防止伤亡事故的发生。

3.5.3 人员垂直运输

逆作法人员垂直运输除常见的梯笼外，还可采用下坑电梯和钢爬梯等方式。

下坑电梯由基础钢平台、上传动结构、升降机刹车、升降机标准节以及各类受力杆件组成，如图 3-64 所示。在超深基坑的挖土、结构施工中，下坑电梯有明显的优越性。其结构整体好、升降快捷方便，机械化程度高。下坑电梯与传统梯笼相比，具有人员上下耗时短，体力消耗小，工作效率高，安全可靠的特点，是深基坑施工中安全、高效的人员运输设备。

为方便施工人员上下基坑，也可依附塔式起重机基础分别设定型化的钢扶梯，作为工作人员上下通道。定型钢扶梯既保证了场容场貌，也保证了通道的安全，同时也能在多个工地进行周转使用，如图 3-65 所示。

图 3-64 下坑电梯

图 3-65 钢爬梯

3.5.4 人员管理

逆作法施工中应有配套的下坑人员管理系统，以进一步掌握作业动态，保障施工人员的作业安全。下坑人员管理系统包括监控系统和下坑人员统计功能。每名施工人员配备标识牌，在下坑前于入口处进行登记，管理人员便可从系统中实时了解基坑内施工作业人员的数量。通过施工监控系统，实时监控坑内作业情况，保障施工的安全，如图 3-66 所示。

图 3-66 下坑人员管理系统

随着互联网技术的快速发展，人脸识别也逐渐成为建筑工地人员管理的手段之一。人脸识别系统操作简单，可以与登记的身份信息挂钩。该系统可保障关键责任人实时在岗，也可防止外来人员的随意进出，使工地更为安全。施工单位也可通过该系统能实时掌控工人的动态，统计人员数量和工时，消除工资计时纠纷。目前，上海、天津、南京等地，已经开始使用人脸识别实名认证。

3.6 环境保护及监测

3.6.1 监测内容

基坑工程施工效果的优劣最终表现为对周围环境的影响状况，尤其是城市中心地区，环境保护尤为重要。采用逆作法对控制支护结构变形及周边地面沉降是有利的，因为逆作法中采用结构墙、梁、楼板作为支护结构，其水平刚度远大于顺作施工的临时支撑结构。为进一步提高逆作法对环境控制的效果，还必须从设计、施工、监测全面采取措施控制支护结构变形及周边地面变形，包括必要的临时支撑、地基加固以及其他施工措施等，以达到预期的效果。

工程监测是掌握施工过程中基坑和环境状况的重要手段，可为信息化施工及环境保护提供依据。逆作法的主要监测项目见表 3-4。基坑边缘以外 1～3 倍基坑开挖深度范围内需要保护的周边环境均应作为监测对象，必要时还应扩大监测范围。逆作法监测报警值应包括监测项目的累计值和变化速率。

逆作法监测项目 **表 3-4**

序号	监测项目	监测项目选择
1	支护体系观察	√
2	围护结构顶部竖向、水平位移	√

续表

序号	监测项目	监测项目选择
3	围护体系裂缝观察	√
4	围护结构侧向变形（侧斜）	√
5	围护结构侧向土压力	○
6	围护结构内力	○
7	用于支承体系的梁、板内力	○
8	取土口附近的梁、板内力	○
9	支承柱竖向位移	√
10	支承柱内力	□
11	支承桩内力	○
12	坑底隆起（回弹）	○
13	基坑内、外地下水位	√
14	土体分层竖向沉降	○
15	逆作结构梁板柱的裂缝	√

注：√应测项目；○宜测项目；□上下同步逆作法施工时，支承柱内力为应测项目，若仅基坑部分单独施工，为宜测项目。

3.6.2 远程监控系统

目前常采用的监测管理主要为监测人员现场量测，对测量结果汇总后进行分析。此模式存在及时性、资源共享、数据管理能力、数据直观、数据分析能力等多方面的不足，难以满足大型及重要工程的需求。

对于逆作法基坑，其施工监测管理尤为重要，如对监测数据的判读不及时，在可能产生危险的状况下继续施工，造成基坑变形过大甚至坍塌，将对基坑支护结构本身和地下结构、上部结构（上下同时施工）产生影响，将会造成极大的工程损失。因此，逆作法基坑施工需实时进行监测控制、分析、预警，实现信息化施工。远程监控系统可以达到这一目的。

远程监控系统由两部分构成，一是后台数据分析计算软件。通过网络将建筑工地上的各种监测仪器或数据连接至工程管理单位，计算模型或其他工具对监测数据进行自动分析，并结合基坑围护结构设计参数、地质条件、周围环境以及施工工况等因素进行预警，提出风险预案等。第二部分是预警发布平台，可借助于网络系统，将后台的分析结果以多种形式发布。当监控数据的变化超过预先设置的各级预报警控制指标时，通过网络电脑或手机短信的方式将预警信息发送给相关人员，及时协调、处理和解决异常或危险状况，并可快速、及时地把工地上的各种数据、文档、图像等传送到工程管理部门。远程监控系统结构如图 3-67。

远程监控系统通过计算机技术，能够同时把一个区域正在施工的所有工地信息联系在一起，从而方便了工程管理单位的管理，实现了分散工程集中管理和单位部门之间的信息及人力、物力资源的共享，改变了传统工程管理中出现的信息滞后、人力物力的重复投入及浪费现象，在节约成本的同时，提高了工程管理的水平。

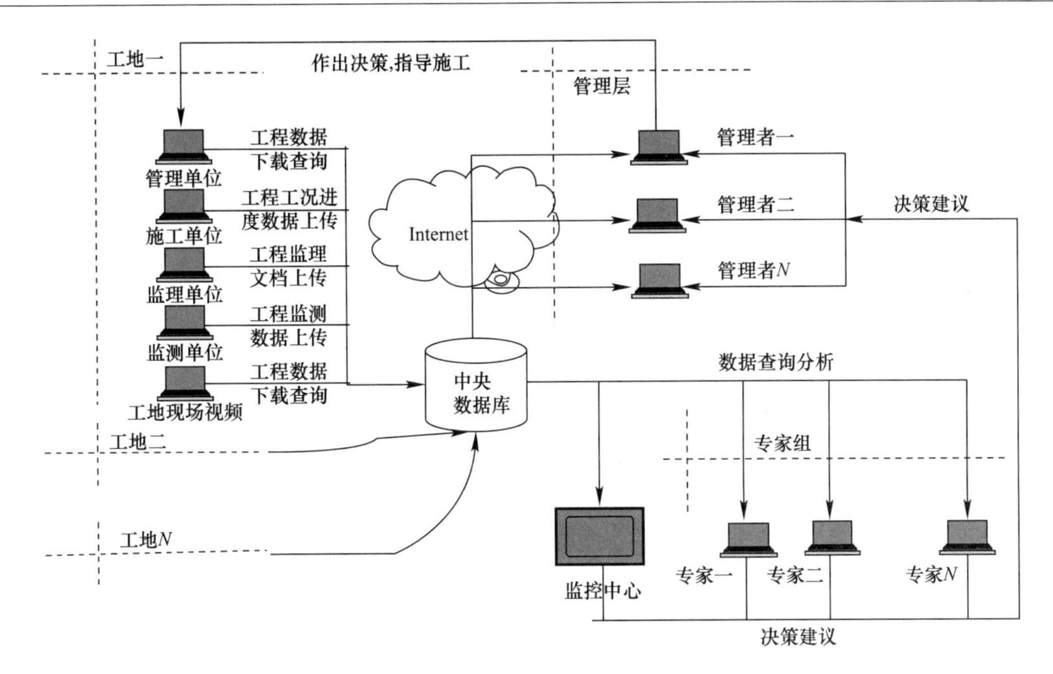

图 3-67 远程监控系统结构

3.7 BIM 技术在逆作法施工中的应用

BIM 技术在逆作法施工中主要应用领域包括场地规划布置、逆作节点模拟、管线碰撞和后期运营维护等。

3.7.1 逆作法场地部署和规划

当施工场地比较狭小，采用逆作法可使用 B0 板作为施工场地，但场地布置及管理要求较高，施工协调难度较大。通过 BIM 技术可建立三维场地布置模型，对逆作法施工提供极大便利。BIM 技术可模拟逆作法各施工阶段场地布置。提前规划并协调各个分包及劳务队的材料堆放与加工用地，可有效避免逆作法现场的场布冲突。利用 4D 动画模拟，可直观地体现项目进展情况，随时根据施工计划调整现场布置，使项目进展平稳有序。

3.7.2 复杂节点模拟

逆作法的特殊节点的处理是保证工程质量的重点，而逆作的柱、梁节点种类繁多，其施工复杂，对施工人员空间想象能力和施工经验要求高。利用 BIM 软件，可按实际结构尺寸及配筋情况，将抽象的图纸具象化为三维模型，使施工人员能够更好地理解结构构造，准确按照设计图纸进行施工，减少了交底时间和施工的返工率。

例如，BIM 模型模拟逆作法结构节点的钢筋穿越情况，可避免方案图纸无法实现加工的问题，保证了施工准确率，加快了施工进度。

3.7.3 管线综合模拟与碰撞实验

利用BIM模型，还可方便地进行管线或构件的碰撞检测。通过对结构、安装与装饰的综合建模，模拟楼层各区域层高及管线排布施工的过程，解决碰撞和漏缺问题，并可进行有针对性的优化调整，由此，大幅提高了施工的效率，确保管线和构件的施工安全和准确安装。

4　逆作法施工工程实例

为了更加形象地体现逆作法基坑项目的工程决策、技术路线和工艺特点，本章详细介绍了 8 个逆作法工程的典型案例，分别阐述了逆作法的经济环保优势、上下同步逆作法、桩墙合一逆作法、轨道交通共建基坑逆作法、保护建筑增设地下室平推逆作法、大型深基坑逆作法、紧邻保护建筑逆作法等相关的施工技术，通过各类不同的工程背景和工程需求，全方位展示了逆作法的方案选择、施工优势及技术特征。

4.1　逆作法经济性及绿色节能技术研究——海光大厦工程顺逆作法对比

4.1.1　工程概况

海光大厦（华东电力调度中心大楼）工程位于浦东新区，为多功能综合性办公建筑（图 4-1）工程地理位置示意如图 4-2 所示。建筑地上部分由 28 层办公主楼与 5 层裙房组成，高度为 128.7m。地下室 4 层，基坑深度 17.2m。工程地上建筑面积：46924.53m^2，地下部分建筑面积：22634.40m^2，合计总建筑面积 69558.93m^2。本工程基坑占地面积约 5300m^2，现场占地面积 7000m^2。地下结构采用桩筏基础，主楼区基础底板厚度为 2400mm，裙楼区基础底板厚度 1400～1600mm。基坑开挖面积约为 5660m^2，周长约为 312m。考虑基底设置 200mm 厚垫层，基坑中部主楼区域开挖深度为 18.2m，周边裙楼区域开挖深度为 17.2～17.4m。

图 4-1　海光大厦实拍图

图 4-2　工程地理位置示意图

在地下结构施工阶段，场地可利用空间非常狭小，工程周边环境平面图和周边建筑距离示意如图 4-3、图 4-4 所示。基坑东侧为浦东南路，路下有电力和给水管线；基坑北侧、西侧及西南侧邻近东园三村多幢 6 层砌体结构住宅，基础形式为条形浅基础，对沉降与变形较为敏感；基坑东南侧邻近一幢 26 层小高层住宅。由于浦东南路侧地下管线众多，居民小区多层建筑与基坑距离较近，因此基坑的环境保护要求高。重点保护对象为基坑北侧、西侧及西南侧的多幢 6 层砌体结构住宅。

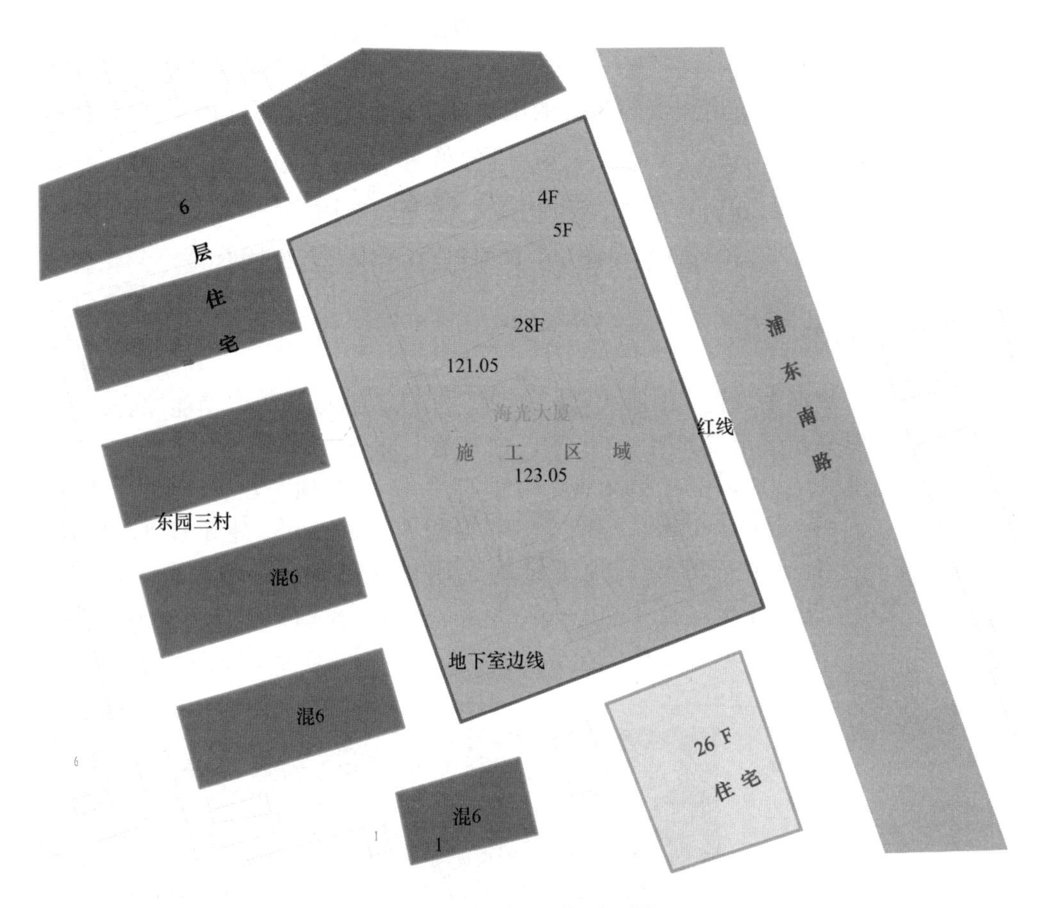

图 4-3 工程周边环境平面图

四周地下连续墙至施工围墙之间所布设的临时道路，路幅宽度最大为 7m，最小仅为 2.1m。施工期间道路交通组织，特别是基坑土方出土阶段、材料和机具堆放运输阶段，受场地制约较大。

4.1.2 基坑工程方案选择

4.1.2.1 基坑方案选定的影响因素

海光大厦项目邻近浦东陆家嘴金贸开发区中心区域，为了又快又好地完成地下工程施工，本工程选择基坑施工方案时着重考虑以下影响因素：

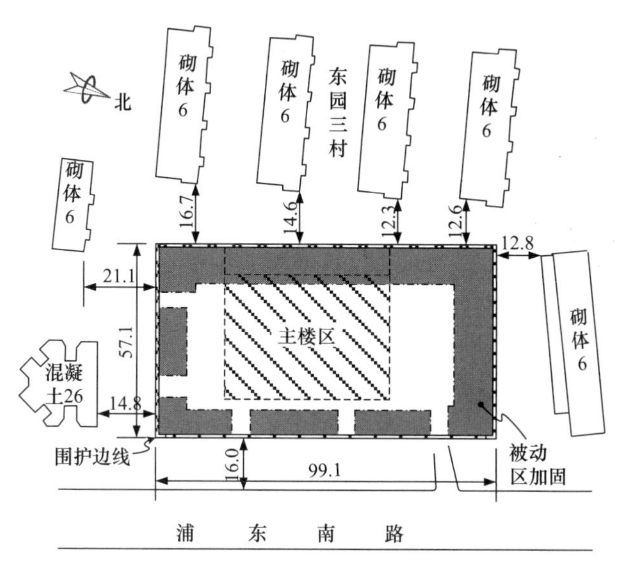

图 4-4　基坑与周边建筑距离示意图

(1) 基坑周边环境复杂程度；

(2) 基坑的规模，开挖面积、深度等；

(3) 工期要求和成本控制要求；

(4) 建筑及结构设计；

(5) 周围场地条件和文明施工要求；

(6) 基坑形状与支撑布置复杂程度。

4.1.2.2　基坑围护方案选型

本工程属超深基坑工程，可选的地下工程施工方法有顺作法和逆作法两种，初步设计方案的围护结构平面图和剖面图如图 4-5、图 4-6 所示。

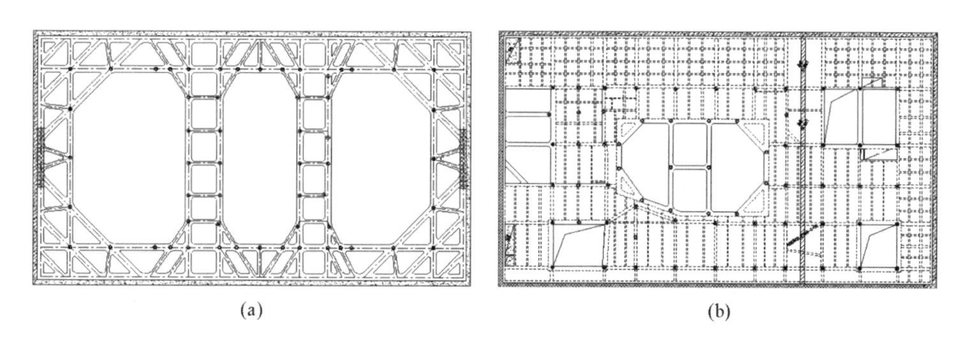

图 4-5　顺作法和逆作法基坑围护结构平面图

(a) 顺作法；(b) 逆作法

考虑到该基坑工程的周围环境要求较高，对于埋置较深的地下空间工程，传统顺作法存在着诸多问题。首先，深基坑工程支护结构临时支撑需用大量混凝土与钢材，工程费用高。其次，临时支撑结构的刚度相对较小，造成支护结构和土体的变形较大，易引起周围地面沉降，危害附近的建（构）筑物、地下管线和道路的正常使用，难满足环境保护的严格要求。最后，传统顺作法的内支撑需要拆除，将浪费大量的人力、物力和其他资源，且支撑拆除过程中围护结构的二次受力和变形也将不同程度地对环境造成进一步影响。

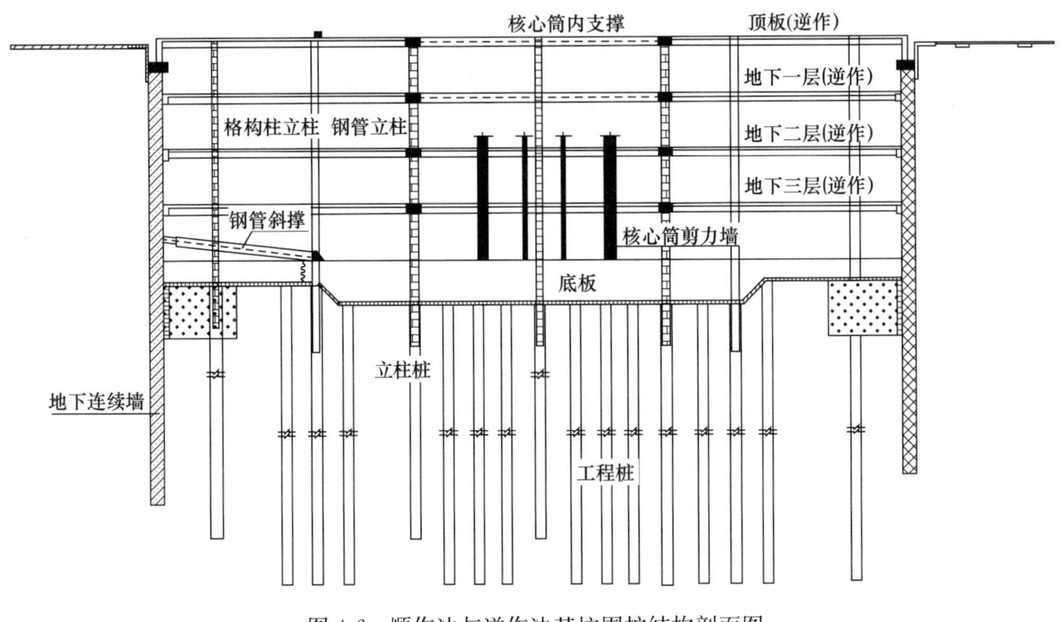

图 4-6 顺作法与逆作法基坑围护结构剖面图

（a）顺作法；（b）逆作法

为了比较顺作法与逆作法施工方案对基坑安全性及周边环境的影响，从理论上分别计算了两种围护结构变形情况。两种方案的围护结构变形分别如图 4-7、图 4-8 所示。计算中顺作法方案采用 1000mm 厚地下连续墙结合三道临时混凝土支撑，逆作法方案采用 1000mm 厚地下连续墙。

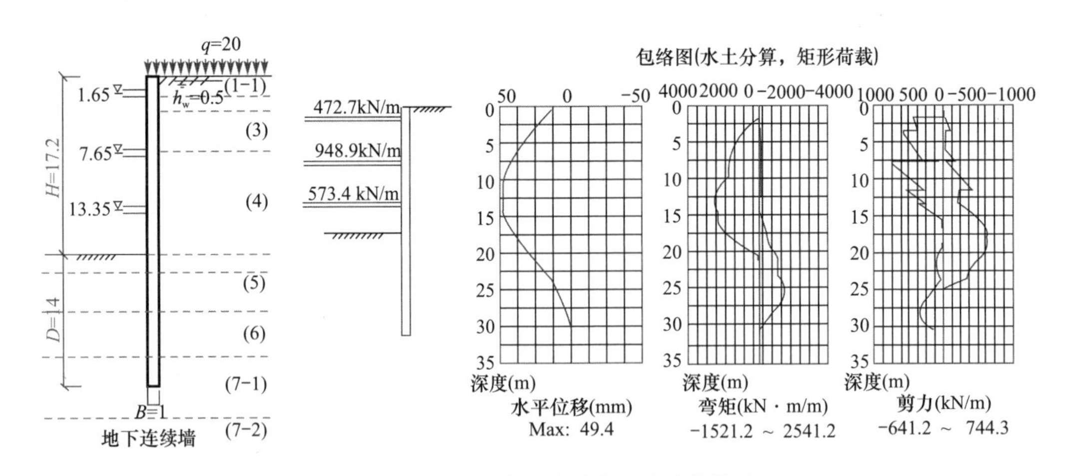

图 4-7 顺作法方案围护结构变形计算结果

计算结果显示，采用相同的地下连续墙围护结构，顺作法在设置三道临时混凝土支撑的情况下，围护结构最大计算变形为 49.4mm，比逆作法围护结构变形（38.3mm）高出近

30%。计算表明，在控制基坑围护结构自身以及保护环境变形方面逆作法更加有优势。由于在保护要求较高的环境下，基坑工程设计主要为变形控制，即在确保基坑安全的前提下尽量减少对周边建筑及市政管线的影响，因此采用逆作法能减小基坑开挖对周边环境的影响。

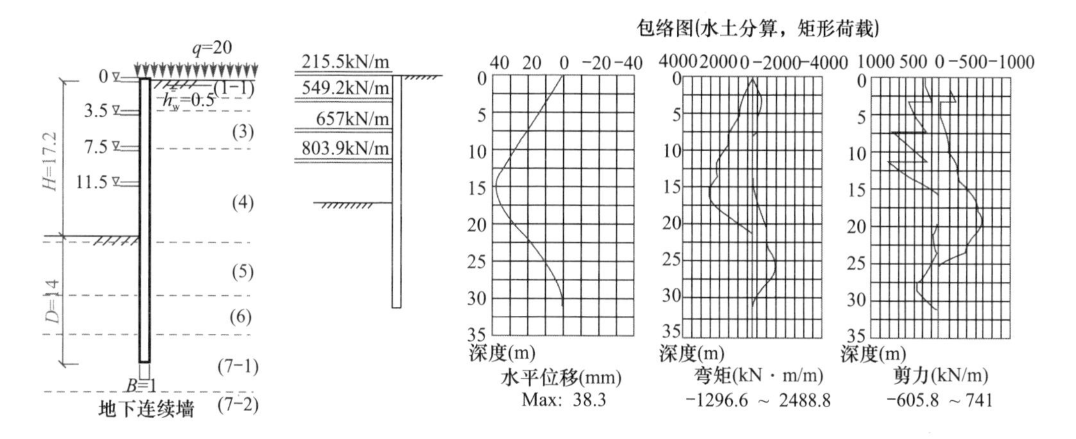

图 4-8 逆作法方案围护结构变形计算结果

除此之外，逆作法还具有其他多方面的优势。如工程造价方面，逆作法施工采用地下室永久结构代替了基坑临时支护体系，不仅节省了大量临时支撑的建筑材料，还简化了支撑设置和拆除的工序，一定程度上减少了工程造价。文明施工方面，逆作法方案的大量挖土和结构施工在地下封闭空间内进行，相比于明挖土方的顺作法方案减少了对周边居民噪声和环境污染的影响。

综合以上分析和比较，本项目基坑工程采用了逆作法设计与施工方案。支护结构采用两墙合一地下连续墙作为围护体系，利用坑内普遍区域的地下结构梁板作为水平支撑体系，一柱一桩（钢管混凝土立柱+钻孔灌注立柱桩）为竖向支承系统。

从工程实施的情况来看，周边地下连续墙实测变形普遍在40mm左右，与逆作法理论计算较为接近。周边管线最大沉降约20mm，周边居民楼沉降最大约25mm，且管线与建筑物不均匀沉降均较小。基坑施工过程中未发生管线沉降过大引起的紧急状况，周边居民楼未发生明显的开裂现象。说明选择逆作法方案达到了有效保护周边环境的预期目的。

4.1.3 施工实施分析

4.1.3.1 基坑变形分析

为了确保基坑稳定安全，保障周边环境及相关社会利益，分析区域性施工特征，并验证设计、指导施工，逆作法施工过程中对基坑采取相应的监控措施。

1. 监测项目

(1) 围护墙顶部的垂直及水平位移

本工程基坑开挖期间，为及时监控整个基坑围护体顶部的变形情况，在基坑围护墙顶部布设16个监测点，编号为B1～B16。监测其垂直及水平位移，监测点依据均匀、对称的原则，在预测位移较大、重要部位设置。根据测量结果可掌握基坑边坡的垂直及水平位移变化情况。

（2）围护墙墙体深层侧向位移

监测围护结构墙体随基坑开挖深度的变化，根据监测结果可计算墙体水平位移的变化速率及最大位移值，及时预警，确保基坑稳定及其周围环境的安全。围护结构墙体深层位移采用测斜管，测斜管安装在灌注桩钢筋笼上，共埋设 16 个，深度与围护墙等长。测点编号为 CX1～CX16。

（3）立柱桩应力

逆作法立柱桩承担上部主体的水平结构以及楼面施工荷载，负荷远大于顺作法支承柱。为掌握立柱桩应力随施工工况变化的情况，确保围护体系在各工况下的安全稳定。在基坑的立柱上共布设轴力监测点 4 个，编号为 LQ1～LQ4，每个点安装 4 个应力计，以监测其立柱应力的变化。

（4）立柱桩沉降

基坑开挖将导致坑内开挖面大量土体卸荷，易引起支承柱的隆起，需要监测支承柱的回弹量。本工程在Ⅰ区基坑布设 14 个支承柱沉降监测点，在Ⅱ区基坑布设 2 个支承柱沉降监测点。

（5）周边环境监测

本工程周边环境监测对象包括邻近管线及建筑。确定 4 倍基坑开挖深度范围内的硬管、大直径管和破坏后果严重的管线以及距离基坑较近的、危险性较大的建筑物进行监测。管线监测点采用“T”型测绘钉打入法埋设，并尽可能布设在管线外露点，如阀门、窨井上。建筑建材点则根据其距基坑的距离、体形与结构和基础形式等，在建（构）筑物的角点、中点及周边布设监测点。

海光大厦逆作法基坑施工监测点位平面示意如图 4-9 所示。

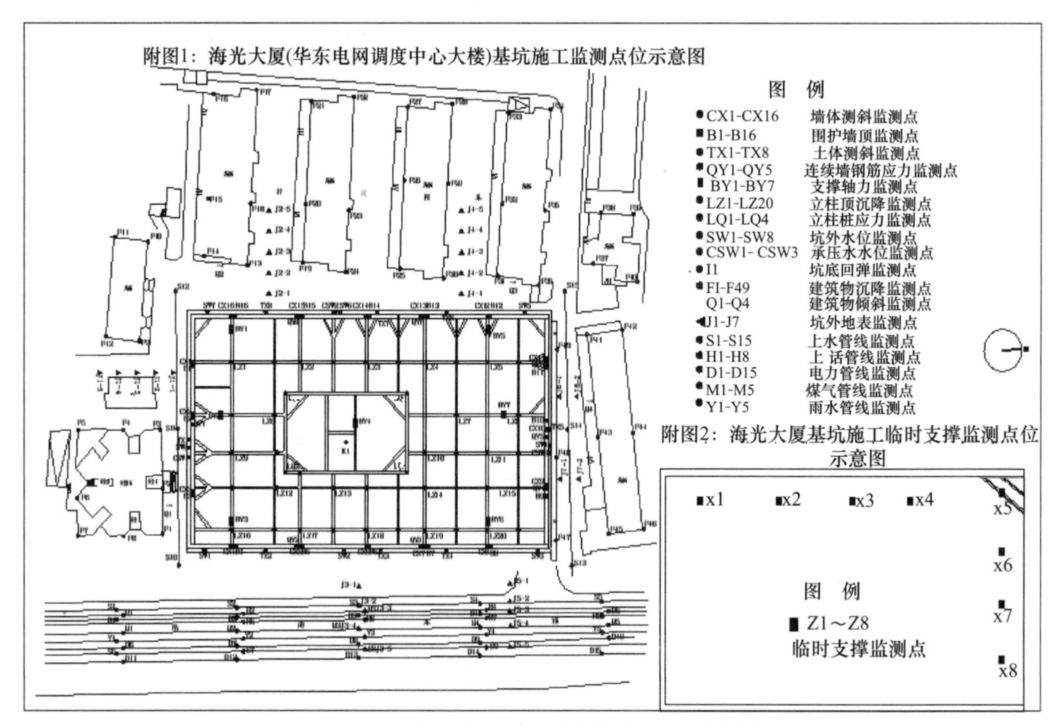

图 4-9 逆作法基坑施工监测点位平面示意图

2. 基坑监测数据

本工程在逆作法施工全过程进行了监测，并根据基坑各测点所得的数据，绘制了围护结构墙顶垂直位移历时曲线图（图 4-10）、围护结构墙顶水平位移历时曲线图（图 4-11）、围护结构墙体侧移监测结果图（图 4-12）、立柱垂直位移历时曲线图（图 4-13）、管线垂直位移历时曲线图（图 4-14、图 4-15）。

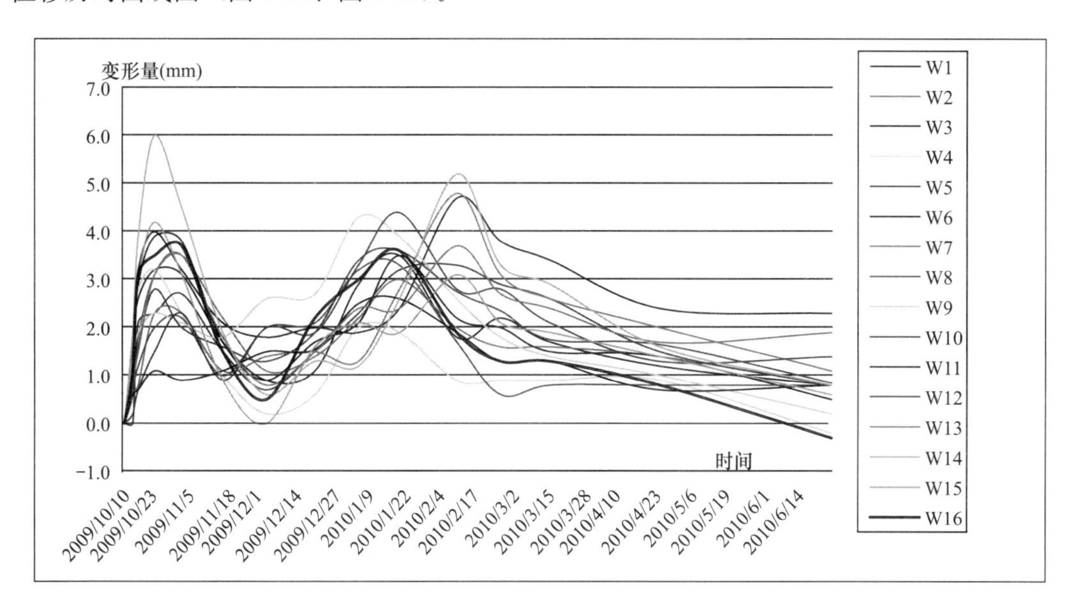

图 4-10　围护结构墙顶垂直位移历时曲线图

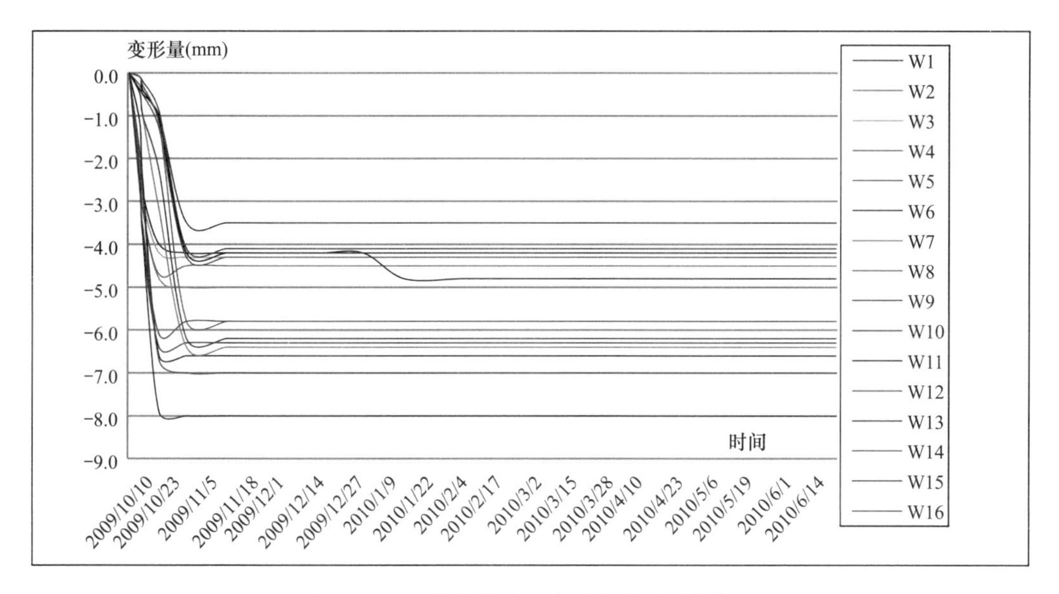

图 4-11　围护结构墙顶水平位移历时曲线图

3. 基坑监测结果分析

由海光大厦基坑工程逆作法过程中的监测数据可以看出，本工程地下结构施工有下述特点：

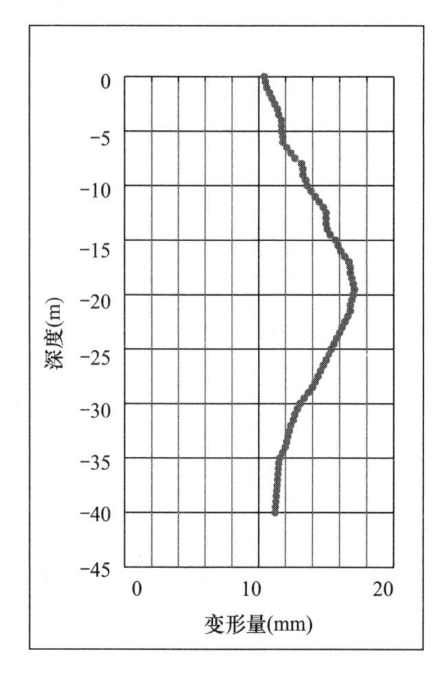

图 4-12　围护结构墙体侧移监测结果图

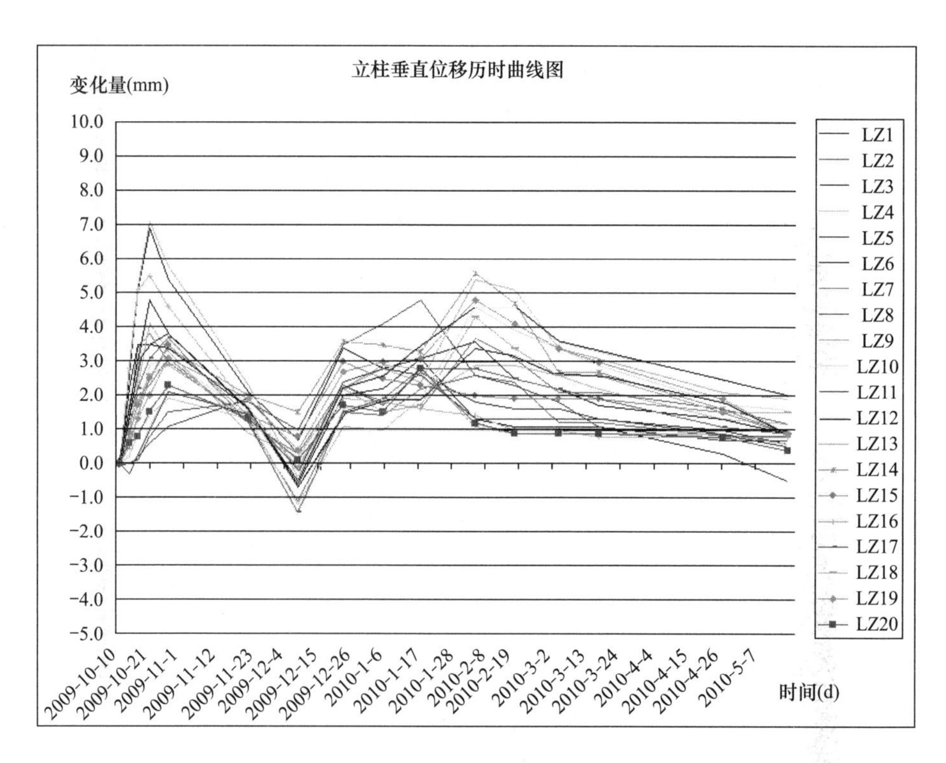

图 4-13　立柱垂直位移历时曲线图

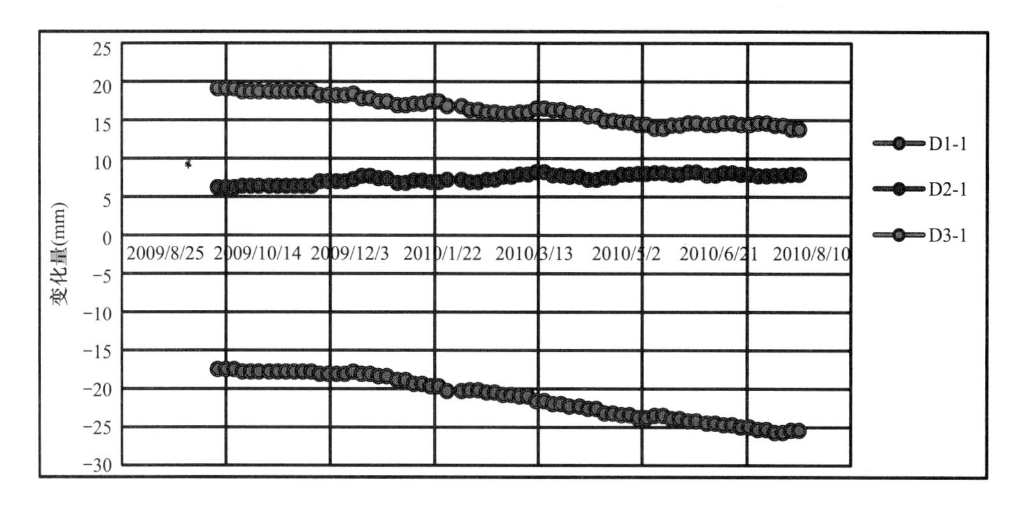

图 4-14　煤气管线垂直位移历时曲线图

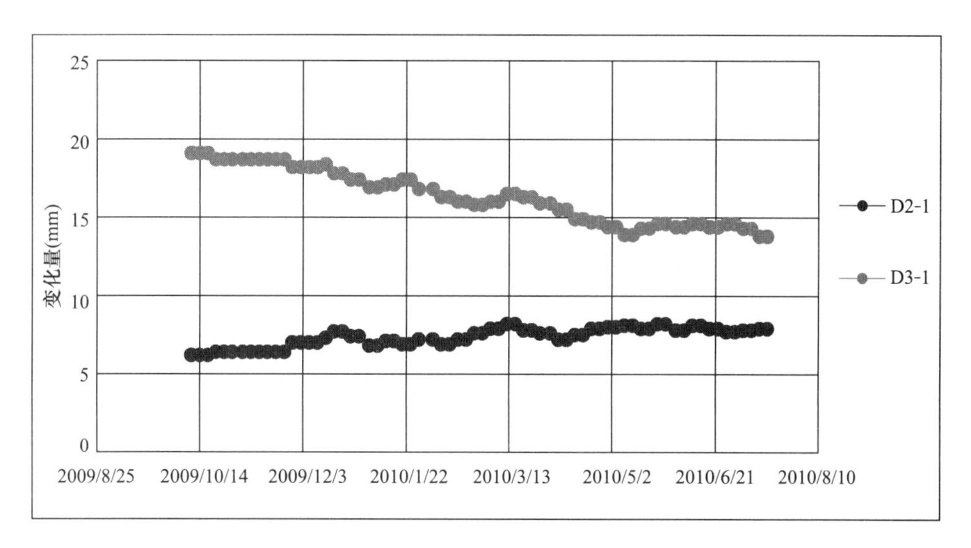

图 4-15　上水管线垂直位移历时曲线图

（1）首层梁板变形较小，可兼做测定水平位移的基准点；

（2）基坑整体稳定性强，受力较均匀；

（3）围护墙体变形及外侧土体位移较小；

（4）相邻管线及建筑物沉降较小。

整体而言，本案例工程逆作设计计算基坑变形控制值为明挖顺作的 80%（逆作 40mm/顺作 50mm），而实测为 16.8mm，周边管线沉降在开挖阶段均控制在 4～9mm，好于设计规定的变形控制范围。特别是侧墙变形数据只有设计值的 42%，经设计后期分析计算模拟的设计参数并不能完全体现逆作法在变形控制上的时空效应优势。结合历年工程变形数据，逆作法在相同条件下侧墙变形值为类似明挖基坑 70%以下。原因可能是因为支撑刚度大、没有回筑拆撑阶段二次变形等。

结合基坑监测数据综合分析可知，通过科学的方案选择、设计施工的优化以及合理运用逆作法一柱一桩、两墙合一地下连续墙、土方开挖、水平支撑等施工技术，落实实施措施，充分发挥逆作法的优势，可有效地保护周边环境，保证施工质量和工程进度。

4.1.3.2 逆作法与顺作法费用对比

两种基坑施工方案的工程造价比较中，包括了围护结构、工程桩、地下结构和部分临时措施等主要费用，见表 4-1。在对整体基坑工程造价进行对比后，对差异较大的单项进行细化分析，其中围护工程的细化单项费用对比见表 4-2。经过对比，顺作法和逆作法方案的施工费用在以下施工分项上反映出较大的差异。

1. 工程桩与立柱桩

逆作法支承柱一般按主体结构柱网布置一柱一桩，其数量较顺作法多，立柱桩插入工程桩往往在桩顶需进行扩径处理，因此工程桩及立柱桩的费用高于顺作法。一般费用增加幅度为地下结构总造价的 5%～10%（表 4-1 中 14、15、18、20 项之和）。这一费用需经过结构设计和施工方案的优化予以减少。案例工程通过一柱一桩利用工程桩及配置优化等措施，将提升幅度控制在 6%。

2. 水平支撑体系安装

逆作法运用主体水平结构作为支撑，无顺作的支撑体系，因此可省去全部支撑费用。这部分造价约占地下室总造价 5%～10%。案例工程为 5%（表 4-1 中 26 与 30 项之和）。

3. 支撑拆除

支撑拆除需根据周边环境可采用机械拆除、爆破拆除、切割拆除，它们的施工费用分别相当于支撑安装费用的 25%～30%，15%～20%，40%～60%，即占地下室总造价 1%～5%。逆作法施工不产生这部分费用。而目前切割拆除作为主流拆除方式，在案例工程施工费用占比为 5%左右。

4. 逆作措施费

逆作法施工往往需进行部分结构处理，因此会发生部分措施费，该部分费用是逆作法特有的费用，增加额为围护结构总造价的 3%～5%。案例工程专项列出此项，为 3%。

综合而言，如果采取了常规的优化设计条件（永久构造部分利用逆作临时结构），逆作法施工的工程费用相比顺作法工艺就具有显著的经济优势，在案例地下工程整体造价对比中，逆作法相比顺作法节约 6%的总费用；在基坑围护工程项目上，逆作法工艺相比顺作法工艺节约 14%，按围护工程造价比例而言，而在围护工程造价影响比重占 90%以上。

逆作法方案经济性分析结果视具体工程有一定差异。一般而言，在深基坑软土地基条件下，基坑面积越大，越容易进行逆作方案优化；而基坑越深，则节约的支撑体系占工程造价的比重越大。由于本案例工程深度面积偏小，周围环境也复杂，属于经济优化相对较不利情况，而优化做的相对充分。因此可以作为其他工程对比案例的比例下限值。将造价顺逆对比值正值极限及负值极限作为极端值（所有负值占比 15%，正值占比 9%），认为造价只可在 85%～109%区段内。案例工程可实现造价变动中位值为工程造价 97%±3%。工程实际完成 94%。

逆作法与顺作法基坑工程费用对比表 **表 4-1**

序号	项目名称	计量单位	逆作法			顺作法			数量差异（逆-顺）	综合单价差异（逆-顺）	合价差异（逆-顺）	备注
			数量	综合单价（元）	合价（元）	数量	综合单价（元）	合价（元）				
	土方工程											
1	地下室挖土方	m^3	107196.90	57.73	6188477.04	107196.90	52.73	5652492.54		5.00	535984.50	挖土单价有别
	桩基工程（一）											
2	混凝土灌注桩（工程桩）	m^3	3869.24	897.98	3474486.74	5185.65	897.98	4656609.99	−1316.41		−1182123.25	逆作法利用工程桩
3	混凝土钻孔灌注桩钢筋笼（1、2 级钢筋）	t	380.27	6979.98	2654276.99	509.65	6979.98	3557346.81	−129.38		−903069.82	
4	C40 地下室满堂基础	m^3	11434.44	432.93	4950310.81	11434.44	432.93	4950312.11				
5	C60 矩形柱	m^3	696.19	464.67	323499.54	696.19	464.67	323498.61				
6	C60 地下室内墙	m^3	1723.30	439.64	757632.49	1723.30	439.64	757631.61				
7	有梁板	m^3	6706.29	408.83	2741731.31	6441.79	408.83	2633597.01	264.50		108134.30	顺作 B0 板厚度减少
8	钢筋接头	只	19067.00	20.64	393542.88	19067.00	20.64	393542.88				
9	现浇混凝土钢筋（1、2 级钢筋）	t	4927.30	6810.56	33557672.29	4927.30	6810.56	33557672.29				
10	现浇混凝土钢筋（3 级钢筋）	t	2299.40	6949.58	15979864.25	2299.40	6949.58	15979864.25				
11	预埋铁件	t	35.91	10866.4	390215.66	35.91	10866.4	390215.66				
12	柱型钢	t	30.00	9799.67	293990.10	30.00	9799.67	293990.10				
13	其他工程				785238.12			785238.14				

续表

序号	项目名称	计量单位	逆作法			顺作法			数量差异（逆-顺）	综合单价差异（逆-顺）	合价差异（逆-顺）	备注
			数量	综合单价（元）	合价（元）	数量	综合单价（元）	合价（元）				
	桩基工程（二）											
14	混凝土钻孔灌注桩（一柱一桩及钢格构柱）	m^3	1464.19	899.41	1316901.09	868.56	899.41	781191.55	595.63		535709.54	逆作法一柱一桩，顺作法格构柱下灌注桩
15	混凝土钻孔灌注桩钢筋笼（1、2级钢筋）	t	151.29	6979.89	1055987.21	60.80	6979.89	424377.31	90.49		631609.90	
16	三轴搅拌桩	m^3	18848.50	198.80	3747022.42	18848.50	198.80	3747022.42				
17	高压旋喷桩	m^3	7294.60	662.76	4834569.10	7294.60	662.76	4834569.10				
18	钢管柱	t	339.64	11811.59	4011686.95				339.64	11811.59	4011686.95	逆作法一柱一桩方案
19	圆柱	m^3	483.73	464.67	224772.50	483.73	845.07	408785.71		−380.40	−184013.21	顺作法含模板价格
20	栓钉	套	57486.00	16.44	945069.84				57486.00	16.44	945069.84	顺作法无
21	钢格构柱	t	252.10	9776.46	2464644.58	390.00	9776.46	3812819.40	−137.90		−1348174.82	
22	劈裂注浆	m^3	2072.28	351.46	728317.42	2072.28	351.46	728317.42				
23	地下连续墙	m^3	11087.02	1051.64	11659519.24	11087.02	1051.64	11659519.24				
24	圈梁	m^3	284.21	420.28	119447.78	284.21	420.28	119447.78				连续墙顶梁
25	平板	m^3	33.03	408.79	13502.43				33.03	408.79	13502.43	顺作法无
26	支撑	m^3	902.56	391.45	353307.11	4547.40	391.45	1780079.73	−3644.84		−1426772.62	顺作法四层支撑方案数量大
27	围檩	m^3	377.72	414.72	156647.62	1124.28	414.72	466261.40	−746.56		−309613.78	顺作法四层支撑方案数量大
28	环梁	m^3	131.08	414.73	54362.74				131.08	414.73	54362.74	顺作法无
29	钢支撑	t	99.23	2030.80	201516.28				99.23	2030.80	201516.28	顺作法无

续表

序号	项目名称	计量单位	逆作法			顺作法			数量差异（逆-顺）	综合单价差异（逆-顺）	合价差异（逆-顺）	备注
			数量	综合单价（元）	合价（元）	数量	综合单价（元）	合价（元）				
	桩基工程（三）											
30	现浇混凝土钢筋（支撑及其他围护）（1、2、3级钢筋）	t	339.50	6854.79	2327202.06	1231.61	6854.79	8442427.91	−892.11		−6115225.85	顺作法四层支撑方案数量大
31	钢筋接驳器	只	10604.00	29.74	315415.28	8483	29.74	252284.42	2121.00		63130.86	80%(顺作法少)
32	地下连续墙钢筋笼（1、2、3级钢筋）	t	1396.72	7811.41	10910346.89	1396.72	7811.41	10910346.89				
33	型钢	t	63.21	9919.77	627028.66	63.21	9919.77	627028.66				
34	混凝土支撑切割	m^3	902.56	900.00	247337.54	5986.68	900.00	5388012.00	−5084.12		−5140674.46	顺作法支撑方案数量大
	措施费											
35	结构模板	m^2	47140.82	40.00	1885632.80	47140.82	40.00	1885632.80				
36	围护混凝土模板（不含圆柱）	m^2	6018.67	40.00	240746.80	19723.60	40.00	788944.00	−13704.93		−548197.20	顺作法支撑方案数量大
37	内墙脚手架	m^2			71066.55						71066.55	
38	深井降水	项			264000.00			184800.00			79200.00	
39	逆作法措施费（通风照明、垫层等）	项			1604000.00						1604000.00	
40	顺作法措施费（栈桥）	m^3				315.00	408.83	128781.45	−315.00	−408.83	−128781.45	
	合计（元）				122870989.10			131302661.20			−8431672.08	相差6%

注：表中数值为整体地下工程费用的统计与对比。差异项负值为逆作法相对节约，正值为逆作法额外增加费用。

逆作法与顺作法围护工程费用对比表

表 4-2

序号	项目名称	计量单位	逆作法			顺作法			数量差异（逆-顺）	综合单价差异（逆-顺）	合价差异（逆-顺）	备注
			数量	综合单价（元）	合价（元）	数量	综合单价（元）	合价（元）				
	基坑围护工程											
1	地下室挖土方	m^3	107196.90	57.73	6188477.04	107196.90	52.73	5652492.54		5.00	535984.50	挖土单价有别
2	混凝土钻孔灌注桩（一柱一桩及钢格构柱）	m^3				868.56	899.41	781191.55	−868.56		−781191.55	逆作法一柱一桩，顺作法格构柱下灌注桩
3	混凝土钻孔灌注桩钢筋笼	t				60.80	6979.8	424377.31	−60.80		−424377.3	
4	三轴搅拌桩	m^3	18848.50	198.80	3747022.42	18848.50	198.80	3747022.42				
5	高压旋喷桩	m^3	7294.60	662.76	4834569.10	7294.60	662.76	4834569.10				
6	钢管柱	t	339.64	11811.59	4011686.95				339.64	11811.59	4011686.95	逆作法一柱一桩方案
7	圆柱	m^3	483.73	464.67	224772.50	483.73	845.07	408785.71		−380.40	−184013.21	顺作法含模板价格
8	栓钉	套	57486.00	16.44	945069.84				57486.00	16.44	945069.84	顺作法无
9	钢格构柱	t	252.10	9776.46	2464644.58	390.00	9776.4	3812819.40	−137.90		−1348174	
10	劈裂注浆	m^3	2072.28	351.46	728317.42	2072.28	351.46	728317.42				
11	地下连续墙	m^3	11087.02	1051.64	11659519.2	11087.02	1051.6	11659519.2				
12	圈梁	m^3	284.21	420.28	119447.78	284.21	420.28	119447.78				连续墙顶梁
13	平板	m^3	33.03	408.79	13502.43				33.03	408.79	13502.43	顺作法无
14	支撑	m^3	902.56	391.45	353307.11	4547.40	391.45	1780079.73	−3644.84		−1426772.62	顺作法四层支撑方案数量大
15	围檩	m^3	377.72	414.72	156647.62	1124.28	414.72	466261.40	−746.56		−309613.7	顺作法四层支撑方案数量大
16	环梁	m^3	131.08	414.73	54362.74				131.08	414.73	54362.74	顺作法无

续表

序号	项目名称	计量单位	逆作法			顺作法			数量差异（逆-顺）	综合单价差异（逆-顺）	合价差异（逆-顺）	备注
			数量	综合单价（元）	合价（元）	数量	综合单价（元）	合价（元）				
17	钢支撑	t	99.23	2030.80	201516.28				99.23	2030.80	201516.28	顺作法无
18	现浇混凝土钢筋（支撑及其他围护）	t	339.50	6854.79	2327202.06	1231.61	6854.79	8442427.91	−892.11		−6115225.85	顺作法四层支撑方案数量大
19	钢筋接驳器	只	10604.00	29.74	315415.28	8483	29.74	252284.42	2121.00		63130.86	80%（顺作法少）
20	地下连续墙钢筋笼	t	1396.72	7811.41	10910346.8	1396.72	7811.4	10910346.8				
21	型钢	t	63.21	9919.77	627028.66	63.21	9919.7	627028.66				
22	混凝土支撑切割	m^3	902.56	900.00	247337.54	5986.68	900.00	5388012.00	−5084.12		−5140674.46	顺作法支撑方案数量大
23	橡胶止水条	m	930.00	181.04	168367.20	930.00	181.04	168367.20				
24	剪力槽填缝	m	310.00	26.31	8156.10	310.00	26.31	8156.10				
25	措施费											
26	围护混凝土模板（不含圆柱）	m^2	6018.67	40.00	240746.80	19723.60	40.00	788944.00	−13704.93		−548197.2	顺作法支撑方案数量大
27	内墙脚手架	m^2			71066.55						71066.55	
28	深井降水	项			264000.00			184800.00			79200.00	
29	逆作法措施费（通风照明、垫层等）	项			1604000.00						1604000.00	
30	顺作法措施费（栈桥）	m^3				315.00	408.79	128768.85	−315.00	−408.79	−128768.8	
	合计（元）				52486530.00			61314019.50			−8698720.65	相差 14%

4.1.3.3 逆作法与顺作法施工能耗的标准煤参数对比

能源的种类繁多，所含的热量也各不相同。为了便于比较和综合分析，按照其热量折算为标准煤（煤当量），标准煤的热值为7000kCal/kg。例如，1t秸秆的能量相当于0.5t标准煤，1m³沼气的能量相当于0.7kg标准煤，电能的折算标准煤为0.404kg/kWh（火力发电实测值）。本工程中，逆作法与顺作法工艺的能耗对比分析见表4-3，供读者参考。

逆作法与顺作法工艺能耗对比分析表　　表4-3

名称	逆作法	顺作法	合计差异（逆-顺）	标准煤折算系数	标准煤当量（kg）	说明
土地	2246.2m²	—	2246.2m²			折算的增加地下建筑面积（4层）
用水			1809572.8kg			含混凝土浇筑、养护和拆除用水
电能			−1525236kW·h	0.404kg/kW·h	821593.8	含支撑拆除用电
混凝土	12019.92m³	18482.68m³	−6462.76m³	150kg/m³	969414	含混凝土生产浇筑养护耗能
木模板	6818.71m²	19723.60m²	−13704.93m²	3kg/m²	41114.76	含模板安装与拆除耗能
钢材	1030.47t	1682.41t	−651.94t	2000kg/t	1303880	含钢筋和钢支撑
合计					3136003kg=3136t	节约能耗折算标准煤量

注：(1) 本表数据依据单体工程实例统计，相应标准煤换算系数为基于国内外相关行业统计及文献记载的权衡取值，力求总体接近实际折算耗能。
(2) 鉴于目前相关工程数据有限，本表尚无法确定逆作法与顺作法在普遍工程施工中标准煤量消耗的对比和定量。

4.2 上下同步逆作法施工技术——上海国际旅游度假村管理中心项目

4.2.1 工程概况

4.2.1.1 建筑概况

上海国际旅游度假区管理中心位于上海迪士尼国际旅游度假区的南大门，占地面积22590m²，总建筑面积93055m²，其中地下面积49262m²，地上面积43793m²。地下3层，地上10层，建筑高度45m。地下3层和地下2层的主要功能为停车库及设备用房；地下1层为办公用房等。大楼1～3层为裙房，主要功能为食堂、大堂、服务信息中心等，4～10层是会议室、办公室等，如图4-16所示。

4.2.1.2 结构概况

本工程主体结构BIM模型如图4-17所示。

地下室为混凝土框架结构。地下B3～B1层高分别为3.9m、5.5m和5.85m，柱距为8.4m×8.4m，结构柱截面为800mm×800mm，框架梁截面一般为400mm×900mm、

400mm×800mm，次梁十字布置，次梁截面一般为 300mm×650mm。B0 板局部区域采用预应力大梁，跨度为 25.2m，宽度为 50.4m。预应力大梁截面尺寸为 800mm×2200mm，间距 8.4m，采用后张拉工艺。

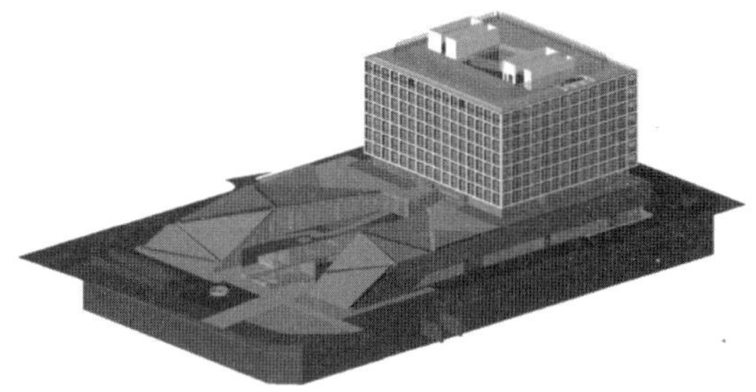

图 4-16 项目效果图和 BIM 总体模型

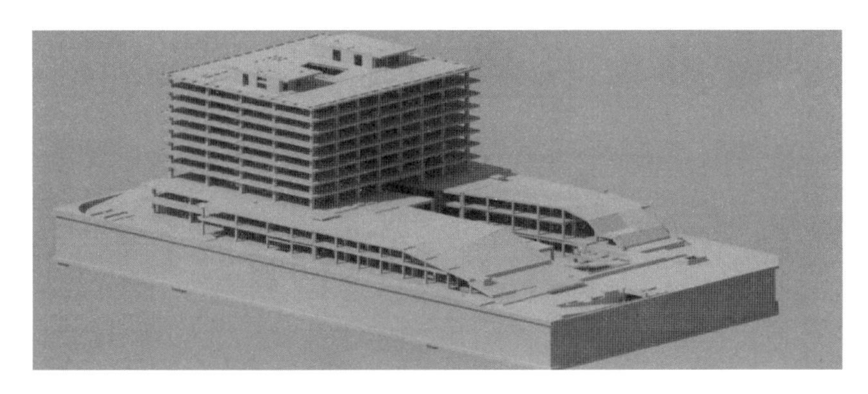

图 4-17 主体结构 BIM 模型

主楼为框架-核心筒结构。核心筒外围大小为 18.7m×13.9m，剪力墙厚度为 400mm、300mm 和 200mm。柱距为 8.4m×14m、8.4m×12.6m，地下区域的结构柱截面为 1.4m×1.4m、1.2m×1.2m、1.0m×1.0m，框架梁断面一般为 500mm×1000mm（长边）、500mm×800mm（短边），次梁井字布置，次梁断面一般为 300mm×700mm。

上部主楼结构采用框架-剪力墙结构，基本结构形式同地下区域，首层高为 5.5m，2 层高为 4.8m，3 层高 4.9m，4～10 层高为 4.2m。裙楼为两层框架结构，局部有钢结构。

4.2.1.3 基坑概况

基坑平面形状大致呈长方形，东西向最长约 96.6m，南北向最宽约 184.8m。地面相对标高为−0.800m，坑底相对标高为−18.300m，开挖深度为 17.5m，基坑开挖总面积约 18000m^2，周边长 560m。基坑安全等级为一级。

基坑围护墙采用 1000mm 厚地下连续墙，与主体结构外墙两墙合一。地下连续墙槽段间采用 D800 旋喷桩，标高为−2.700～−28.300m。槽壁加固采用 D800 五轴搅拌桩，桩长为 21.6m（−2.700～−24.300m），水泥掺量为 13%，水灰比为 1.0，设计要求垂直度偏差不大于 1/200。坑内加固采用 D850@600 三轴搅拌桩。基坑围护结构剖面如图 4-18 所示。

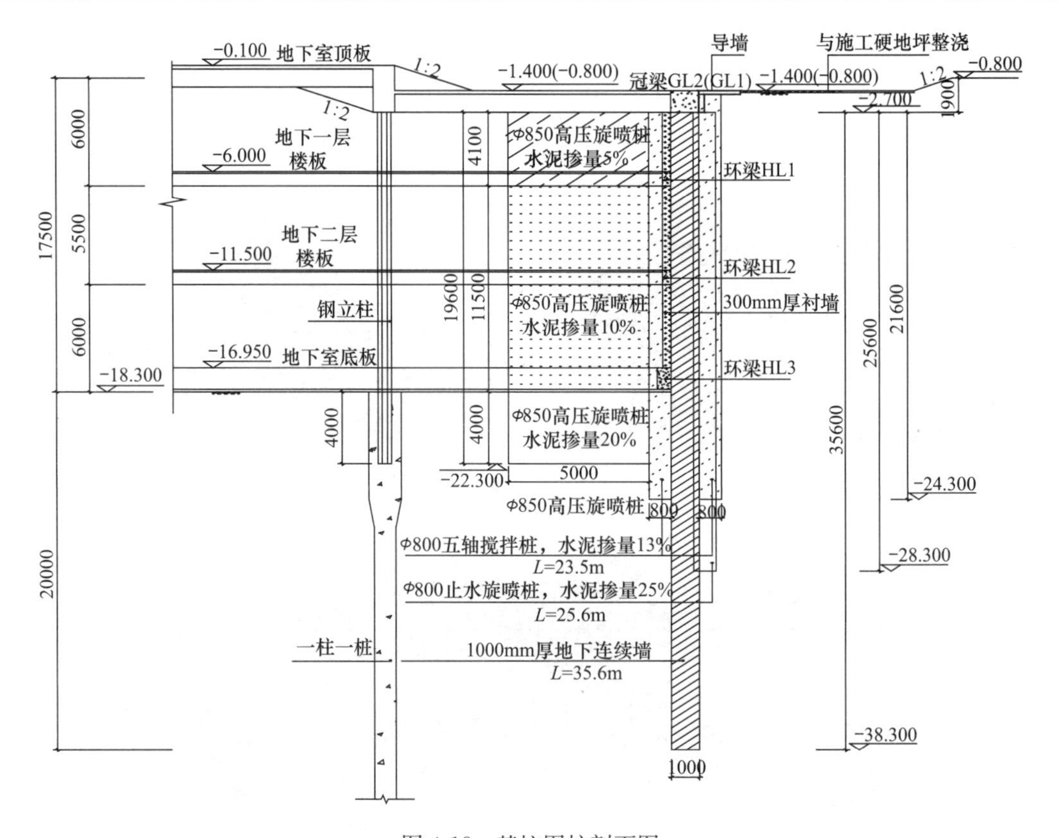

图 4-18　基坑围护剖面图

4.2.2　上下同步逆作法设计

4.2.2.1　上下同步逆作工况的确定

工程周边环境较简单，开挖深度较大，按常规方法可采用顺作法施工，但因工期十分紧张，地下工程如采用顺作法施工，上部结构施工会因地下结构施工而滞后，影响总工期。经反复分析后，确定采用上下同步逆作法施工。通过合理规划与安排，使地下工程的施工处于非关键线路，不占或少占工期，由此缩短总工期。

方案确定的上下同步逆作施工的工况如下：

工况一：裙楼区域土体开挖至地下室顶板下约 1m，施工完成地下室顶板，主楼区域土体开挖至地下室一层楼板下约 1m，施工完成主楼区域托梁及梁上剪力墙至地下室顶板。如图 4-19 所示。

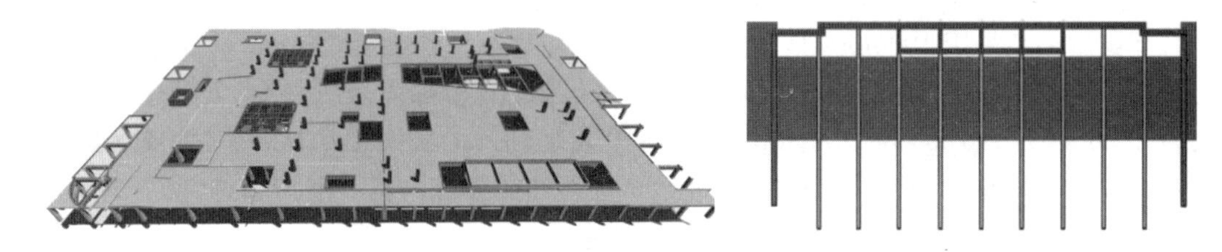

图 4-19　上下同步逆作法施工工况一

工况二：裙楼区域土体开挖至地下室一层楼板下约 1m，施工完成地下一层楼板，上部结构同步施工完成三层楼板，如图 4-20 所示。

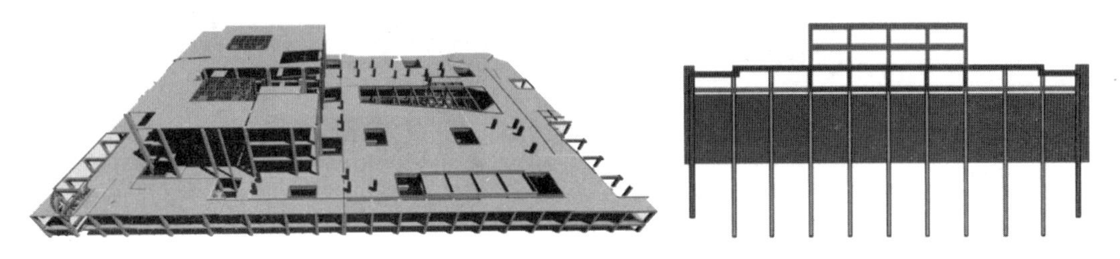

图 4-20　上下同步逆作法施工工况二

工况三：全部区域土体开挖至地下室二层楼板下约 1m，施工完成地下二层楼板，同时上部结构完成 7 层楼板。如图 4-21 所示。

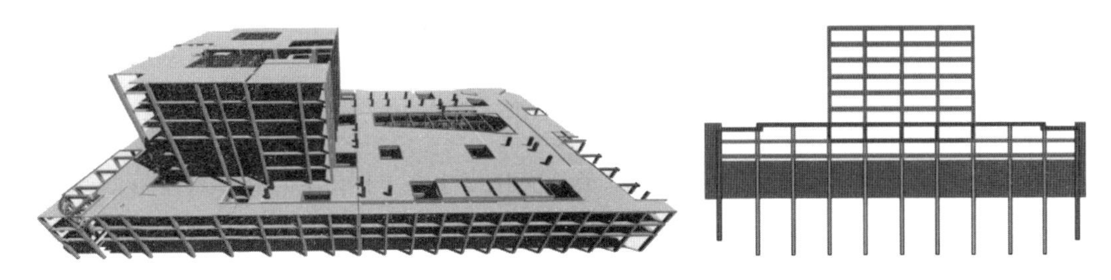

图 4-21　上下同步逆作法施工工况三

工况四：全部区域土体开挖至地下室底板，浇筑垫层施工底板，上部结构全部完成，如图 4-22 所示。

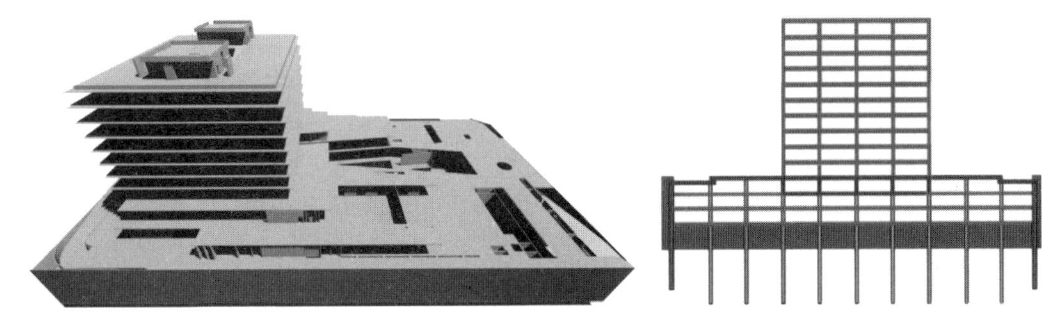

图 4-22　上下同步逆作法施工工况四

有规划的方案可见，地下工程采用逆作法，且上部结构与地下结构同步施工，使地下工程施工除围护墙、工程桩、支承柱外，基本不占工期。这样可大大缩短工期，以实现预期的工期目标。

4.2.2.2　立柱桩设计

逆作立柱分为格构钢柱和钢管混凝土柱两种形式。依据方案确定的上下同步施工工况：最不利工况为底板施工前、上部结构封顶时的工况。其计算模型和活荷载分布如图 4-23 所示。依据现行地方标准《逆作法施工技术规程》DG/TJ08-2113，逆作法立柱桩设计荷载考虑结构自重、施工活荷载、水土压力、风荷载、地震作用等。

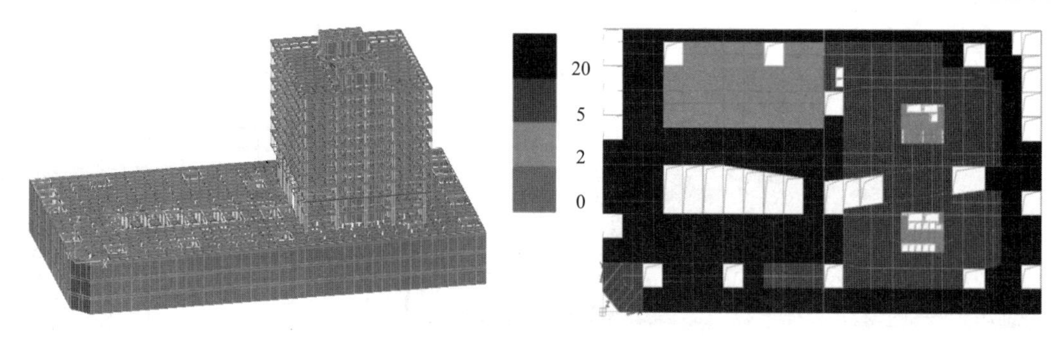

图 4-23 计算模型和活荷载分布图

1. 格构钢立柱

格构钢布置范围为裙楼区域，采用一柱一桩形式，截面为 480mm×480mm，主肢采用 4L180mm×18mm，立柱间距与框架柱一致，约 8.4m。相应的结构柱截面为 800mm×800mm。设计要求该部分钢立柱垂直度偏差不大于 1/400，以保证格构钢立柱在结构柱钢筋可顺利绑扎。

2. 钢管混凝土柱

主楼部位采用钢管混凝土支承柱。支承柱采用 ϕ711×16 钢管＋内填 C60 混凝土，也为一柱一桩布置，立柱间距约 8.4m。相应的结构柱截面为 1000mm×1000mm。设计要求该部分钢立柱垂直度偏差不大于 1/500。

逆作立柱及立桩参数见表 4-4。

逆作立柱及立柱桩参数表 **表 4-4**

立柱形式	立柱号	区域	立柱规格（mm）	立桩桩径（mm）	垂直度	数量
格构钢柱	GGZ1	裙楼	4L200×18，Q345B，截面 550×550	800（端部扩大 1200）	1/500	56
格构钢柱	GGZ2	裙楼	4L180×18，Q345B，截面 500×500	800（端部扩大 1200）	1/500	195
格构钢柱	GGZ3	裙楼	4L160×16，Q345B，截面 480×480	800（端部扩大 1200）	1/500	40
钢管混凝土柱	GZ1	主楼	D700×22 钢管，Q345B，内填 C60	1200	1/500	22
	GZ2					
钢管混凝土柱	GZ3	主楼	D750×22 钢管，Q345B，内填 C60	1200	1/500	8
	GZ4					

依据现行地方标准《逆作法施工技术规程》DG/TJ08-2113 和现行国家标准《钢管混凝土结构技术规程》CECS-28，对格构钢立柱和钢管混凝土柱进行受力验算，钢管混凝土支承柱（编号 1-10）的计算结果见表 4-5。

钢管混凝土桩承载计算表（部分） **表 4-5**

编号	轴力 N_0	弯矩 M_0	偏心距 e_0	施工偏心距 e_a	总偏心距 e	弯矩 M	轴心受压承载力 N_0	长细比影响系数 l	偏心距影响系数	极限承载力 N_u	比值
1	13000	75	5.8	25.3	31.1	404	29142	0.69	0.88	17623	0.74
2	13910	45	3.2	25.3	28.6	397	29142	0.69	0.89	17801	0.78
3	11980	60	5.0	25.3	30.3	363	29142	0.69	0.88	17676	0.68
4	14000	33	2.4	25.3	27.7	388	29142	0.69	0.89	17864	0.78
5	13385	100	7.5	25.3	32.8	439	29142	0.69	0.87	17506	0.76
6	14804	40	2.7	25.3	28.0	415	29142	0.69	0.89	17839	0.83

续表

编号	轴力 N_0	弯矩 M_0	偏心距 e_0	施工偏心距 e_a	总偏心距 e	弯矩 M	轴心受压承载力 N_0	长细比影响系数 l	偏心距影响系数	极限承载力 N_u	比值
7	12480	45	3.6	25.3	28.9	361	29142	0.69	0.88	17775	0.70
8	12790	88	6.9	25.3	32.2	412	29142	0.69	0.87	17546	0.73
9	14670	56	3.8	25.3	29.2	428	29142	0.69	0.88	17760	0.83
10	13054	33	2.5	25.3	27.9	364	29142	0.69	0.89	17852	0.73

立柱桩全部利用主体结构工程桩，逆作法设计中与结构设计进行了协调，要求一柱一桩所利用的工程桩承载力应能满足施工期间竖向荷载要求。经过计算，考虑裙楼柱下工程桩直径800mm，持力层为第7层，单桩承载力不小于4000kN，主楼柱下工程桩直径1200mm，持力层为第9层，单桩承载力不小于12000kN。桩顶荷载最大设计值见表4-6。所有利用的桩考虑后注浆，该部分提高的承载力作为安全储备。

立柱桩桩顶标准组合下荷载最大值 **表 4-6**

立柱桩位置	主楼框架柱（kN）	格构钢柱	
		裙楼框架柱（kN）	主楼剪力墙（kN）
标准组合	11070	3480	3560

4.2.2.3 逆作梁板设计

1. B0梁板设计

B0梁板设计荷载除恒荷载外，还需要考虑施工阶段的活荷载，主要包括行车荷载、挖土机荷载以及其他施工活荷载（包括人员、材料、设备等），平面布置则需考虑行车路线、出土口位置、梁板加固以及临时支撑等。出土口设置考虑方便出土和行车取土，并尽量利用已有结构洞口。由于主楼采用上下同步，要考虑在主楼周边设置取土口，如图4-24所示，阴影区域为行车路线及施工作业区域，按实际施工荷载计算；无阴影的区域为非施工作业区，荷载按主体结构设计值控制。B0板共设置20个出土口。

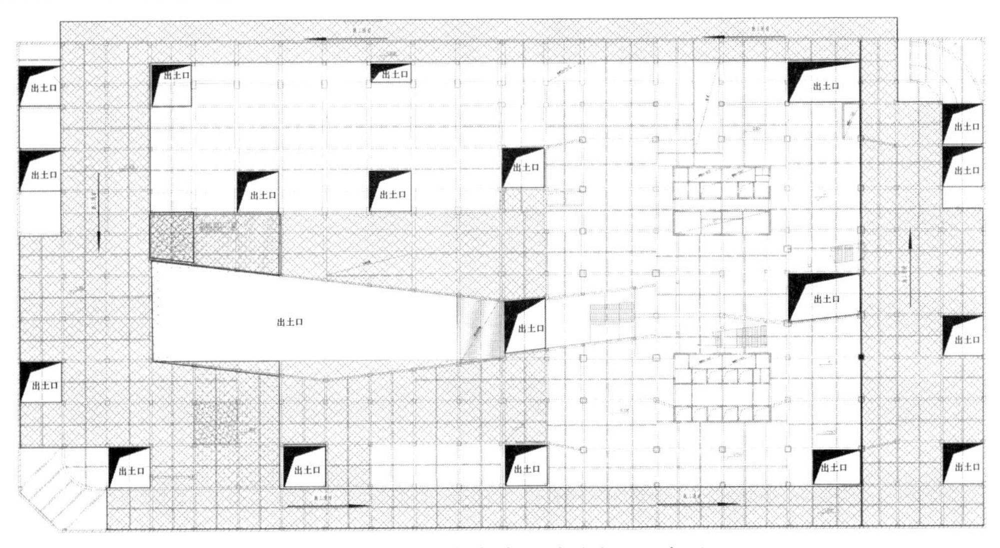

图4-24 B0梁板行车区域及出土口布置

逆作法B0梁板平面布置如图4-25所示。B0梁板出土口位置根据水平梁板分析对主体结构梁进行加强。对不同的出土口分别设置临时支撑和孔边梁。中间大开洞位置设置临时混凝土支撑，一般孔口设置孔边梁。孔边梁结合结构梁进行截面放大处理，待孔口封闭时凿除。出土口内结构待底板完成后逐层施工封闭。地下室四周的梁板与地下连续墙冠梁相连接，在两个角部地下室坡道位置采用临时支撑传力，在高低跨位置设置混凝土加腋传力节点。

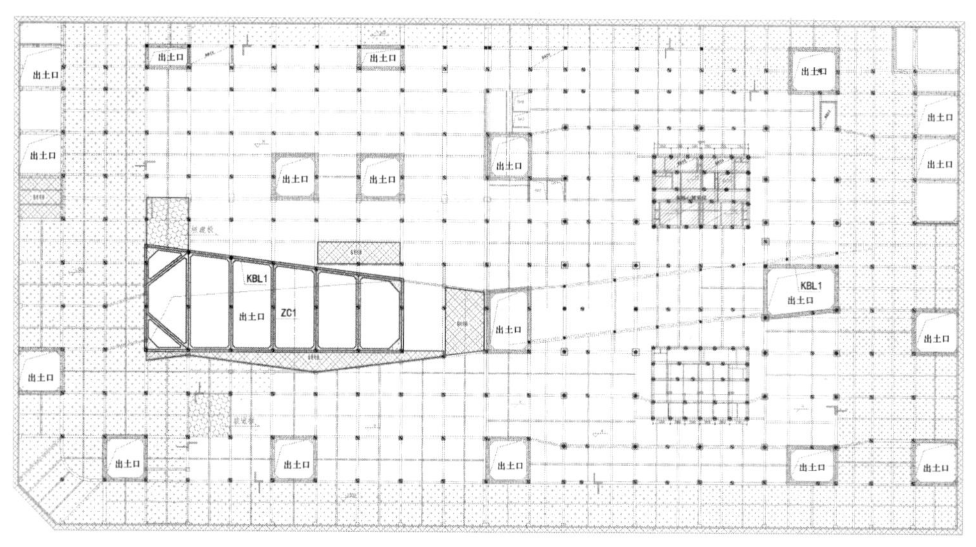

图4-25 B0梁板平面布置图

2. B1梁板设计

B1梁板四周的梁板与地下连续墙围檩相连接，在中间大出土口和建筑结构留空处设置混凝土对撑传力。在本层局部结构设置有大跨度预应力梁（约25m），在施工期间每根梁下增设3根临时钢立柱，同样对于其他结构跨度较大的梁均增设了临时钢立柱。主楼区域在B1层设置上下同步托梁，托梁依据规范要求进行设计。B1梁板平面布置如图4-26所示。

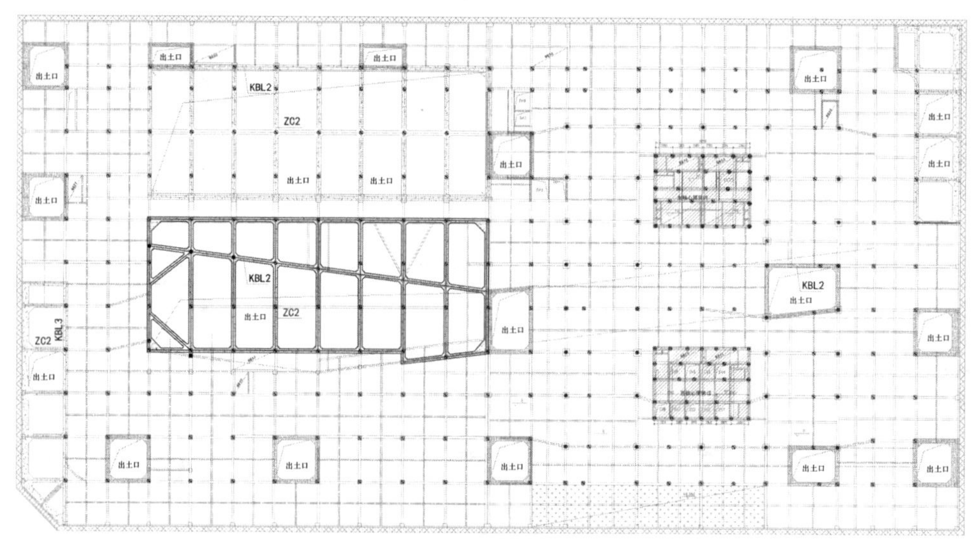

图4-26 B1梁板平面布置图

4.2.2.4 上下同步托梁设计

在上下同步逆作法中，托梁作为一种与逆作钢立柱组合而成的临时结构共同支撑上部主体结构，一般应用于上部荷载较大、剪力墙较为集中的核心筒区域。本工程核心筒为剪力墙结构，考虑上下同步施工 10 层剪力墙荷载较大，需设置托梁。托梁在界面层沿剪力墙方向设置，在剪力墙下设置多根格构钢立柱（图 4-27）。采用增大原有结构梁截面的方法形成托梁，并包裹核心筒区域所有逆作法支撑柱，拉通成为一个整体，图 4-28 是该工程剪力墙部位托梁施工实况照片。

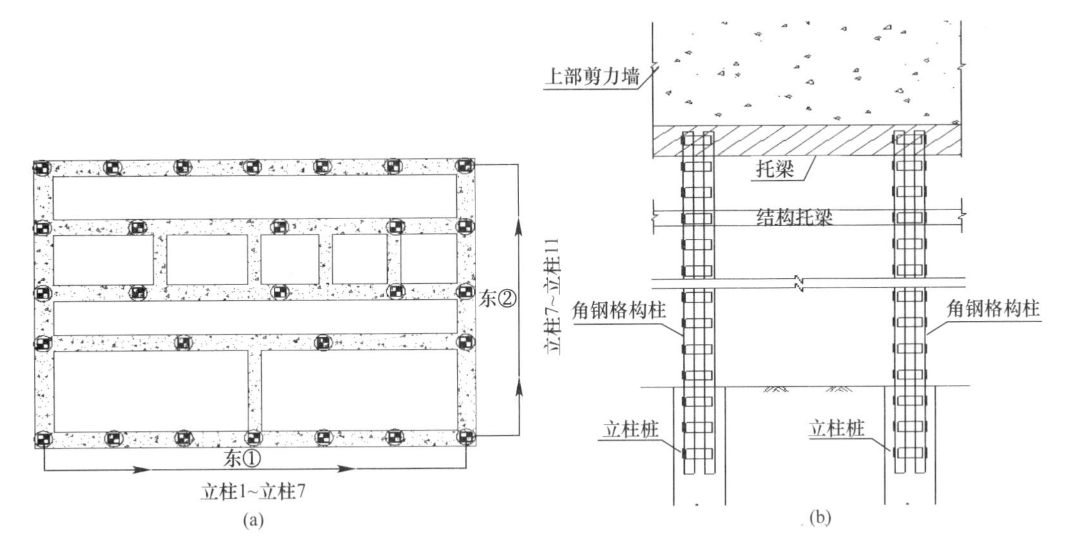

图 4-27 核心筒托梁示意图

(a) 核心筒区域托梁和钢立柱的平面布置；(b) 托梁和钢立柱的立面布置

图 4-28 核心筒托梁和钢立柱施工实况照片

(a) 托梁及钢立柱；(b) 钢立柱间的墙体施工；(c) 剪力墙浇筑完成

核心筒竖向格构钢柱截面 400mm×400mm，最大间距 6.6m，剪力墙宽度为 400mm。托梁以原结构梁截面为基础，托梁宽度较支承柱放宽 400mm，梁高不小于支承柱跨度的 1/8。在高度方向，托梁的底标高不变，提高梁顶标高以满足 1/8 高跨比的要求。

对施工全过程各工况下转换梁受弯计算的结果分析如图 4-29 所示。图中可见，最大负弯矩为 1598.7kN·m，最大正弯矩为 880.7kN·m，最大剪力为 1780kN。依据现行国家标准《钢筋混凝土设计规范》GB 50010 计算，托梁尺寸分别取 TL800×1400、TL2800×1200、TL400×1200，节点详图如图 4-30 所示。

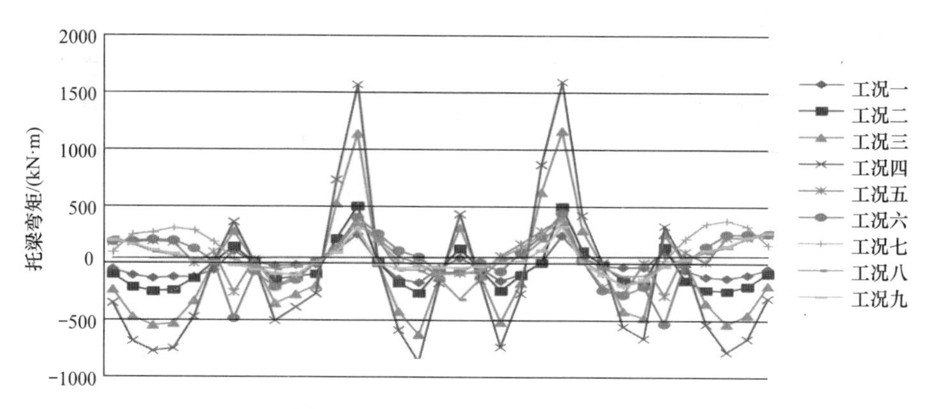

图 4-29　全工况下托梁弯矩趋势图

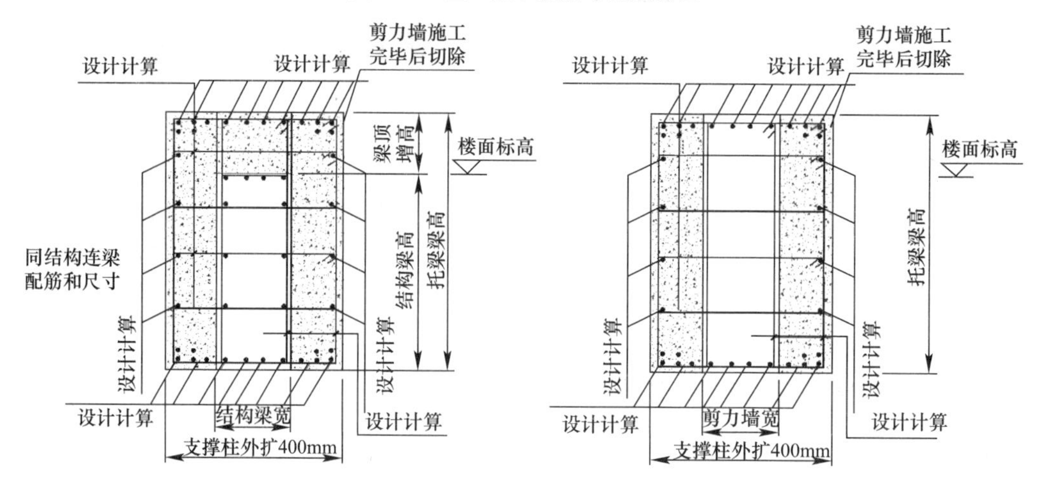

图 4-30　托梁截面示意图

4.2.3　上下同步逆作施工关键技术

4.2.3.1　一柱一桩高精度调垂技术

高精度调垂系统由两套设备组成，分别为调垂盘和高精度调垂倾角仪监测设备。

1. 调垂盘

调垂盘由底座、调节板等组成，如图 4-31 所示。新型调垂盘调垂的原理是将底座水平固定，利用调节板固定钢立柱位置，在高精度倾角仪监测设备的监控状态下调节钢立柱的垂直度直到达到工程要求。

2. 高精度调垂倾角仪监测设备

高精度调垂倾角仪监测设备结合激光技术、传感器技术、计算机技术以及无线通信技术，形成的一套完整的激光定位、无线传输的垂直度实时监控系统。高精度调垂倾角仪包括倾角传感器、固定基板、光靶、人机交互界面。基于物联网的人机交互界面是用于显示 *X* 轴、*Y* 轴的倾角数值及其相应的虚拟水平仪图形，如图 4-32 所示。

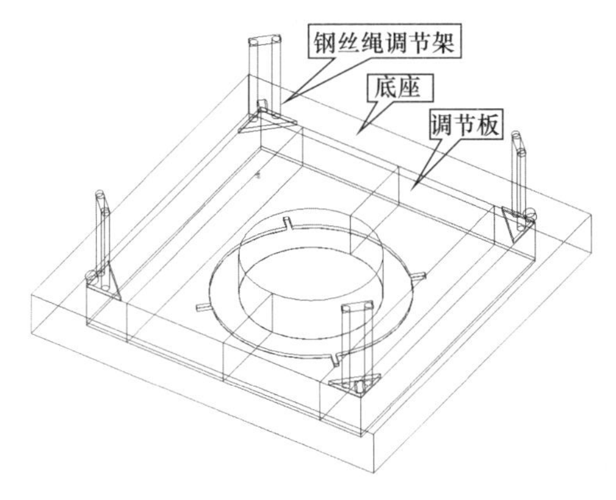

图 4-31 逆作立柱调垂盘

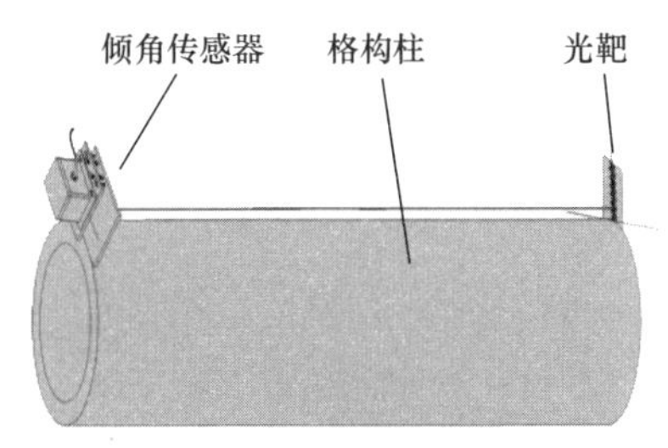

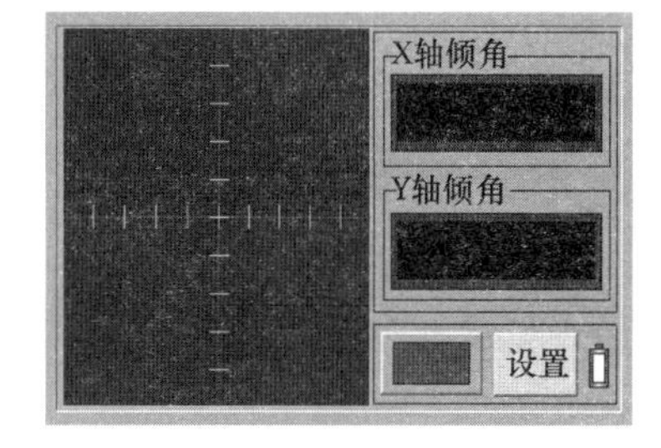

图 4-32 高精度调垂倾角仪及显示屏

3. 调垂效果

本工程逆作法竖向支承立柱一共 321 根。针对工程竖向支承柱的调垂精度，做了统计分析，如图 4-33 所示。图中表示，99%的支承柱达到设计要求的 1/500，其中 28%达到了 1/1000，仅 1%为 1/300，未达到设计要求的 1/500。

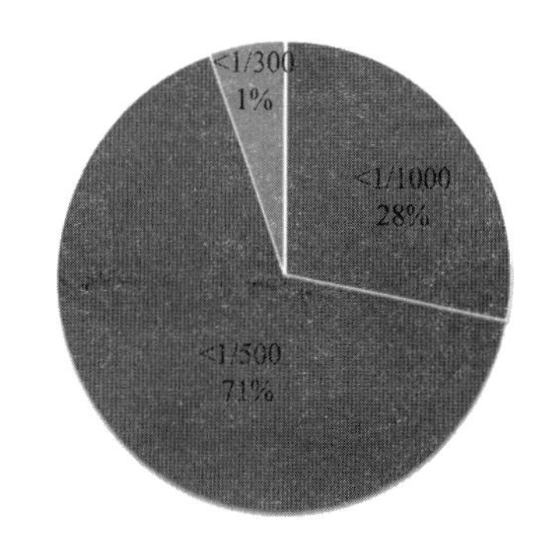

图 4-33 立柱调垂效果图

4.2.3.2 大吨位桩基检测技术

在上下同步逆作施工中，上部结构自重和施工荷载全部由单根钻孔灌注桩承担，主楼区域上部为剪力墙，传至桩基的竖向荷载很大，单桩竖向极限抗压承载力达 27000kN。静载试验桩位于主楼区域，为大承载力钻孔灌注桩（如标号 SPC1～SPC3），如图 4-34（a）所示。试验桩桩径为 1200mm，桩顶标高−14.95m，桩底标高−79.95m，有效桩长 65m，桩尖进入⑨细砂层。采用桩端后注浆的施工工艺，注浆水泥量为 5t，注浆压力为 2MPa。

基桩静载试验主要有三种加载方法：堆载法、锚桩法和自平衡法。针对本工程检测桩的实际情况，对三种加载方法从技术、成本、进度方面进行了对比［图 4-34（b）］，自平衡法检测技术在大吨位试桩试验中具有显著的优势，特别适用于上下同步逆作法工程的静载试验。

对于逆作法工程，基坑底以上部分为钢管与填充材料之间的摩擦力，区别于常规工程中混凝土桩与土之间的摩擦力。由于桩与土的摩擦力相对较小，在计算试验桩极限承载力时可以忽略不计，但逆作法中必须考虑钢管与填充材料的摩擦力。另外在计算时还要考虑由于混凝土泛浆部分的影响，如图 4-35（a）所示。图 4-35（b）为自平衡法试验在本工程应用的实况照片。

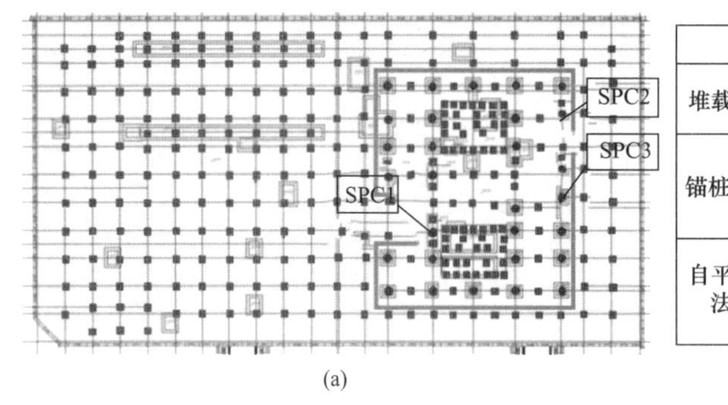

(a)

	技术	成本	进度
堆载法	使用广泛，但堆载物体积大，试验危险性大	20万/根	15d左右
锚桩法	需增四根锚桩，锚桩与试桩的中心距离不得小于3倍桩径	30万/根	1个月
自平衡法	不需外部加载反力，可适用于大承载力或试验环境困难情况	10万/根	7d内

(b)

图 4-34　测试桩位和静载试验对比

（a）试压桩位；（b）不同试桩方法对比表

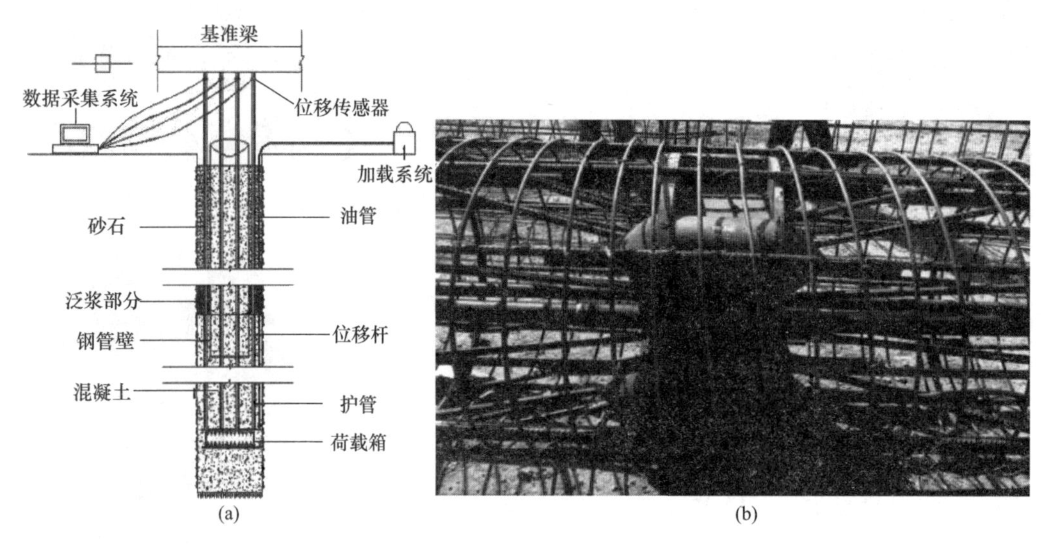

(a)　(b)

图 4-35　自平衡法试验

（a）自平衡试桩示意图；（b）试桩工程实况照片

试验桩的抗压极限承载力为 27875kN，根据等效转换桩顶加载曲线，其对应沉降量为 58.70mm，承载力特征值为 13938kN，满足设计承载力特征值 13500kN 的要求。对应沉降量为 17.48mm，满足规范差异沉降不宜大于 1/400 柱距，且不宜大于 20mm，桩顶加载曲线如图 4-36 所示，桩检测结果见表 4-7。

4.2.3.3　核心筒托换方案

当上下同步逆作的上下主体结构施工完毕以后，需要对主楼区域支撑转换梁的竖向格构钢立柱进行逐步拆除，拆除前从底板向上建立竖向剪力墙结构进行托换。本工程核心筒托换施工过程中，一共分为五个工况进行托梁与竖向钢立柱的托换。

工况一：主楼区域回筑施工竖向剪力墙结构，剪力墙施工范围避开钢格构柱，并向外留出 200mm 的空隙，如图 4-37 所示。

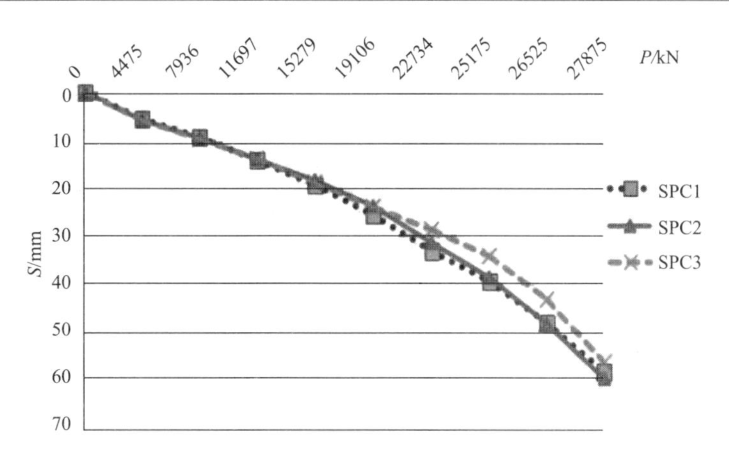

图 4-36 桩顶加载曲线

SPC1 桩检测结果 **表 4-7**

桩号	Q_{uu}(kN)	Q_{iu}(kN)	w(kN)	γ	P_{ut}(kN)	P_u(kN)	沉降量（mm）	$[P_k]=P_u/2$(kN)	沉降量（mm）
SPC1	13500	13500	2000	0.8	27875	27875	58.70	13938	17.48

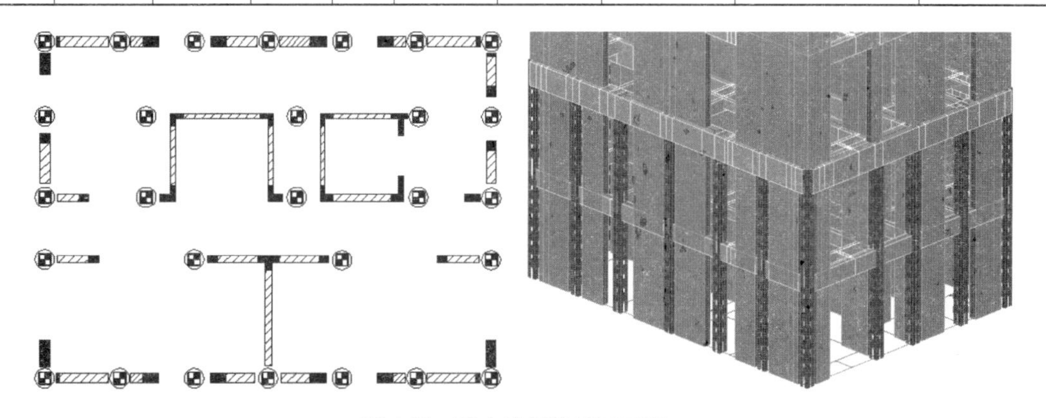

图 4-37 剪力墙托换施工工况一

工况二：竖向结构完成达到设计强度后，拆除核心筒外边 4 根钢格构柱，如图 4-38 所示由于地下二层与地下三层结构形式类似，可同时施工。

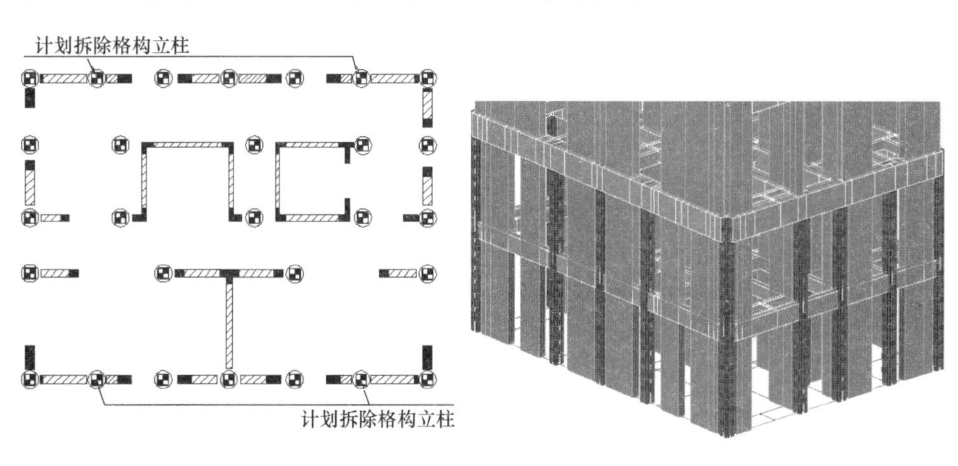

图 4-38 剪力墙托换施工工况二

工况三：浇筑工况二中钢格构柱割除位置的竖向剪力墙结构，当填充的竖向剪力墙结构完成并达到设计强度后，拆除核心筒角部 4 根格构柱，类似地，地下二层、地下三层也可同时施工，如图 4-39 所示。

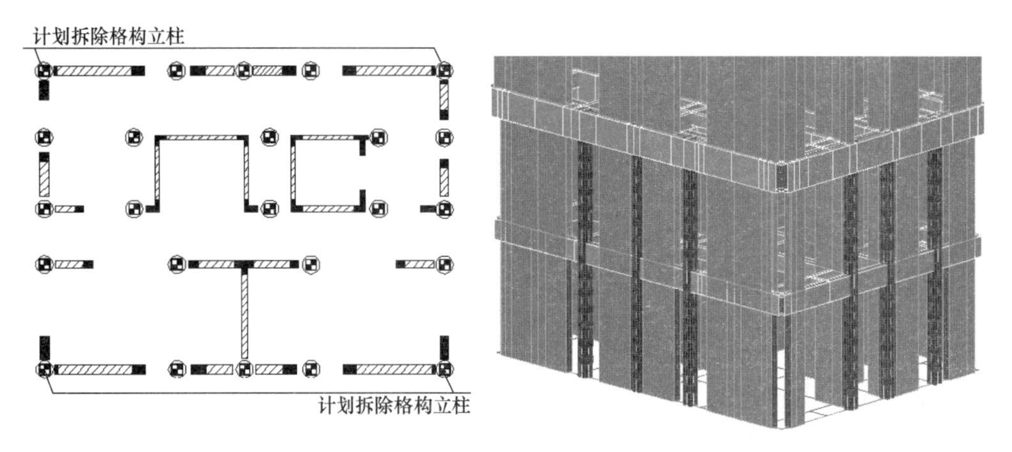

图 4-39　剪力墙托换施工工况三

工况四：浇筑工况三中钢格构柱割除位置的竖向剪力墙结构，当补填充竖向剪力墙结构完成达到设计强度后，拆除外边 6 根格构柱，如图 4-40 所示。地下二层、地下三层也同时施工。

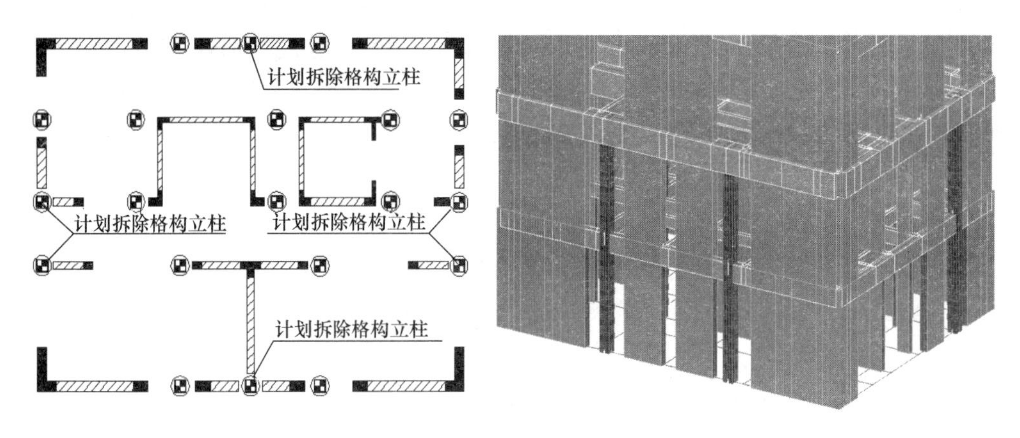

图 4-40　剪力墙托换施工工况四

工况五：浇筑工况四中钢格构柱割除位置的竖向剪力墙结构，地下二层、地下三层同时施工。当填充竖向剪力墙结构完成达到设计强度后，托换结束，如图 4-41 所示。

4.2.3.4　施工进度

根据上下同步逆作确定的施工流程，按关键施工工况合理安排工期，实现了预期的工期目标。项目从 2014 年 6 月 1 日开工至 2016 年 8 月 20 日竣工，总工期为 27 个月。相比顺作法，节约工期约 6 个月。施工全工程工况和进度节点如图 4-42 所示。

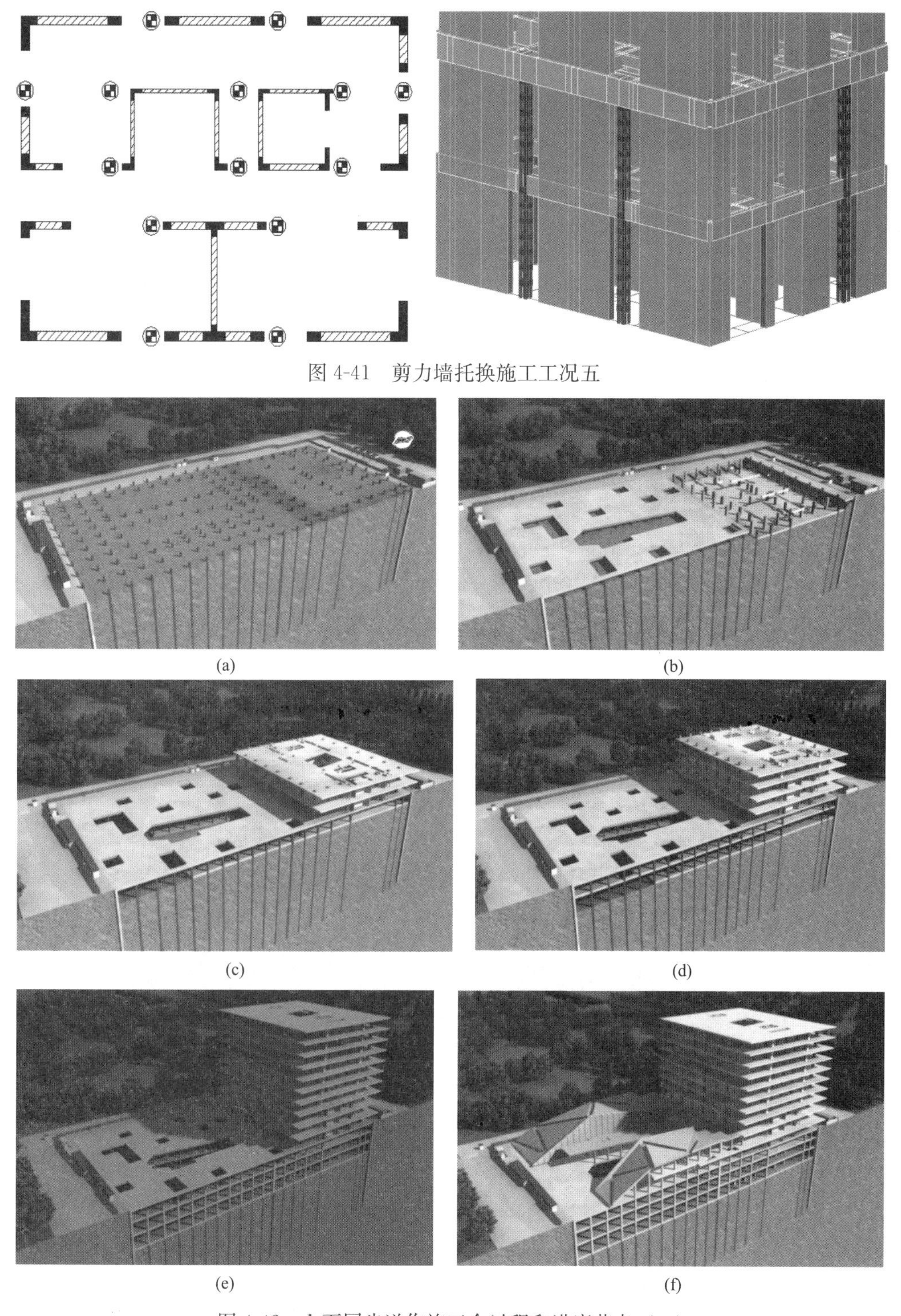

图 4-41　剪力墙托换施工工况五

(a)　(b)　(c)　(d)　(e)　(f)

图 4-42　上下同步逆作施工全过程和进度节点（一）

(a) 工况一：围护和一柱一桩施工（2014.6.1～2014.9.30）；(b) 工况二：B0 梁板施工（2014.9.25～2014.12.15）；(c) 工况三：BI 梁板施工，上部施工至 3 层（2014.11.25～2015.2.10）；(d) 工况四：B2 板施工，上部施工至 7 层（2015.3.10～2015.5.20）；(e) 工况五：B3 板施工，上部结构至封顶（2015.5.1～2015.7.25）；(f) 工况六：裙楼施工（2015.7.5～2015.8.20）

(g)

(h)

图 4-42　上下同步逆作施工全过程和进度节点（二）

（g）工况七：幕墙和室外总体施工（2015.5.1～2016.1.15）；

（h）工况八：机电安装及调试完成（2015.6.1～2016.5.30）

4.2.3.5　信息化技术的应用

本工程通过 BIM 信息化模型，对上下同步全过程施工工况进行三维模拟，提高了专项方案编制的质量，有利于指导施工。该工程的 BIM 信息化模型如图 4-43 所示。B0 板是上下同步施工的界面层，其布置较为复杂，需将各要素综合起来，进行比选和优化，最终形成实施方案，如图 4-44 所示。实施方案将 4D 施工模拟与施工组织方案相结合，使各项工作的安排变得合理、有效，大大推进了工程的科学管理。

图 4-43　BIM 信息化模型

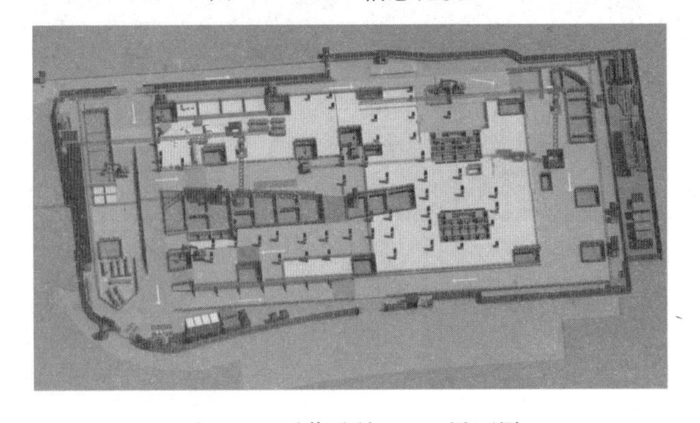

图 4-44　逆作法施工 B0 界面层

上下同步逆作法节点复杂，如逆作立柱与梁板节点、逆作立柱与托换梁节点、喇叭口后浇筑接待等需要 BIM 精细化建模，进行碰撞分析和管线综合，避免专业之间的冲突，有效提高一次施工成功率，大大降低返工现象。通过上述精细化建模分析指导施工，取得良好的效果，图 4-45 为相关复杂节点的 BIM 模型图。

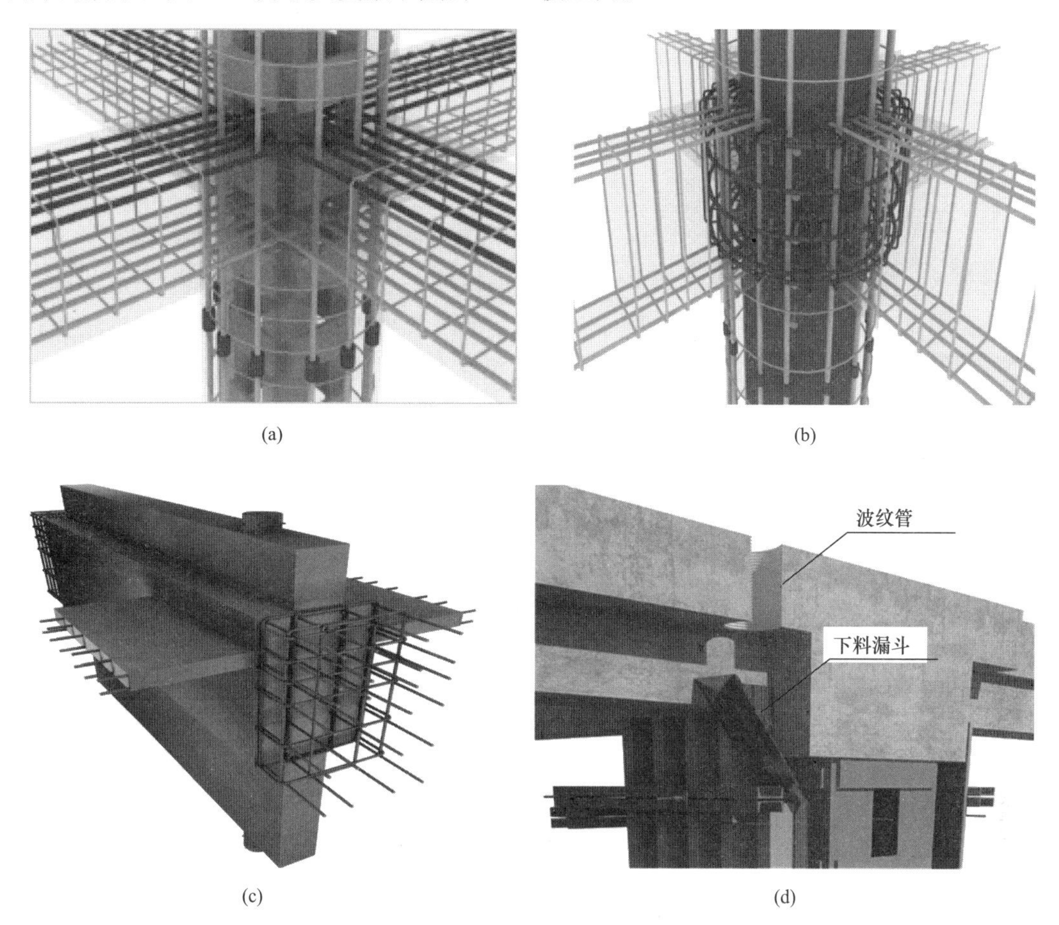

(a) (b) (c) (d)

图 4-45 复杂节点 BIM 模型

(a) 格构立柱与梁板节点；(b) 钢管立柱与梁板节点；(c) 格构立柱与托梁节点；(d) 后浇筑口设置

4.2.4 结论

通过本工程的实践，总结了有关上下同步逆作法的系列经验，主要包括：

(1) 上下同步逆作施工有关计算方法，如一柱一桩的选型和计算，B0 板的设计计算，剪力墙转换层中托梁的布置及设计等。

(2) 上下同步逆作法关键技术的应用，包括大吨位桩基检测的自平衡法，高精度调垂倾角仪监测，核心筒剪力墙的托换技术等。

(3) 作为界面层的 B0 板布置是上下同步逆作施工的关键，在平面布置中充分考虑行车路线、出土口位置以及梁板加固、临时支撑等因素，合理布置，最大限度利用现场条件，确保结构安全。

(4) 采用上下同步逆作施工可使处于工程进度关键线路上的地下结构施工转为非关键

线路，使地下工程施工不占或少占总工期，有效缩短工期。本工程相比顺作法工期缩短了6个月，实现了迪士尼开馆前工程形象进度完成的预期目标。

(5) 上下同步逆作施工的工况繁多、节点复杂，采用BIM信息化技术，通过精细建模，模拟施工全过程、各工况以及各种复杂节点，有利于指导施工。

4.3 桩墙合一在逆作法工程中的施工实践——上海市总工会沪东工人文化宫（分部）改扩建项目

4.3.1 工程概况

上海市总工会沪东工人文化宫（分部）改扩建项目如图4-46所示。项目位于上海市杨浦区霍山路、通北路，基地呈东西向长条形，东西长约270m，南北宽约90m。东至许昌路、南至霍山路、西至通北路、北至吉林路。本工程由一幢7层保留建筑（B楼）、两幢新建建筑（C楼和D楼）组成，C楼和D楼地下通过两层地下室整体连通，地下深约10m，项目建筑面积为55932.22m^2，建筑主体高度71.35m，结构形式为框架-剪力墙结构，基础形式为筏板基础。

图4-46 上海市总工会沪东工人文化宫（分部）改扩建项目效果图

本项目新建的C楼，属一类高层建筑，其中地下车库为Ⅰ类汽车库。该建筑地上17层，地下2层。新建的D楼为2～3层配套设施，混凝土框架结构。本工程基坑总面积约10000m^2，外围围护总长度约490m。基坑普遍区域的开挖深度为9.75m。

4.3.1.1 周边环境

场地东侧为现沪东工人文化宫分部绿地，场地南侧为霍山路，基坑距霍山路4.5m，道路另一侧为嘉禄新苑；霍山路下有供电、配水、污水、雨水、军用信息、煤气等管线，最近的供电管线距基坑3.7m。西侧为通北路，距离5m，通北路对面的高层住宅区和商务办公开发区已施工完成；通北路下有供电、煤气、污水、雨水、信息、配水等管线，最近的供电管线距基坑9.27m。北侧红线内为现平凉社区服务中心，距地下室边线平均距离约15m，最近处3.5m；北侧红线外为改建中职业援助服务中心及三九商务楼及上海市总工会培训中心等单位。

4.3.1.2 地质条件

场地位于上海市杨浦区，属滨海平原地貌类型，地貌形态单一。

地形特点：本工程是在拆除原有建筑后场地新建大楼。原旧房为单层或多层建筑，场地勘察期间建筑物均未拆除，大部分区域有水泥地坪分布。

地基土的构成与特征：场地在深度90.25m范围内地基土属第四纪上更新世及全新世沉积物，主要由黏性土、粉性土和砂土组成，分布较稳定，一般具有成层分布的特点，按沉积年代、成因类型及其物理力学性质存在差异。

承压水：场地内涉及影响的承压水主要为⑤$_2$层微承压水，且与⑦联通。经计算，本基坑（微）承压水稳定性不满足规范要求。

4.3.1.3 总体设计方案

本工程采用逆作法施工，基坑支护采用钻孔灌注桩＋渠式切割水泥土连续墙作为围护结构，利用地下室梁板作为水平支撑，局部采用钢筋混凝土临时支撑。

一般区域围护钻孔灌注桩桩径为900mm/950mm/1000mm，间距分别为1100mm/1150mm/1200mm，桩长为19.5m/20.5m（22.5m)/23.0m。离周边建筑最近4.2m处的围护桩为ϕ1000mm@1200mm灌注桩，桩长23m。渠式切割水泥土连续墙厚700mm，长41m。

针对本工程逆作法的特点，采取以下支撑体系：

（1）竖向传力体系。

本工程主楼结构采用顺作法施工，逆作区设置临时的竖向传力体系承担上部荷载。

逆作法施工阶段地下室2层结构仅完成梁板结构，在结构柱位置设置临时立柱。支承柱采用470mm×470mm钢格构柱，立柱桩为钻孔灌注桩，桩径700mm/800mm、桩长18m/37m，承载力900kN/2350kN。钢立柱插入立柱桩3m。作为立柱桩的灌注桩采用桩端后注浆措施，以提高竖向承载力。

（2）水平传力体系。

本工程逆作法以结构楼面为基本的水平传力体系，同时，在开口尺寸较大的取土口位置加设临时支撑满足横向水平力的传递。

首层板优先利用C楼顺作区域及建筑永久留洞位置设置取土口，共计6个，在C楼位置处的取土口加设临时混凝土支撑，基本形式为2根对撑和四边的角撑。

场地内粉质土层厚，为控制围护体变形，以及北侧保留建筑的位移沉降、南侧/西侧道路管线的沉降变形，对基坑坑底采用双轴搅拌桩和高压旋喷桩加固。ϕ700mm@500mm双轴搅拌桩加固区域主要为北侧靠近保留建筑一侧满堂加固，其余三侧为跳仓，深坑处双轴搅拌桩加固。

4.3.2 工程难点分析

1. 周边环境复杂、距基坑近，环境保护等级高

本工程周边建筑较多，场地以东、以南有大量住宅区，规划整齐有序、片区内房屋风格统一。地块西侧、北侧也都有建筑。环境保护要求高：周边居民住宅众多，在施工过程中需着重保护周边环境，减少施工对周边居民日常生活的影响。周边管线众多：供电管、煤气管、配水管、污水管、雨水管、煤气管、信息管、配水管，需要妥善保护。

从上述周边环境分析，经与设计共同研究，确定针对本工程基坑不超深、但场地受限的情况下采用“围护结构与地下室外墙合为一体”的逆作法施工工艺。地下结构采用逆作法施工技术可减少对周边环境的影响。以桩墙合一的灌注桩作为挡土止水支护体系，并与永久结构墙结合成地下室外墙，能利用较大刚度的围护排桩作为使用阶段地下室侧壁的一部分，减少地下室外墙的厚度，达到节约资源的效果。

2. 承压水层互通、土质砂性重，基坑止水要求高

本场地土质主要由黏性土、粉性土和砂土组成，土质中含砂性土的比例高。砂性土透水性强，给围护结构施工造成困难，在开挖阶段易发生流砂、管涌等现象造成基坑险情。

该建筑场地内涉及影响基坑突涌的承压水主要为⑤$_2$层微承压水，且与⑦层联通。按最不利状态验算：C9孔⑤$_2$层的最浅埋深为18.65m，基坑（微）承压水稳定性不满足规范要求。

对周边保护要求高的环境下降低承压水头将会对周边产生较大影响，因此，本工程确定采用700mm厚的渠式切割水泥土连续墙作为止水帷幕。厚度水泥土搅拌连续墙采用P.O42.5普通硅酸盐水泥，水泥掺量为25%，水灰比为1.2～1.5，设计要求28d无侧限抗压强度不小于1.0MPa。为确保止水效果，水泥土搅拌连续墙垂直度偏差要求不大于1/300。

为有效降低坑内地下水位，提高土体抗剪强度，坑内设置44口疏干井，3口试验兼应急降水井。通过井点降水疏干土体，便于挖土，确保基坑施工的安全。

3. 防噪、防尘、绿色施工要求高

地块以北的保留建筑以及周边的居民区和工厂，都要求施工期间更严格地控制噪声、灰尘等，避免对其影响。工程采取的主要绿色施工措施为：

（1）合理安排工序。禁止夜间易产生环境噪声、污染的分项工程作业。

（2）控制施工噪声。在施工场界对噪声进行实时监测，控制现场噪声不超过规范要求。

（3）照明控制。碘钨灯、镝灯等夜间室外照明灯具均设置灯罩，透光方向集中在施工范围，严禁射向居民区。电焊作业须采取遮挡措施，避免电焊弧光外泄。

（4）设备识别。识别在施工中可能产生环境噪声污染的设备，不得使用噪声超标设备，禁止噪声较大的设备在夜间使用。

4. 场地狭小、施工进度紧，施工协调难度大

本项目占地13280m^2，基坑面积10500m^2，首层周边可用面积仅为2780m^2。南侧围护边线至红线为1.8～1.9m，西侧和北侧局部区域离红线边2.4m，均无法设置施工便道。现场临时加工区域及临时仓库、堆场更无法实现。

本工程地下2层、地上17层，总建筑面积59000m^2，地下19000m^2，而合同工期仅734日历天，工期紧张，施工难度大。

在场地狭小、施工进度紧的条件下，施工期间需协调的事宜更显复杂。施工协调不仅涉及工程内部的场地、设备、材料、人员、进度计划等各方面的工作，还有邻近建筑、道路、管线的所属单位以及居民区业主等。为此，现场安排了以项目经理为首的协调小组，主要工作组员以综合办主任、技术负责人为主；生产经理、监测单位负责人为辅。合理布置现场，科学安排进度，并定期召开协调会，施工前和有关单位及业主进行协调。

4.3.3 主要施工方法

4.3.3.1 桩墙合一的施工技术

桩墙合一作为新型围护结构，就是在地下结构施工过程中将围护桩与地下室外墙结合成一体，它不仅可以充分合理利用建筑红线内面积，还可利用围护排桩作为使用阶段地下室侧壁的一部分。桩墙合一逆作法施工技术有以下特点：

（1）桩墙合一采用逆作法施工，能贴近已建建筑物及地下管线施工，在城市密集建筑群中施工对相邻建筑物和地下设施影响小。

（2）可节省地下室外墙的工作量，并可大大减少土方开挖与回填工程量，在一定程度上降低工程造价及节约资源。

（3）桩墙合一可增加结构墙体的刚度和整体性，使其能承受更大的水土侧压力。围护灌注桩在主体结构施工前作为深基坑的围护结构，在桩墙合一后也可直接承受上部主体结构的竖向荷载。

（4）桩墙合一可大大利用地下空间，提升了城市土地的利用率，同时也节约了工程造价。

桩墙合一逆作法具有逆作法的优点，可省去基坑的水平支撑，又将围护灌注桩充分利用，节能降耗，具有良好的社会经济效益及广阔的应用前景。

1. 桩墙合一的理论研究

目前国内有关设计研究院都对桩墙合一技术做了理论分析与研究，桩墙合一的设计计算综合考虑了围护开挖阶段与正常使用阶段，并进行了抗震设计分析，已形成了适应桩墙合一逆作法的计算方法：考虑荷载分担、共同作用的受力机理，进行相应的强度、裂缝及抗震计算。

桩墙合一是计算综合基坑围护体与地下室外墙的设计方法，总体分基坑开挖阶段与正常使用阶段两个状态进行分析。其中基坑开挖阶段分析对象为周边灌注桩排桩围护体，分析方法与常规的围护设计相同，可根据相关的基坑规范进行相应的计算。正常使用阶段是将桩墙作为一个共同作用的受力体，应按各自分担的荷载进行计算，其中围护桩在各层楼板（底板）处存在水平支座，围护桩外侧的荷载包括坑外水土压力及附加荷载，以此对围护桩进行强度、裂缝及变形计算。对于地下室外墙，外侧荷载考虑止水帷幕失效的情况，即地下水从桩间渗入，水压力直接作用于地下室外墙，另外按桩墙的抗弯刚度分配承担部分土压力和附加荷载，以此进行强度、裂缝及变形等计算，此时土压力按静止土压力考虑。对主体结构抗震验算，进行偶遇地震作用下的强度计算，抗震验算可按地震条件下水土压力等荷载作用，进行简化分析与三维有限元分析。

在前期进行基坑支护设计时，应充分考虑支护结构与永久结构的关联性，要求支护设计既要满足现行基坑设计规范及标准要求，确保基坑施工安全，又要充分考虑其防水性能及耐久性能，支护寿命与建筑设计寿命保持一致，这是桩墙合一围护桩设计与一般基坑支护结构设计不同之处。

基坑围护灌注桩在桩墙合一结构中作为地下室外墙永久工程使用，因此，支护设计单位需要与结构设计单位密切配合。围护结构设计时需提前考虑结构节点设计，如在支护桩上预埋钢筋、后期与地下室结构连梁连接节点等，以保证桩和墙两者形成整体共同作用，确保地下室正常使用阶段的受力及结构抗震要求。

2. 桩墙合一的水平连接

地下室外墙施工前，需先对灌注桩表面进行处理：

（1）首先在桩表面挂钢筋网片，本工程应用的钢筋网片为 ϕ6.5@200mm×200mm，拉筋处增加 ϕ8 水平加强箍，与埋置在桩内的拉筋进行连接，拉筋为 ϕ8，竖向间距 1500mm，围檩位置在灌注桩空隙间再凿进 300mm，该区域超浇筑桩间混凝土，如图 4-47 所示。

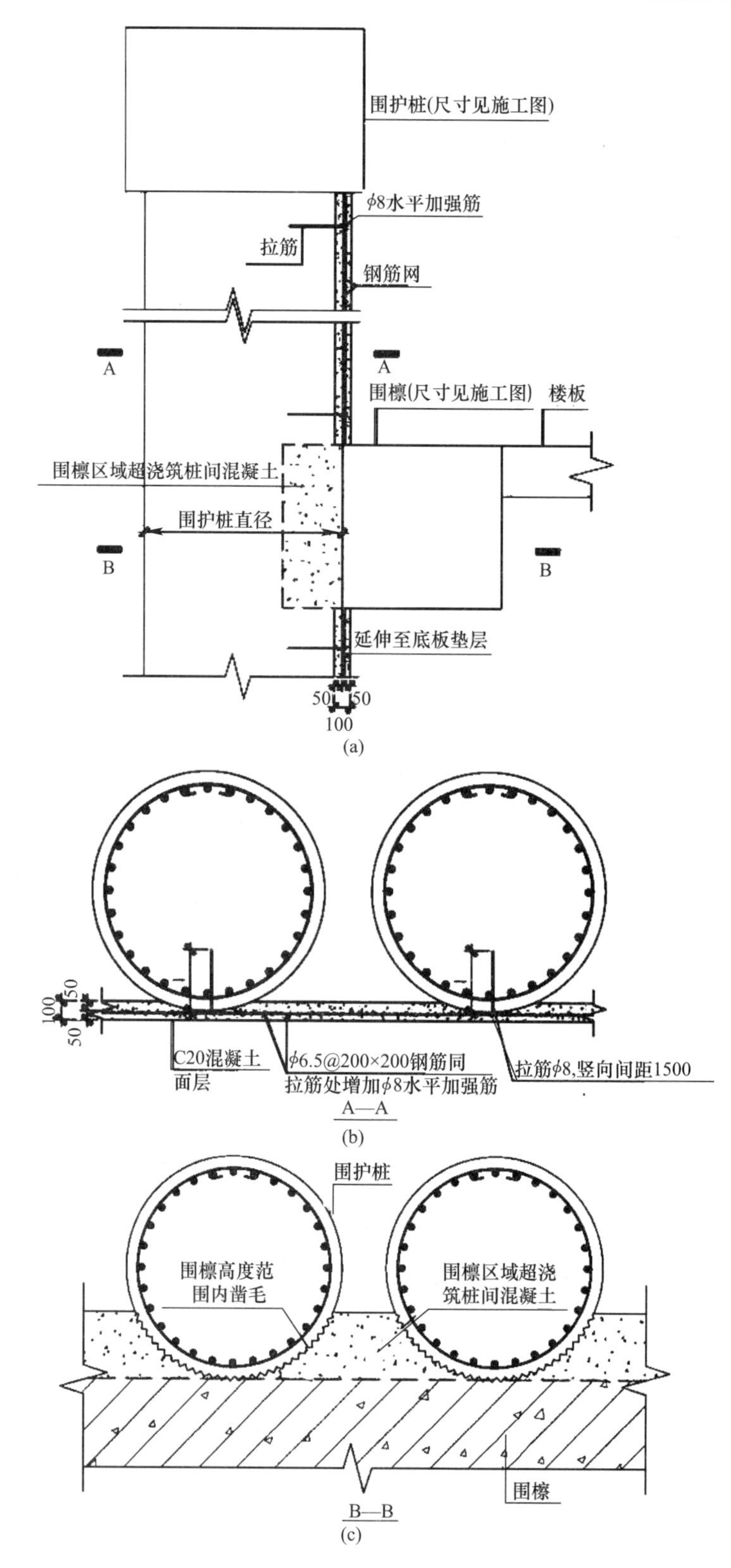

图 4-47　桩墙合一的水平连接示意图

(a) 水平连接；(b) A-A 剖面图；(c) B-B 剖面图

（2）为达到桩墙共同受力，加强围护桩与地下室外墙结合的整体性，本工程根据逆作法施工的特点，预先在围檩部位的围护桩侧以及暗柱位置的竖直方向设拉结筋，竖向间距800mm，同时围护桩与地下室外墙的结合部分竖向埋设一排梅花形拉结筋，方向与地下室外墙面垂直。在开挖基坑土体时，清理桩面土体，将预埋的拉结筋剔出、调直，并将桩体的裸露面全部凿毛，以使两者结合更加牢固，如图4-48、图4-49所示。

图4-48　围檩部位在围护桩侧预埋拉结筋的照片

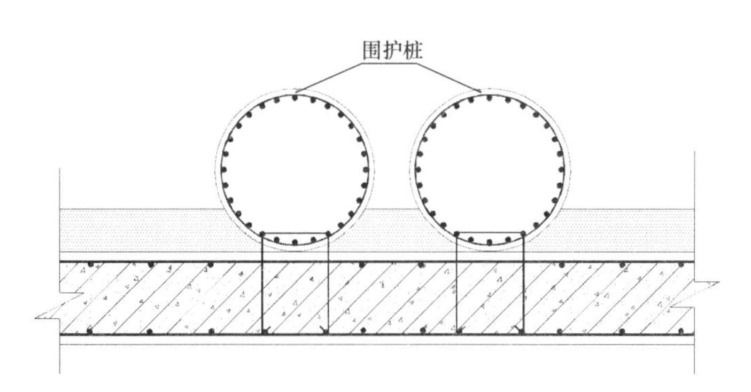

图4-49　围护桩与地下室外墙的拉结筋布设示意图

3. 桩墙合一的防水处理

桩墙合一容易引起外墙漏水，通常在桩外侧设置一排渠式切割水泥土连续墙，它能基本消除外界地下水渗漏的影响，但在施工阶段，钻孔灌注桩的垂直度和平面位置以及渠式切割水泥土连续墙施工的效果并不理想，发生桩墙的倾斜、侵界等状况在所难免，因此本工程采用灌注桩内侧挂网喷浆找平的方法，以此消除施工偏差的影响。挂网喷浆找平后涂刷一道水泥基渗透结晶型防水涂料和一道聚氨酯防水涂料，形成多道隔水帷幕。

地下室外墙与挂网喷浆找平层之间采取C35混凝土墙，形成防水加强层。多重防水技术的运用形成了可靠的防水体系，将地下室外墙渗水隐患降到最低。排桩与围檩的连接处、排桩与底板连接处是抗渗的薄弱环节，本工程采用其角部设置腻子型膨胀条和聚氨酯防水涂料附墙层以加强。

本工程地下室外墙防水设计不考虑等厚度水泥土搅拌连续墙的作用，防水措施从迎水面至背水面依次为：①挂网喷浆；②1.0mm厚水泥基渗透结晶型防水涂料（用量1.02kg/m^2）；③1.5mm厚SPU-311聚氨酯防水涂料；④350mm厚C35混凝土墙；⑤400mm厚钢筋混凝土外墙。

地下室防水节点如图4-50所示。图4-51、图4-52分别为本工程挂网喷浆及防水涂料施工现场照片。

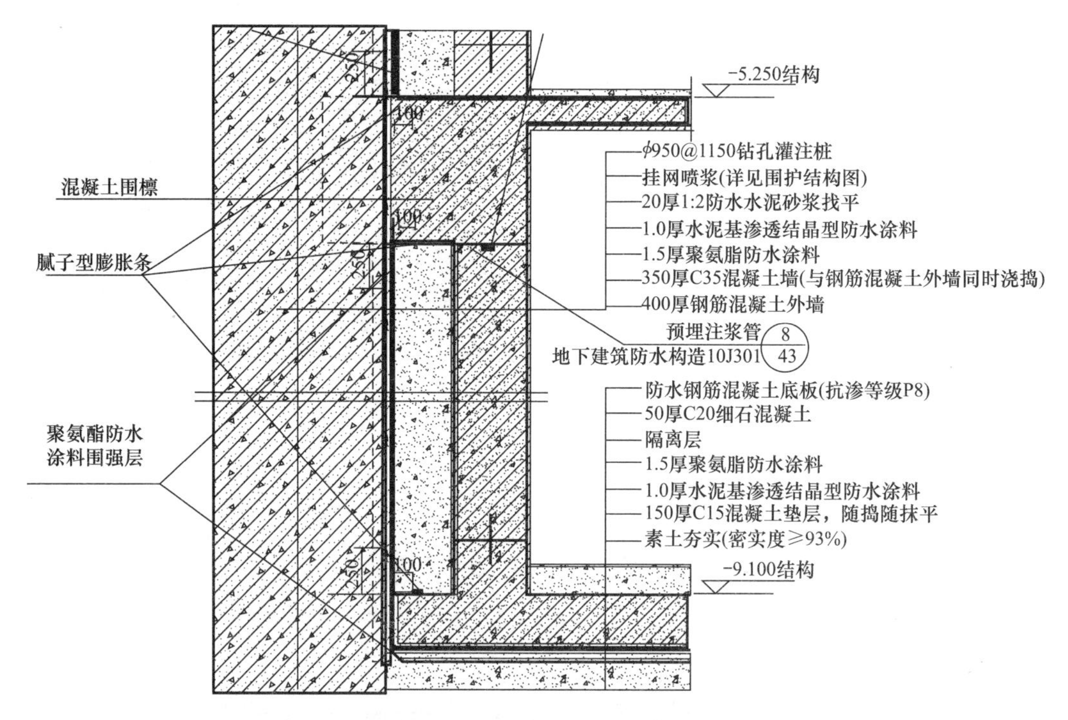

图 4-50 地下室外墙剖面详图

图 4-51 防水水泥砂浆找平

图 4-52 聚氨酯防水涂料完成面

4. 桩墙合一中围护桩的检测与监测

对于桩墙合一围护桩，垂直度偏差的施工控制尤为重要，围护桩垂直度偏差过大可能会影响到今后地下室防水及地下室外墙钢筋安装。围护桩桩孔垂直度偏差不宜超过1/200。施工中灌注桩施工检测和监测按下列要求进行。

(1) 除采用常规混凝土试块方法进行强度检验外，还应在围护桩施工完成后，对桩身混凝土质量进行超声波检测。本工程实施超声波检测的围护桩数量按照上海地基规范关于两墙合一地下连续墙的检测数量要求，取总桩数的10%。

(2) 围护桩达到强度后进行低应变动测，检测数量100%，低应变检测数量也按照上海市地基规范关于抗拔桩的检测数量要求进行（围护桩作为受弯构件更加接近于抗拔桩的构件受力状态）。

(3) 灌注桩成孔结束灌注混凝土之前，对已成孔的中心位置、孔深、孔径、垂直度、孔底沉渣厚度进行检测，检测数量100%。其中第三方检测数量不低于总桩数的10%。

（4）针对桩墙合一的结构与受力模式，对地下室外墙、围护桩的应力，水土压力等进行系列的监测工作，监测周期自基坑开挖到地下结构施工完成后。

4.3.3.2 逆作法施工的实施方案

本工程基坑周长约490m，基坑总面积约10000m^2，地下室结构采用逆作法施工，实施方案如下：

（1）采用钻孔灌注桩作为基坑的围护墙，渠式切割水泥土连续墙为止水帷幕。

（2）开挖阶段逆作施工的两层地下室结构梁板作为围护结构的支撑系统，结构楼板替代支撑具有整体性好、刚度大的特点，可以有效地控制围护结构的变形。局部结构开洞位置根据受力情况设置部分临时支撑。

（3）按剪力墙结构的主楼后做，因此在主楼区域设置临时支撑以及临时竖向立柱，待底板完成后由下至上顺作完成剪力墙及其周边结构。

（4）逆作法土方开挖主要采用小型挖机在坑内翻运至取土口，抓斗挖土机在地下室顶板上抓土，土方车外运的方式。利用地下室结构电梯井、楼梯间等楼板缺失部位作为取土口，其他部位另行设置取土口。地下室顶板上采用抓斗挖土，条件许可时则采用长臂挖机挖土。取土口周围设置施工便道，方便土方车的运输。

（5）逆作阶段采用钢格构柱作为各层结构楼板的竖向支承构件。永久使用阶段外包钢筋混凝土形成复合柱承受上部结构荷载，全部立柱桩均利用主体结构的工程桩，与工程桩统一设计。非结构柱位置的临时立柱采用钢格构，待地下室逆作完成并达到设计强度后割除。

（6）基坑逆作过程为：从上往下依次逆作各层地下室结构梁板并与围护结构相连形成水平支撑，待挖至基底浇筑基础底板后再施工地下室外墙、柱等竖向结构，同时拆除剪力墙及局部留孔位置的临时混凝土支撑，向上施工相关的主体结构，从而完成整体地下结构的施工。

本工程的逆作法设计施工流程如下：

第一步，场地平整至−0.500m，清理场地内建筑垃圾及局部的地下障碍物。施工围护灌注桩、搅拌桩和桩基工程（包括工程桩、逆作施工的一柱一桩等）。

第二步，待围护桩达到设计强度后，采用盆式挖土，四周留设8m宽放坡平台，坑内开挖至−3.000m标高处，施工B0层楼板结构和支撑。此时栈桥区域的后浇带暂时封闭，待地下室施工完成后凿除，如图4-53～图4-55所示。

第三步，挖除放坡平台，施工四周剩余B0层楼板结构和支撑。

第四步，待B0层楼板结构和支撑达到设计强度后，采用盆式挖土，四周留设10m宽放坡平台，坑内开挖至−6.750标高处，施工地下一层楼板结构和支撑，如图4-56所示。

第五步，挖除放坡平台，施工四周剩余地下一层楼板结构和支撑。

第六步，待地下一层楼板结构和支撑达到设计强度后，采用盆式挖土，四周留设10m宽放坡平台，坑内开挖至底板垫层底标高−9.850m（−9.950m）处，施工垫层和底板，如图4-57所示。

第七步，挖除放坡平台，施工四周剩余垫层和底板，如图4-58所示。

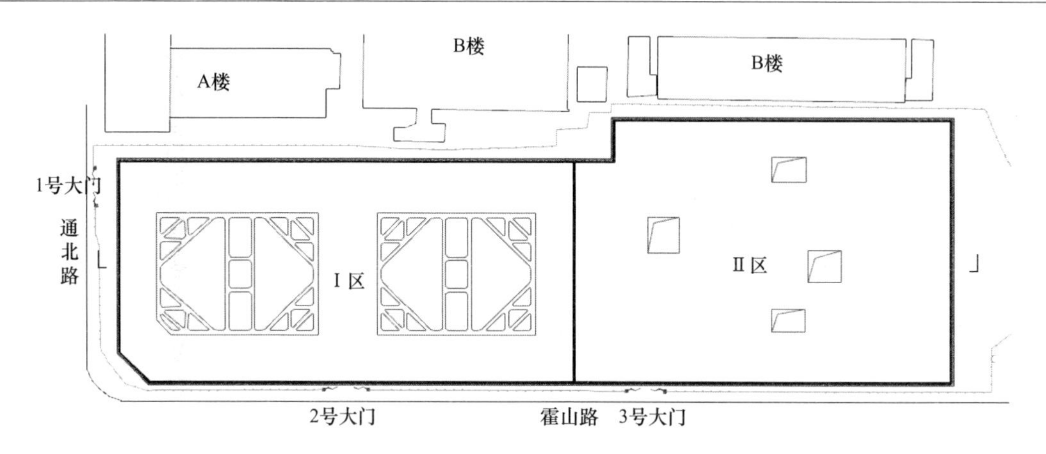

图 4-53 基坑平面位置

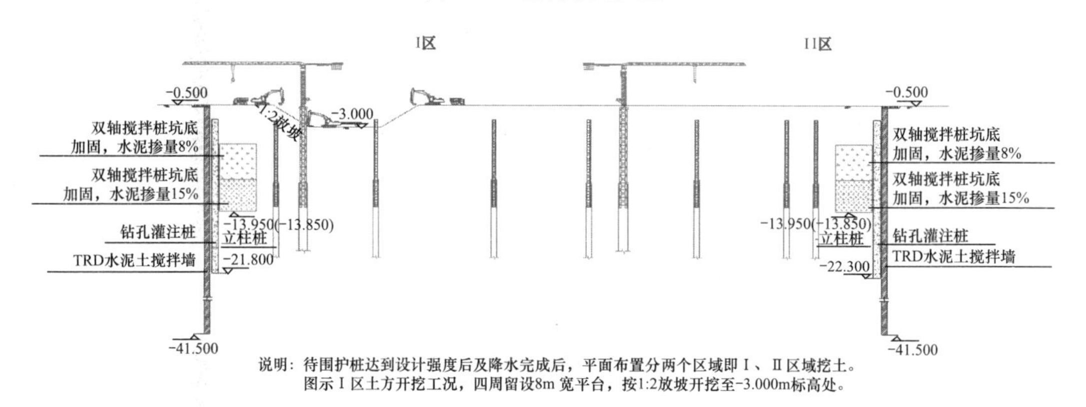

图 4-54 逆作法工况一

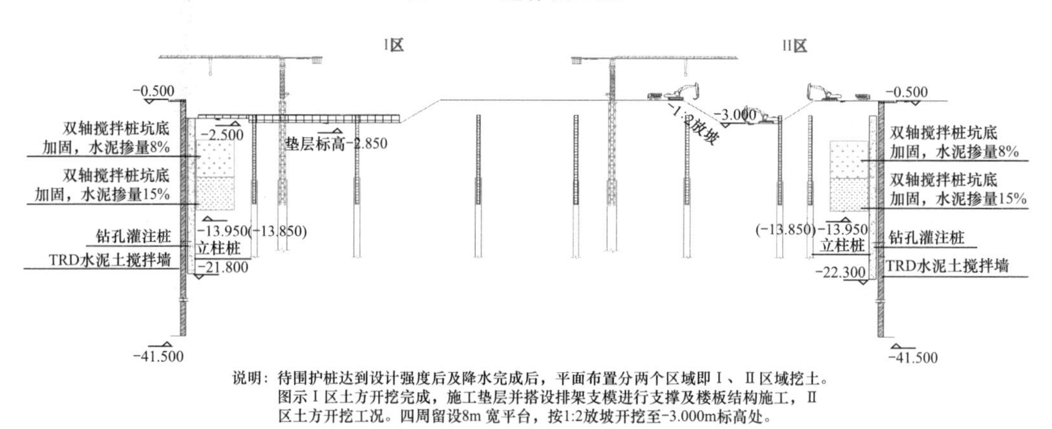

图 4-55 逆作法工况二

第八步，顺作浇筑竖向结构，剪力墙、楼梯及车道等，完成地下结构施工。

第九步，施工±0.000m上部结构。

施工中，将基坑施工在B0板阶段分为三个区（以C楼的2栋主楼单独分为2区，东侧单独为1区），依次施工，在搭界部位缩短间隙时间，B0板向下开挖及地下结构施工分为两个区（将C楼的两个区合并）。

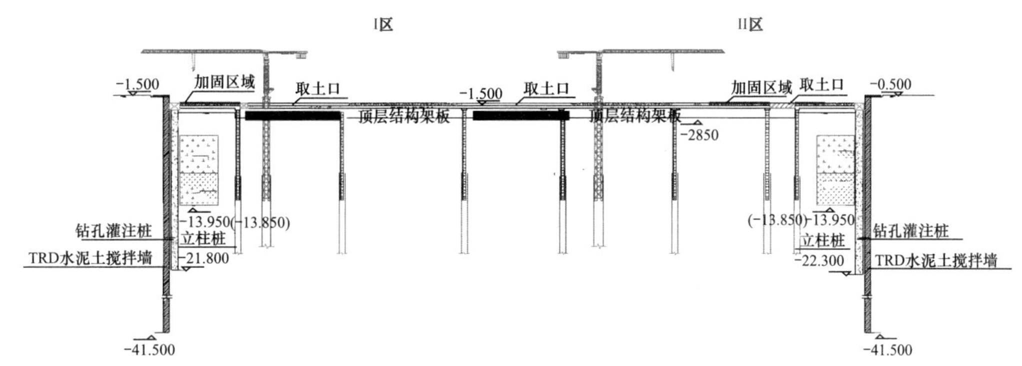

图 4-56　逆作法工况三

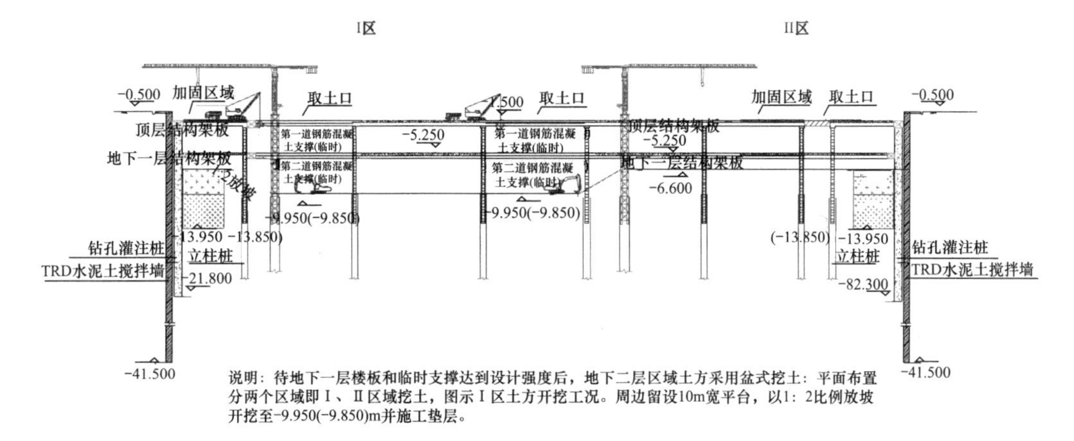

图 4-57　逆作法工况四

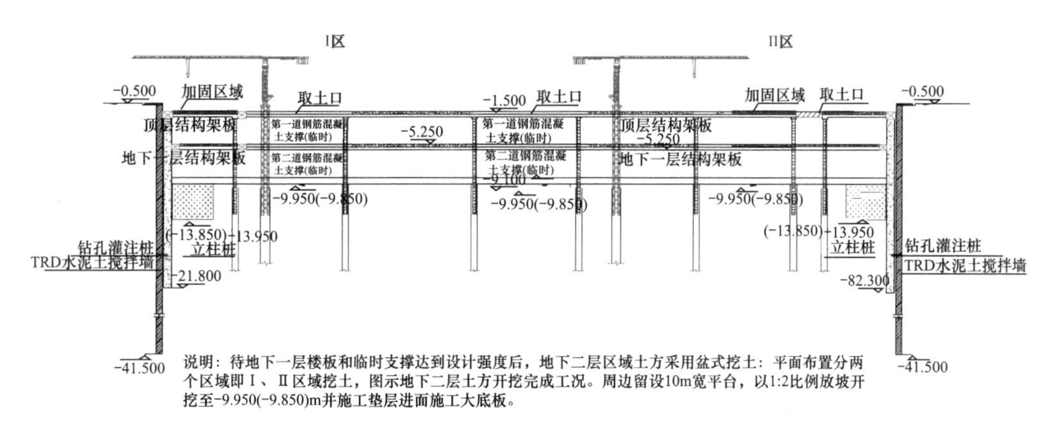

图 4-58　逆作法工况五

4.3.3.3　逆作法施工关键技术

1. 一柱一桩垂直度控制

本工程逆作法采用一柱一桩的施工方法，由于先期施工的钢立柱位于永久柱中，如果钢立柱的垂直度得不到保证，将会给以后柱子的施工带来很大影响，且会造成楼板产生较大的应力重分布，因此设计要求钢格构柱的垂直度偏差必须在 1/300 以内。

本工程主体结构柱长大于 20m，一柱一桩垂直度偏差控制要求不大于 1/300。为达到设计要求的垂直度精度、保证桩基施工质量，采用了调垂架及校正架进行垂直度调整，如图 4-59 所示。

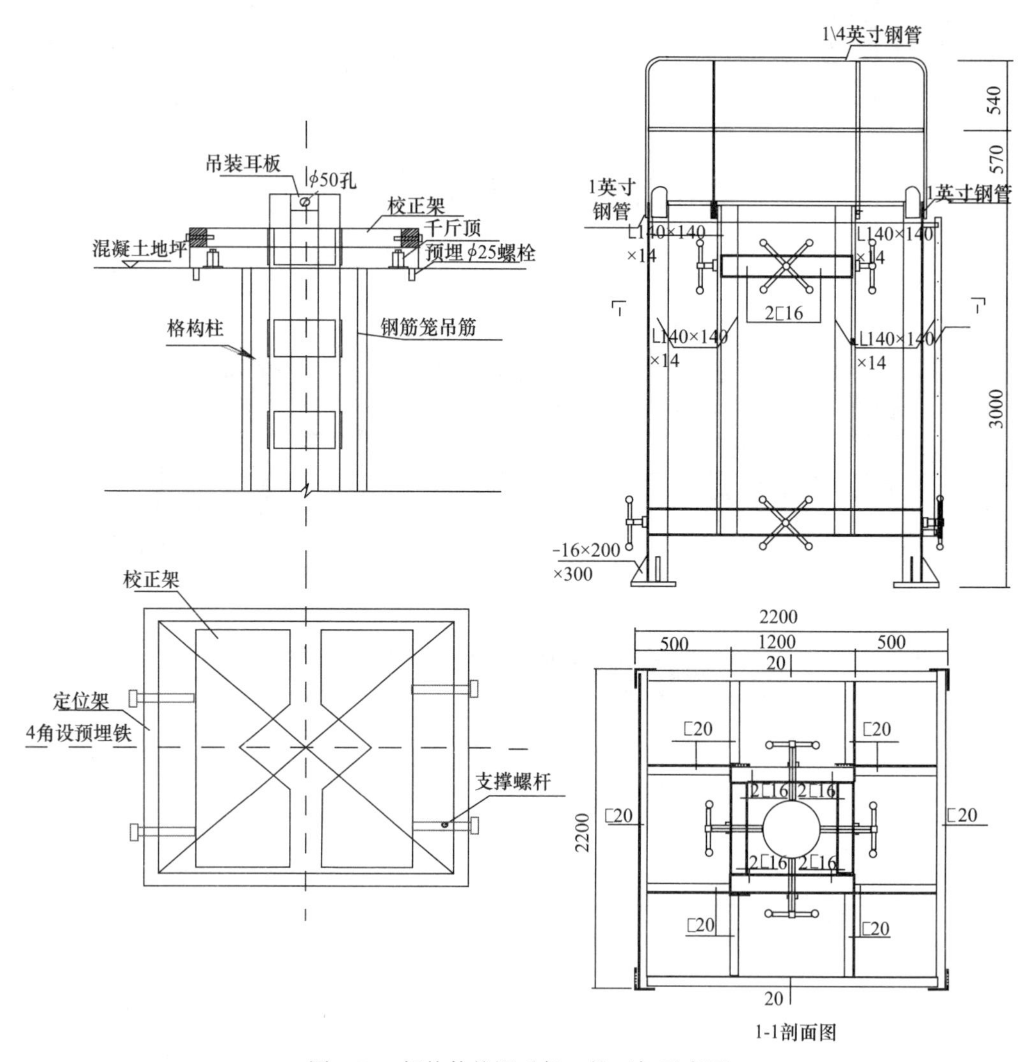

图 4-59　钢格构柱调垂架、校正架示意图

2. 逆作法取土口设置

逆作法的首层板完成后需作为主要的运输道路供大型机械，如土方车、挖机、混凝土车、泵车等行走，因此要承受较大的荷载。根据现场常用的挖土机和土方车计算荷载，确定对首层板进行加固处理。主要是调整板的配筋，如加密钢筋、加大部分钢筋的直径。

逆作法取土口设置得当与否将直接关系到取土的效率和工程进度。取土口首先设置在主楼顺作区、电梯井、楼梯、坡道等楼板空缺位置，并根据挖土需要布置临时开洞（待结构完成后封堵），如图 4-60 所示。根据实际情况我司在工程内设置 6 个取土口，取土口处配置由我司自主研制的抓斗挖机，节能省电、噪声小，斗容量大，每抓约 1.7m^3。

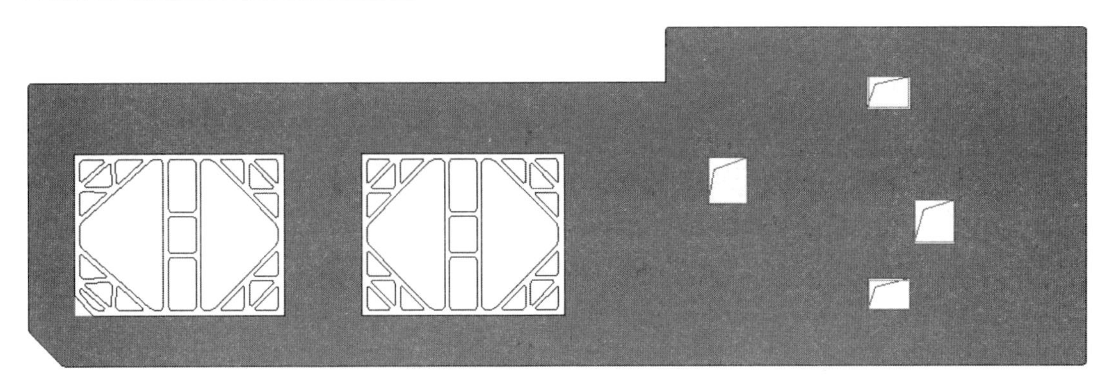

图 4-60 取土口布置图

3. 逆作法柱、梁节点施工

钢筋如何穿过中间支承柱或与中间支承柱连接是保证在结构柱完成后节点质量和受力与设计计算保持一致的关键。本工程有以下部位需做好节点处理：B0 梁板与柱节点、梁与钢格构柱的节点，此外还有取土口上翻梁的构造处理等。

（1）B0 梁板与柱节点

钢立柱标高在 B0 梁板与柱节点施工时应进行测量并调整。土方开挖时，先暴露出钢立柱，测量钢立柱的顶标高。若钢立柱高度超过 B0 板梁底过大，则割除钢立柱至梁底标高，然后将事先做好的埋件与钢立柱（钢格构柱）焊接连接。此节点确保 B0 板主筋在节点处连续，同时又能满足节点的受力要求，并方便施工。

（2）梁与钢格构柱的节点

梁与钢格构柱连接时，梁主筋从钢格构柱中间及两边穿过，确保钢筋的连续，同时为了增加抗剪力，在连接部位增设栓钉。

（3）取土口上翻梁

为防止各层楼板积水、泥土及杂物掉落至基坑内，本工程在施工首层楼板结构预留、取土等洞口处设置 400mm 高的混凝土翻口。内置竖直钢筋为 $\phi16@150$mm，水平钢筋为 3ϕ16，架立筋 4ϕ10。混凝土翻口上安装工具式防护栏杆。

4. 地下室顶板排水处理措施

全工地排水在整个场地四周设置排水沟，排水沟布置在围护结构外侧。逆作法施工阶段 B0 板标高较低，降雨后积水难以排出，为了保证文明施工以及施工正常要求，项目部对 B0 板进行了首层板找坡排水处理。排水沟围着取土口布置，整个 B0 板的结构标高按照 3‰～5‰的坡度背向取土口处降低，积水及时安排人员排除，并且在 B0 板设置若干个泄水孔，在 B1 层板上设置集水箱，详如图 4-61～图 4-63 所示。

B0 板的泛水坡度根据建筑泛水方向设置，泄水口在 B0 板外侧设置 8 个，尺寸为 ϕ300 泄水孔，内部－1.5m 区域设置 1 个向下泄水孔，并在 B1 层板上设置 1 个集水箱。这 9 个高峰排水点满足了防台防汛期间基坑的排水要求。

通过在 B0 板有组织排水，避免了雨水期 B0 板积水过多、可能造成 B0 板养护期内渗水等不利影响，且大大减少由于 B0 板排水不畅、雨水涌入基坑内，需要加大抽水的压力，此外，将泄水孔的水集中排至集水箱中，还可进行二次循环利用，如 B0 板养护用水、生活区厕所间用水等，有效节约了施工水资源。

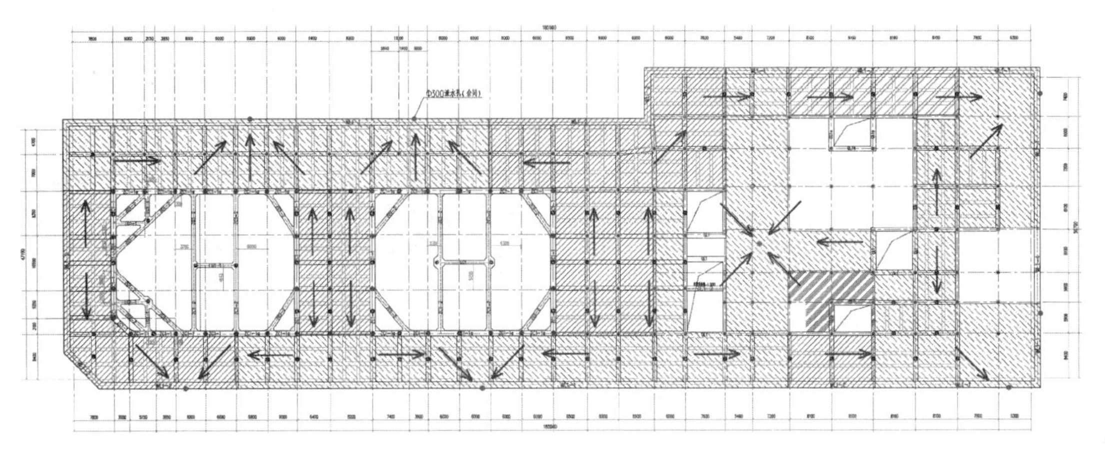

图 4-61 B0 板泛水坡度及泄水孔分布区

图 4-62 B0 板泄孔

图 4-63 B1 板集水箱

4.3.4 逆作法实施效果

通过本工程围护体系桩墙合一技术的施工实践，取得了以下成果：

（1）桩墙合一可减小地下室外墙的厚度、减少基坑的开挖面积。相对于目前量大面广的基坑围护排桩仅作为临时结构的工程，桩墙合一体现了建筑节能和可持续发展，具有广阔的应用前景和重大的社会经济效益。

桩墙合一设计采用多道柔性防水以及一道刚性防水，满足规范要求的建筑防水要求。由于防水保温层在地下室外墙结构之前施工，需在各层地下室楼板与底板位置设置有效的传力构造，确保桩在侧向的支座条件。

由于桩墙合一围护桩作为永久使用构件的组成部分，因此也提出了高于常规围护桩相应的施工与检测要求，施工中须严格控制垂直度和围护桩体的施工质量。

（2）针对本工程周边环境保护要求高，为保证基坑工程本身的安全及保护周边环境，施工中对基坑进行了全面的监测。监测内容包括围护桩的位移、围护桩冠梁的位移、立柱的竖向位移、楼板应力、水位监测及基坑开挖对周边管线与建筑物的影响等。通过监测获取了大量的实测资料，为准确判断施工过程中基坑所处的状态提供了科学的依据，实现了信息化施工。

本工程在挖土工况施工结束后，坑外土体累计最大水平变形和沉降均在控制范围之内，北侧距离平凉社区服务中心、职工援助服务中心等现有建筑均在设定的变形范围。基坑监测的最终结果如下：

灌注桩水平最大位移为15.3mm；灌注桩沉降最大位移为20mm；立柱差异沉降最大值为19mm；基坑回弹最大值为12mm；坑外地下水位累计最大变化130mm。

道路最大沉降为21.5mm；管线最大沉降为17.04mm；周边建筑最大沉降为24.4mm；周围重点保护的建筑物变形为32.4mm。整个施工期间周边道路和管线都没有出现异常情况，达到了预计的环境控制要求。

监测分布点如图4-64所示。周边建筑和周边道路的具体沉降数据详见表4-8、表4-9（从围护第一天施工开始至结构出地面）。

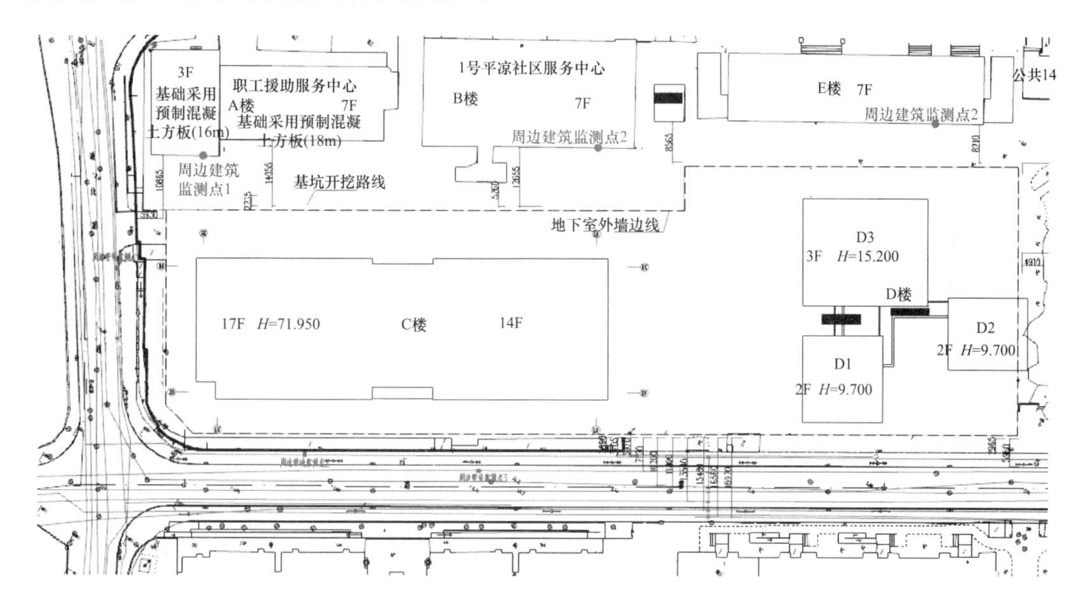

图4-64 监测分布点

周边建筑物监测点沉降量记录（mm） **表4-8**

时间（d）	1	31	61	91	121	151	181	211	241	271	301
周边建筑监测点1	0	0	−1	−2	−4	−9	−14	−20.7	−24.4	−23.5	−22
周边建筑监测点2	0	−1	−1.5	−2.5	−3.5	−8	−12	−19	−22	−21	−21
周边建筑监测点3	0	0	0	−1	−3	−7	−10	−17	−21	−20.6	−20.1

周边道路监测点沉降量记录（mm） **表4-9**

时间（d）	1	31	61	91	121	151	181	211	241	271	301
周边管线监测点1	0	0	−1	−1	−2	−4.2	−7.1	−12.3	−15.8	−15.6	−15.9
周边管线监测点2	0	0	−1	−2.1	−4	−6	−9.8	−13.9	−17.1	−17	−16.8
周边管线监测点3	0	0	−1	−1.5	−5	−8	−11.6	−12.3	−15	−14.8	−14.6

（3）支护桩作为地下室外墙施工，不仅改善了地下室外墙防水的性能，使地下室内长期处于干燥干净的环境中，而且更好地满足了地下室车库使用要求。同时由于减小了地下室结构外墙的厚度，节省了资源，加快了施工进度，综合效益显著。该技术在本工程的成功应用，取得的直接经济效益约500万元。

4.4 区域性超大深基坑与轨道交通共建及保护技术——上海月星环球商业中心工程项目

4.4.1 工程概况

月星环球商业中心工程项目，建设用地面积66527m²，地块东接凯旋路、轨道交通3、4号线及金沙江路站，西临中山北路，北临白兰路绿洲大厦，南侧为宁夏路，规划中的地铁13号线与轨道交通3、4号线在此零转换交汇；西边为上海城市主干道中山北路和内环高架。工程地理位置如图4-65所示，工程效果图如图4-66所示。

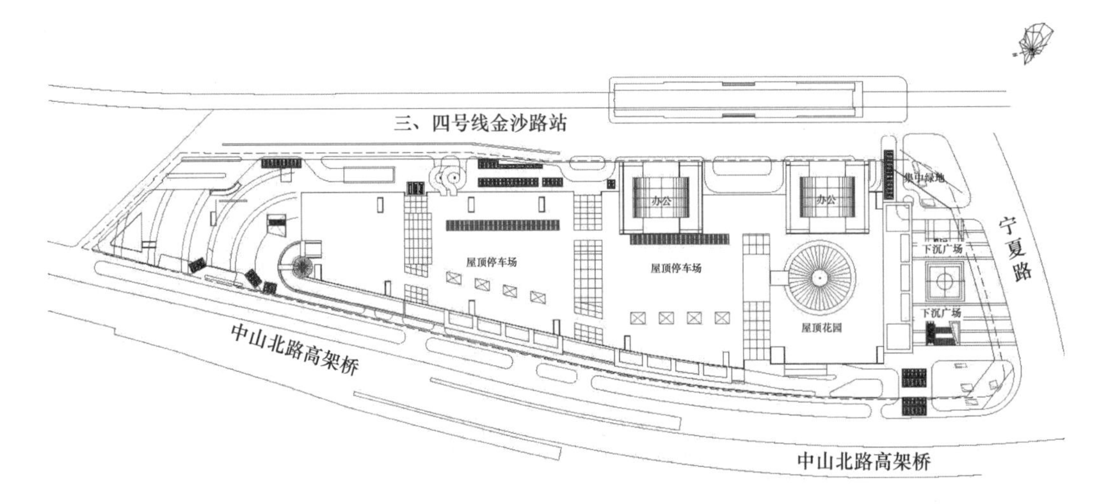

图4-65 月星环球商业中心工程地理位置图

图4-66 月星环球商业中心工程效果图

工程由地下3层，地上4层商业裙房及两栋45层办公楼组成，地上部分建筑面积为265335m²，地下部分建筑面积为166739m²。工程建筑设3层地下室，其中地下1层、地下2层都直接与地铁站相连。

4.4.1.1 周边环境

工程东侧距轨道交通3、4号线金沙江路车站约25m，基地西侧距内环线高架约27m。基地北侧距21层绿洲大厦约16m。基地南侧宁夏路下为规划中的轨道交通13号线金沙江路站，同步建设，与本工程南端±0.00m以下部分土建工程结合施工。

基地三面分别邻近三条市政道路：西侧中山北路、南侧宁夏路、东侧凯旋路，其地下具有较多的市政管线。工程周边环境如图4-67所示。

图4-67 月星环球商业中心工程周边环境图

4.4.1.2 地质条件

地质分区及土层分布：场地根据第⑥层分布规律划分为正常地层区和古河道分布区。场地中部、北部及西南角位于正常地层区，有第⑥层分布，层位分布稳定。场地南部为古河道区，缺失第⑥层暗绿色硬土层，第⑦层被切割，局部缺失。场地浅部分布有厚度较大的第②$_3$层粉性土、砂土层，层底埋深一般在10m左右，缺失上海地区统编的第③层淤泥质粉质黏土层。

综合分析本场地各土层的分布规律，除第⑥、⑦层在古河道区变化较大外，其他各土层层位分布较稳定，无明显陡坎。

潜水补给来源主要为大气降水与地表径流，潜水位埋深随季节、气候等因素而有所变化。勘察期间测得地下水埋深0.8～1.60m，相应绝对高程为1.30～2.27m。承压水含水层水位呈年周期性变化，承压水位埋深的变化幅度一般在3～11m。

4.4.2 工程难点

1. 基坑规模及安全等级高

本工程基坑规模较大，月星环球商业中心逆作法基坑土方开挖面积约58000m^2，裙房部位开挖深度约18.8m，主楼区开挖深度约20.50m，局部开挖深度约26.00m，总土方量约110万m^3。为超大型超深基坑工程，基坑工程安全等级为一级。

2. 基坑工程环境敏感

工程地处城市中心，建筑场地周边既有地铁轨道交通，又有城市高架，周边市政管网主要位于道路下方位置。场地周边道路下有电力、上水、下水、热力和天然气等市政基础设施。为不使基坑施工对周围道路和地下管线产生过大影响，必须进行可靠的基坑支护、做好止水和降水工作。从基坑设计和施工两个方面进行分析，采取有效措施确保工程安全。

3. 基坑工程水文地质条件复杂

本工程地质和水文条件复杂，给基坑围护工程带来较大风险。基坑底面下卧砂性土层为上海承压水含水层，承压含水层埋深约31m，基坑开挖深达17.4～19.8m（电梯井局部深度达26m）。当基坑承压水水头埋深超过地面下6.5m时，基坑坑底土体抵抗承压水稳定性不能满足，需采取减压抽水保证基坑稳定与施工安全。由于承压水降水将使原有的水土应力平衡状态受到破坏，从而引发地面沉降等人为地质灾害。因此，如何确保基坑开挖的安全，并确保降水引起的土体变形不会对邻近地下管线等产生危害，需要认真研究。

4. 主体结构的特点

主体结构有两幢高层塔楼建筑，为双筒结构。塔楼与裙房之间的结构厚度变化大，且两者之间布置后浇带。此外，主楼核心筒结构邻近坑边，与地铁3、4号线金沙江路车站距离较近。主楼顺作施工时，围护墙及内支撑体系的布置要考虑上述不利影响，以满足其地下结构大空间施工的要求。

5. 基坑施工工作量大

基坑开挖面积和深度大，东西方向长70～140m，南北方向长440～540m，基坑面积达58000m^2、开挖深度最深达26.0m，卸土方量逾110万m^3。可见该工程规模之大，加上其所处地理位置的水文及地质条件十分复杂，其施工具有一定的工程风险。

4.4.3 工基坑围护设计方案

4.4.3.1 基坑分区

本工程基坑为超大超长基坑，为防止基坑跨中变形过大，影响周边环境及轨道交通3、4号线的安全，针对基坑特点，对基坑进行分区分块划分为6个大区，其中第六区因紧邻在建13号地下站体，基坑又划分为3个小区，采用逆作法施工，基坑分区平面如图4-68所示。

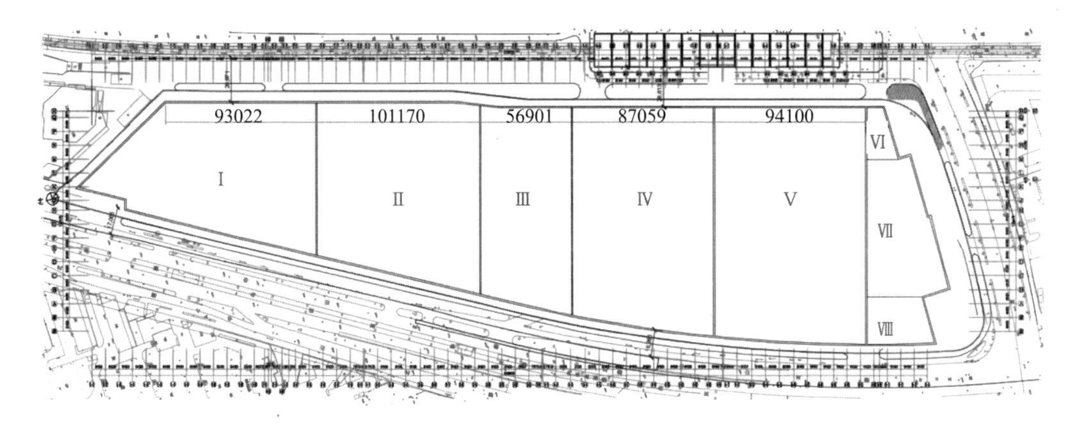

图 4-68　基坑分区平面图

4.4.3.2　围护结构

围护墙采用两墙合一的地下连续墙，地下连续墙在基坑施工期作为围护结构，使用期作为地下室外墙的一部分。地下连续墙顶设钢筋混凝土顶圈梁以加强其整体性。

（1）地下连续墙的布置：地下连续墙厚度 1000mm，各区分隔的地下连续墙厚度 800mm。在凯旋路轨道交通 3、4 号线侧以及中山北路内环高架侧墙深 41.9m、插入比为 1.41∶1（其中地下连续墙底部 6.5m 采用素混凝土隔断承压水）；在地铁 13 号线车站东、西端头井处地下连续墙深 42.4m、插入比为 1.43∶1；主楼厚底板处地下连续墙深 41.9m，插入比为 1.12∶1～1.23∶1。

（2）塔楼位置地下连续墙墙底注浆加固依据《建筑工程逆作法技术标准》JGJ 432—2018 中 4.2.7“两墙合一地下连续墙宜进行墙底注浆加固”。本工程墙底部插入⑧$_{-1}$层黏土中，在地下连续墙的每幅槽段中预留注浆孔（ϕ80）3 个，在地下外墙混凝土强度达到 100%后进行强底注浆加固，以控制地下连续墙间的差异沉降。

（3）地下连续墙槽段接头、地下连续墙各单元槽段间接缝连接形式采用圆形锁口接头，地下连续墙之间锁口位置接头外侧采用旋喷注浆止水。

（4）地下连续墙防水混凝土设计强度等级 C35，抗渗等级为 P10。

（5）各区之间采用 800mm 厚地下连续墙分隔，其中无法设置地下连续墙位置采用 ϕ1200@1400 钻孔灌注桩作为临时分隔桩，3ϕ850@600 三轴搅拌桩作为止水帷幕。

4.4.3.3　支撑体系

楼板支撑利用永久性结构的楼板梁作水平支撑是逆作法的特点。本工程主体结构地下室为框架结构。楼板和柱子均采用钢筋混凝土结构。基坑向下开挖时，利用地下室各层楼板作为基坑的水平支撑结构。

在各层的设备间、多功能厅、下沉广场和在车道及楼梯等楼板开有大孔位置处设置临时支撑，并加强圈梁，使其与结构梁板共同形成平面支撑体系。临时支撑标高与楼层相同。支撑采用混合结构形式，即基坑四角角撑和各层楼板中间开孔处采用钢筋混凝土支撑。支撑间距 6.0～8.4m。地面层处的临时支撑断面为 1000mm×800mm 和 700mm×700mm，在地下连续墙墙顶设置钢筋混凝土顶圈梁 1.3m×1m；地下一层处的临时支撑截面为100mm×800mm，临时围囹截面为1200mm×800mm；地下二层处的临时支撑截面为1200mm×800mm，临时围囹截面为1400mm×900mm。各层楼板边开孔处设对撑，间距约8.4m。孔边加强圈梁截面为800mm×800mm。

4.4.3.4 立柱及立柱桩

逆作法区域立柱一般采用一柱一桩，均为钻孔灌注桩加钢管柱结构。立柱桩则尽量利用工程桩。工程桩桩径850mm，桩长50m左右，桩尖进入⑨层，设计极限承载力约10560kN（试桩报告资料）。钢管柱截面为550mm×12mm（材料Q345），柱内与下部钻孔桩同时灌注C50高强混凝土，钢管柱埋入钻孔桩内3.0m。

4.4.3.5 节点处理

1. 地下连续墙、支撑与楼盖板梁的节点处理

（1）地下连续墙与底板、地下室楼板梁及边柱的连接在地下连续墙墙顶通过顶圈梁结构连成一体；地下室楼板梁、底板和地下连续墙之间的连接采用在地下连续墙槽段内侧预留榫槽及插筋或预埋直螺纹接驳器，待土方开挖后通过插筋或钢筋接驳将两者与底板钢筋连接，以增强地下连续墙与楼层的连接。钢筋直径、分布间距按主体结构设计要求确定。地下连续墙和地下一层楼板、地下二层楼板的连接通过在结构楼板周边设置钢筋混凝土闭合边环梁，以加强结构整体性和调整施工误差。边环梁通过地下连续墙内的预埋钢筋与地下连续墙连接，楼板与边环梁整体浇筑。

（2）地下连续墙与地下室顶板的连接通过在地下连续墙顶圈梁上预埋插筋与其上部结构墙体和地下室顶板连接。

（3）钢支撑与围檩、周边加强梁的连接通过在围檩或梁上预埋钢板采用焊接固定。钢支撑与立柱的连接通过联系梁和在立柱上设置钢牛腿、钢箍来固定支撑。在标高−13.05m处的临时钢支撑设置于先期施工的裙房底板上，支撑与底板的连接节点采用钢筋混凝土牛腿结构。

（4）在结构开口和楼板缺失处设置临时支撑时，在孔边设置加强圈梁，并加设腋角，以消除应力集中。

2. 钢立柱与楼层板梁节点处理

在本工程逆作法设计中临时立柱均采用一柱一桩的钢管立柱，与结构柱不在同一位置的立柱采用格构钢立柱。

（1）与结构柱在同一位置的钢管柱，柱位处可直接利用楼层板梁结构，并加设钢牛腿，以便由钢管柱承受楼层荷载。考虑与后续结构柱的连接，在楼板上预埋结构柱插筋及在柱孔边预留混凝土浇筑孔和灌浆孔，钢管柱周边设置带加劲肋的环形钢板，梁板钢筋焊接于环形钢板上。

（2）与结构柱不在同一位置的角钢格构式立柱，在柱位处需设置钢筋混凝土梁或柱帽，并加设钢牛腿，以便楼盖有可靠支撑点，并由临时立柱承受楼层荷载。为方便以后拆除，地下一层和地下二层的柱帽做在楼板面上。柱帽高度同梁高，柱帽平面尺度为2500mm×2500mm。考虑与后续结构柱的连接，在永久性结构柱位置，楼板应预埋结构柱插筋及在柱孔边预留混凝土浇筑孔。

（3）为保证原搁置在剪力墙上的梁，在逆作法施工期间（此时剪力墙尚未施工）有可靠支撑点，需做好钢立柱与剪力墙的节点处理。本工程在剪力墙位置先设置边梁，边梁则由钢格构柱支撑。

（4）钢立柱在底板内设置环形止水钢板。

3. 地下连续墙接缝节点处理

相邻地下连续墙的接缝在基坑外侧采用高压旋喷桩止水封堵。基坑内侧设置钢筋混凝土扶壁柱，在地下连续墙槽段内侧预留插筋，待土方开挖后通过插筋与扶壁柱相连。

4.4.4 主要施工方法

4.4.4.1 总体施工方案

基坑划分为6个大区，采用逆作法施工。

基坑采用跳仓法施工工艺，先Ⅱ、Ⅳ区施工，后Ⅰ、Ⅲ、Ⅴ区施工，邻近地铁站体的Ⅵ区最后施工。每个坑又划分成3～4个施工流水段，使得每个小区面积工作量相对平均组织流水施工。

4.4.4.2 轻轨、内环高架桥的保护方案

1. 基坑围护设计优化方案

（1）围护体系选择及基坑分区设计。

基坑开挖面积和深度大，如前所述，设计将基坑分为6个大区，各区之间设置地下连续墙分隔，其中无法设置地下连续墙位置采用ϕ1200@1400钻孔灌注桩作为临时分隔桩，3ϕ850@600三轴搅拌桩作为止水帷幕。

（2）取土口优化。

依据《建筑工程逆作法技术标准》JGJ 432—2018中6.1.5："先期地下结构施工前应确定取土口、材料运输口、进出通风口以及其他预留孔洞。"，其中第三条"3、取土口留设时宜结合主体结构的楼梯间、电梯井等结构开口部位进行布置，在符合结构受力情况下，应加大取土口的面积"，按本工程结构特点取土口布置分为3个阶段，第一阶段在环带形成后B0板未施工区域进行挖土（大开孔阶段），如图4-69所示。第二阶段利用4个中空中庭及主楼核心筒区域作为主取土口，在原结构楼梯、坡道等楼板空缺位置以及在基坑四周间距35m左右设置次取土口。整个开挖阶段考虑布设取土口65个共计11620m^3，占总基坑面积的20%，如图4-70所示。第三阶段待上下结构同步施工时，上部结构范围内除主取土口外，次取土口均不再用于取土，仅作材料竖向运输用上部主体结构范围外的取土口予以保留。出土口数量减少到46个，占总基坑面积的17.8%，如图4-71所示。

2. 跳仓施工优化方案

基坑采用跳仓法施工工艺，先Ⅱ、Ⅳ区施工，后Ⅰ、Ⅲ、Ⅴ区施工。具体施工流程如下：

工况一：Ⅱ、Ⅳ区B1层挖土，Ⅰ、Ⅲ、Ⅴ区B1板施工（图4-72）。

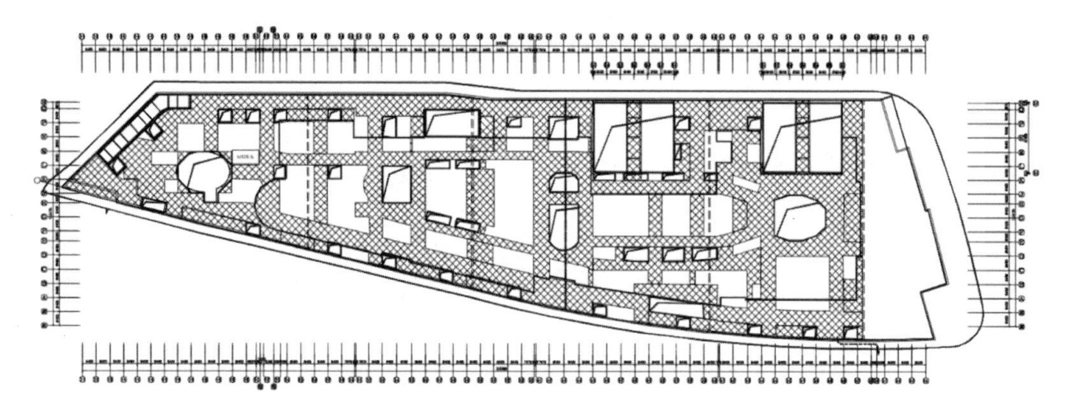

图 4-69 第一阶段（B0 环带）取土口平面设置

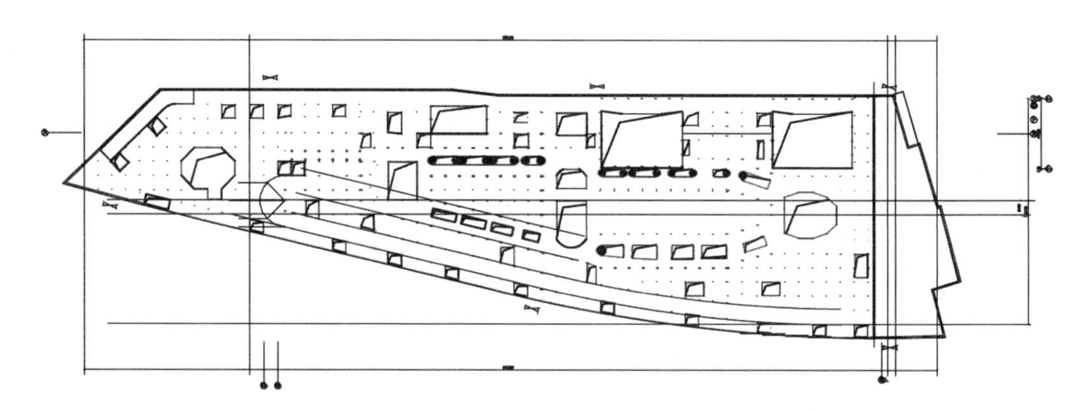

图 4-70 第二阶段（B0 板补缺）取土口平面设置

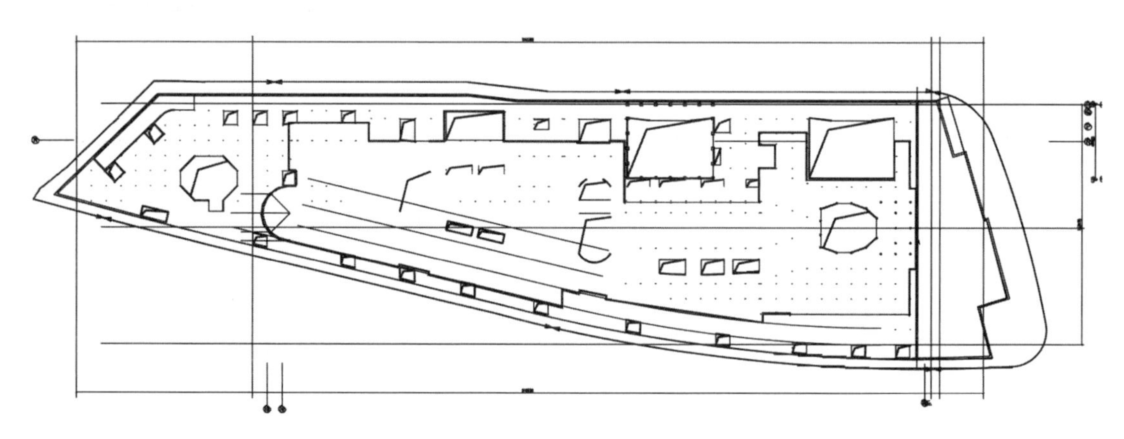

图 4-71 第三阶段（上下同步施工）取土口平面设置

工况二：Ⅱ、Ⅳ区 B1 板施工，Ⅰ、Ⅲ、Ⅴ区 B1 板养护（图 4-73）。
工况三：Ⅱ、Ⅳ区 B1 板养护，Ⅰ、Ⅲ、Ⅴ区 B2 板挖土（图 4-74）。
工况四：Ⅱ、Ⅳ区 B2 层挖土，Ⅰ、Ⅲ、Ⅴ区 B2 板施工（图 4-75）。
工况五：Ⅱ、Ⅳ区 B2 板施工，Ⅰ、Ⅲ、Ⅴ区 B2 板养护（图 4-76）。
工况六：Ⅱ、Ⅳ区 B2 板养护，Ⅰ、Ⅲ、Ⅴ区 B3 板挖土（图 4-77）。
工况七：Ⅱ、Ⅳ区 B3 层挖土，Ⅰ、Ⅲ、Ⅴ区 B3 板施工（图 4-78）。

图 4-72 跳仓施工工况一

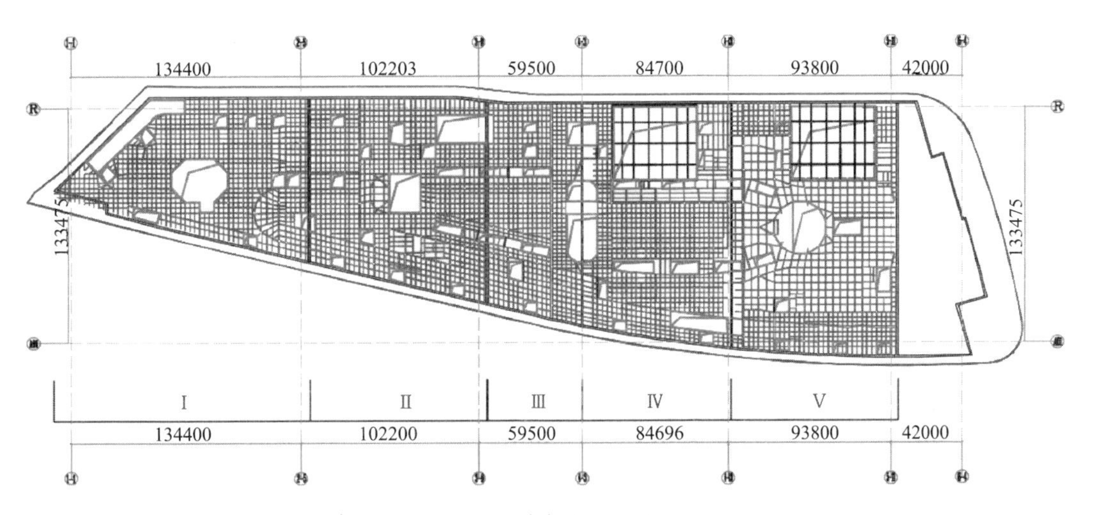

图 4-73 跳仓施工工况二

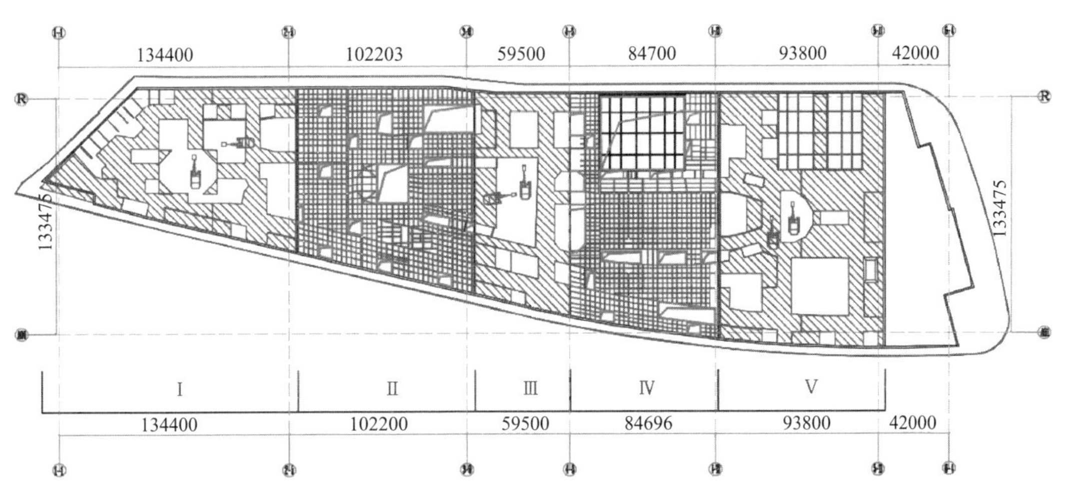

图 4-74 跳仓施工工况三

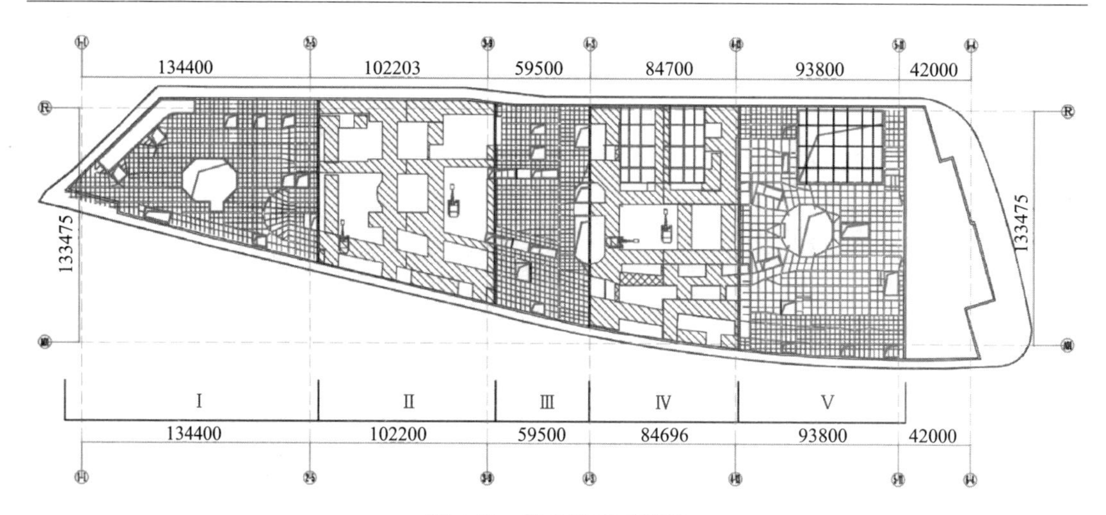

图 4-75　跳仓施工工况四

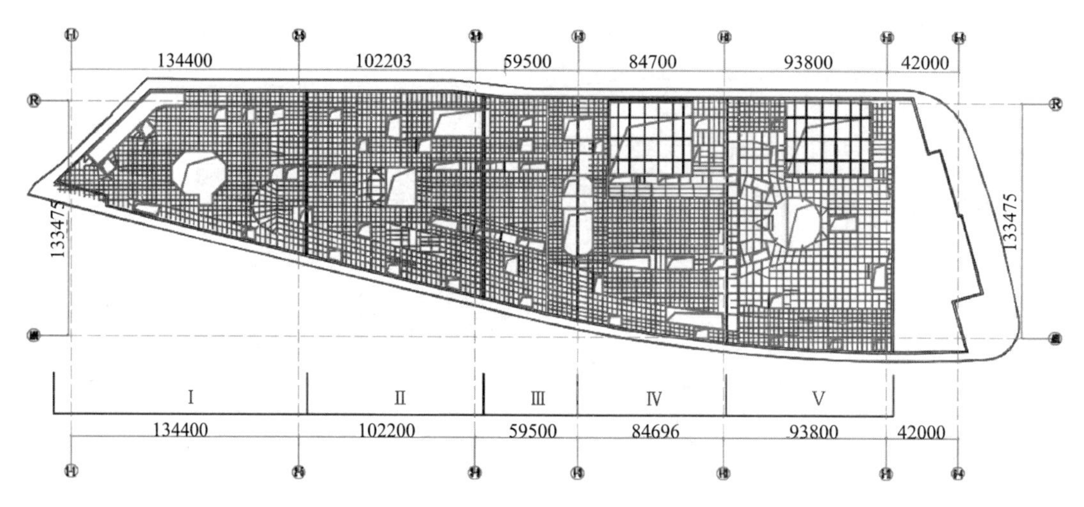

图 4-76　跳仓施工工况五

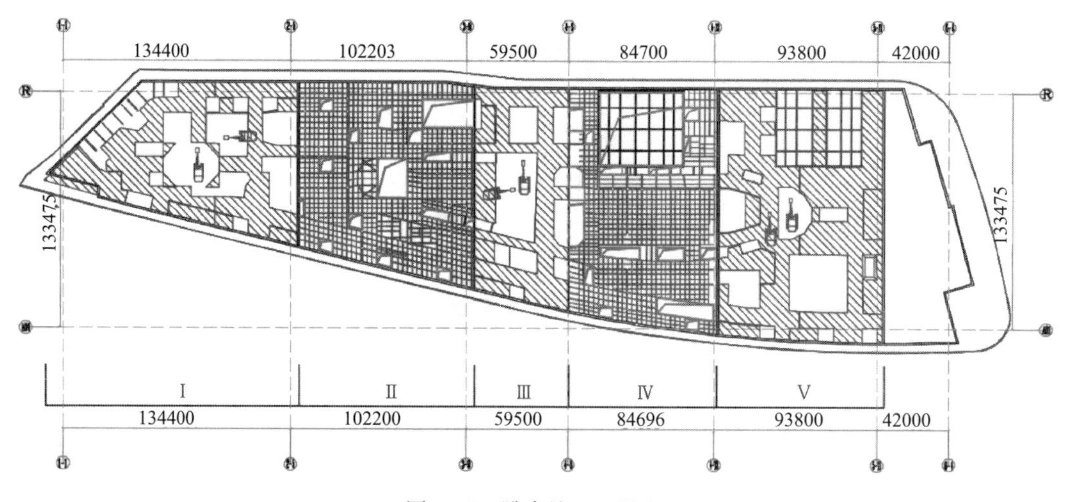

图 4-77　跳仓施工工况六

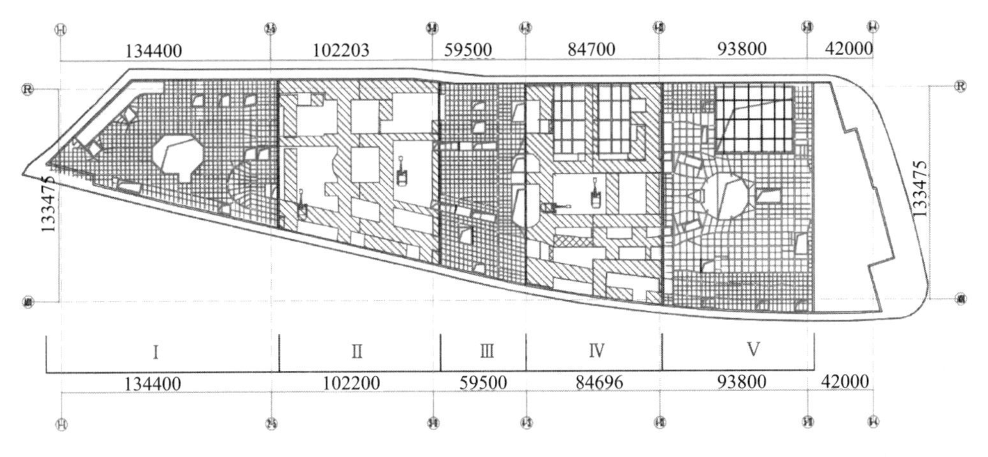

图 4-78 跳仓施工工况七

工况八：Ⅱ、Ⅳ区 B3 板施工，Ⅰ、Ⅲ、Ⅴ区 B3 板养护（图 4-79）。

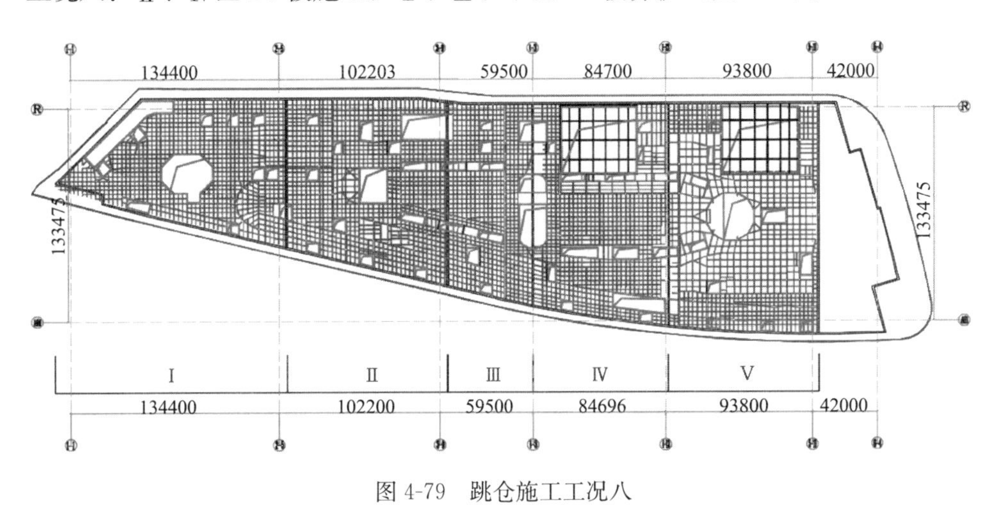

图 4-79 跳仓施工工况八

工况九：Ⅱ、Ⅳ区 B3 板养护（图 4-80）。

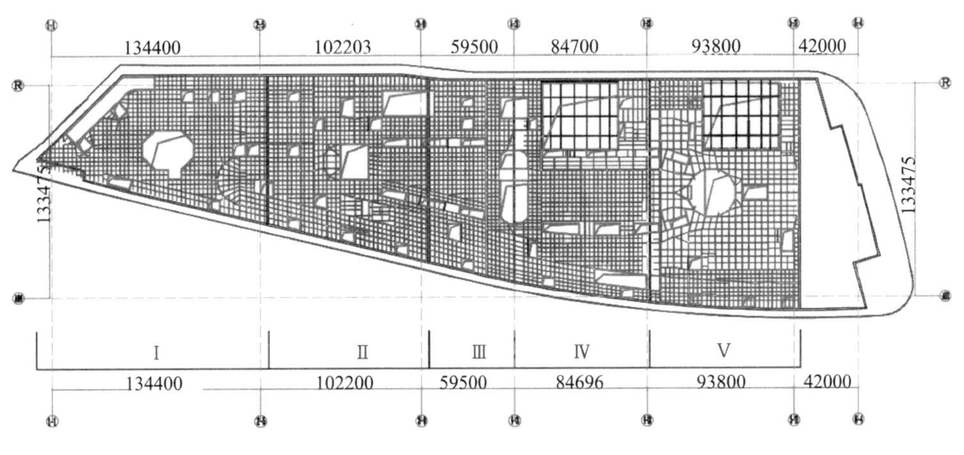

图 4-80 跳仓施工工况九

4.4.4.3　逆作法楼板降模施工

1. 降模系统的设计

降模系统的设计及特点相比传统逆作法施工工艺，采用机械自动化降模系统，具有以下优点：

（1）自动化程度高。

降模施工平台系统通过机械或液压控制系统来实现降模，大大提升了施工的自动化程度，避免了传统的繁琐支模环节，节约了人工成本，缩短了工期。

降模施工技术在正常施工阶段无需浇筑垫层，且在混凝土养护阶段便可进行下一阶段土层的开挖，各施工过程衔接顺畅，可节约工期。

（2）安全可靠。

降模施工技术采用提升吊杆和加强吊杆共同工作，保证模板平台施工平台升降工况和混凝土浇筑工况结构的安全可靠。

（3）施工质量好

模板平台采用吊杆和加强吊杆固定，减小了模板跨度，避免传统施工方法因垫层的沉降产生的结构平整度问题，施工质量得到保证。

（4）施工更加环保。

降模技术减少了一次性木模板的使用量，施工更加环保。降模系统的设计构造考虑了降模体系的通用性，适应设计方案的多变，提高降模的效率，本工程采用平台型降模系统。降模系统由模板平台、升降动力系统、锚固吊杆组成，如图 4-81、图 4-82 所示。

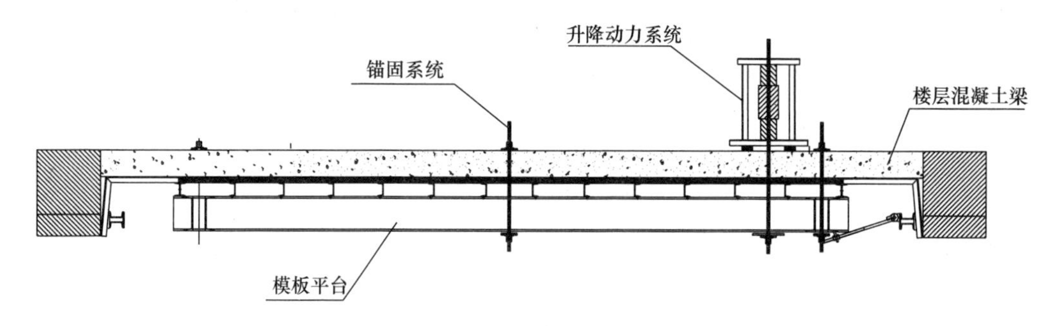

图 4-81　降模系统

图 4-82　降模系统设计功能示意图

2. 降模系统施工工艺

（1）模板系统的安装。

采用降模法施工，地下首层结构需采用脚手排架支模施工，为了节省模板，地下首层结构施工模板也采用降模系统的模板平台，将模板平台支撑在排架上，待地下首层施工养护结束后，拆除排架前，再将降模系统的升降动力系统安装于地下首层楼板上方，并作好模板平台的固定。

降模系统的安装工艺如下：地下首层土体加固——搭设支撑排架——安装模板平台系统——绑扎首层楼

板钢筋——浇筑首层楼板混凝土——养护混凝土——安装锚固系统、固定模板平台——安装升降动力系统。

模板安装前，先校核型钢及配件的截面尺寸、垂直度、表面平整度、预留孔尺寸及位置等，待符合要求后再安装。模板平台的安装，可以考虑在支撑排架上直接安装；也可以考虑地面拼装，然后用塔式起重机整体吊在排架上。模板平台拼装时采用履带式起重机配合，先进行平台主次梁的安装，然后进行平台小梁的安装，再进行梁侧模板、梁底模板的安装，最后进行楼板底模的安装。在下一楼层施工前，将升级动力系统安装到位，并在下一楼层施工前进行试升降工作。

(2) 降模技术施工流程。

逆作法楼板降模施工的地下室各层楼板从上往下依次为负 $N-1$ 层、负 N 层、负 $N+1$ 层……，降模各层楼板施工施工工艺如下：开挖负 N 层土体到位——松开锚固吊杆——利用升降动力系统下降模板平台——张紧锚固吊杆——微调模板平台标高——绑扎 N 层楼板、梁钢筋——浇筑负 N 层混凝土——混凝土养护，并开挖负 $N+1$ 层土体。

(3) 模板的拆除和降模系统解体在底板施工完成后进行。拆除时，应先将模板平台整体降落到底板上，然后解除升降动力系统，最后拆除模板平台。在本工程设计中，采用了单元式、重复性使用的降模系统，因此拆除时需对降模系统的构件、设备妥善保护。

在每层楼板施工时，模板平台下降的同时需要拆除梁侧模和板底模，拆模时注意以下事项：

1) 楼板混凝土强度达到 100%方能拆模；

2) 拆除模板时，应使用木锤敲击模板，使模板与混凝土分离，确保混凝土表面和棱角不受损伤；

3) 模板上的混凝土粘结块应使用毛刷清除，不得使用钢质等工具铲刷，以免损坏模板板面；

4) 拆模必须一次拆清，不得留下无撑模板；

5) 高处作业必须佩戴好安全带。拆除时以模板拼图作为操作平台，须待降模系统下降平稳后方能上人操作，操作人员不宜过多，并应避免在操作平台上堆置物品及拆下的模板，防止平台超载。

4.4.4.4 紧邻在建地铁站施工技术

相邻轨道交通 13 号线车站主体为钢筋混凝土双柱 3 跨 3 层结构，车站长度为 155m (内净尺寸)，标准段宽为 19.6m (内净尺寸)，标准段结构高度为 18.8～20.85m，站中心处底板埋深为 19.25m；车站东西各有一个端头井，西端头井埋深约为 20.8m，东端头井埋深约为 21.1m；整个车站结构顶板厚度为 800～900mm，上中板厚度为 400mm，下中板厚度为 400mm，底板厚度为 1300～1400mm；车站设有 4 个出入口，其中 1、2 号出入口通向月星环球商业中心，并有部分设备拟安置在月星环球商业中心地下室内。紧邻在建地铁站的基坑施工采取了如下施工技术：

(1) 小区段逆作施工。

在最初的基坑施工方案中，将整个基坑分为 6 个区。但考虑到车站保护，在与地铁公司充分沟通的情况下，将临地铁侧的Ⅳ号基坑再划分成 3 个小基坑，形成小区段施工。小区段编号为Ⅵ、Ⅶ、Ⅷ区，其中Ⅵ区基坑面积为 400m²，Ⅶ区基坑面积为 3474m²，Ⅸ区基坑面积为 1127m²。

划分的Ⅶ区基坑中央部分，首先开始桩基工程以及 B0 板的施工；待完成Ⅶ区 B0 板之后，开始进行Ⅵ区桩基施工及 B0 栈桥板施工；待地铁盾构机完成盾构推进之后，开始进行Ⅷ区桩基及 B0 板施工。各区地下各层结构楼板总体施工流程，原则上按照“先Ⅶ再Ⅵ后Ⅷ，Ⅵ、Ⅶ平衡”的先后顺序进行施工。

（2）在建地铁车站增加抗拔桩。

为防止月星基坑大面积卸载后，地铁侧基坑的上浮风险，在与地铁车站设计方沟通后，在地铁车站增设了抗拔桩，桩径为 700mm。

（3）交叉施工组织。

Ⅵ、Ⅶ、Ⅷ区场内交通情况根据不同施工阶段进行了调整，具体做法如下：

1）在地下室顶板形成前：在进行顶板施工前对场地进行了硬化，并利用基坑北侧月星工地Ⅴ区 B0 板栈桥区域及 13 号线工地道路作为基础阶段重型机械施工道路。

2）在地下室顶板形成后：由于施工场地狭小且顶板形成后基地南侧绝大部分位置为 13 号线施工场地，所以利用了Ⅴ区 B0 板及北侧 8m 范围作为施工场地。经过施工调整，保证了本工程与相邻地铁的施工组织及进度需要。

4.4.4.5　信息化施工

区域性超大深基坑分区施工在设计阶段虽然对基坑各个开挖工况进行了详细的计算和变形预测，但是由于实际开挖与模拟计算并不完全相同，基坑的变形情况还是需要通过不断监测来避免风险的发生。基坑施工开挖的信息化管理和实时监测目前已经成为推动逆作法持续发展的重要环节，围护结构的实测变形反分析也是目前地下空间开发研究中模拟计算的重要分析手段。所以，在逆作法施工中，围护结构变形情况的监测具有重大意义。

上海月星环球商业中心项目位于上海市中心地段，周边为高架及 3、4 号线轻轨车站，控制开挖阶段基坑的变形尤为重要，下面是本工程监测的基本内容：

（1）深基坑监测数据分析

本工程基坑分析的监测点布置如图 4-83 所示。

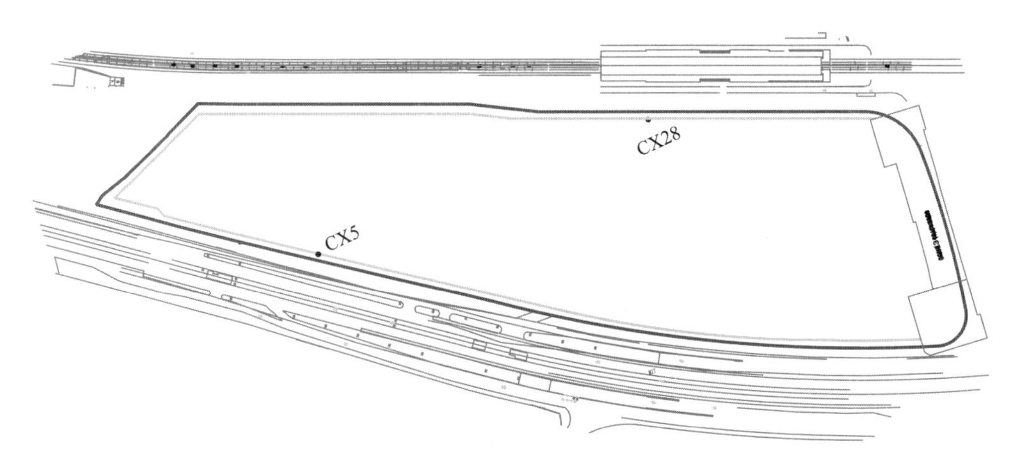

图 4-83　基坑分析的监测点布置图

由于基坑场地东、西两侧为轨道交通 3、4 号线及中山北路高架，在计算和分析中重点分析了基坑的东侧和西侧地下连续墙的变形情况。根据施工中土方开挖的实际情况，两个测点附近的施工工况各不相同，土层情况也略有不同，下面对两个测点附近剖面进行实测数据分析。

1）基坑西侧

根据基坑施工的详细施工工况和开挖情况，基坑西侧的开挖过程如图 4-84 所示。

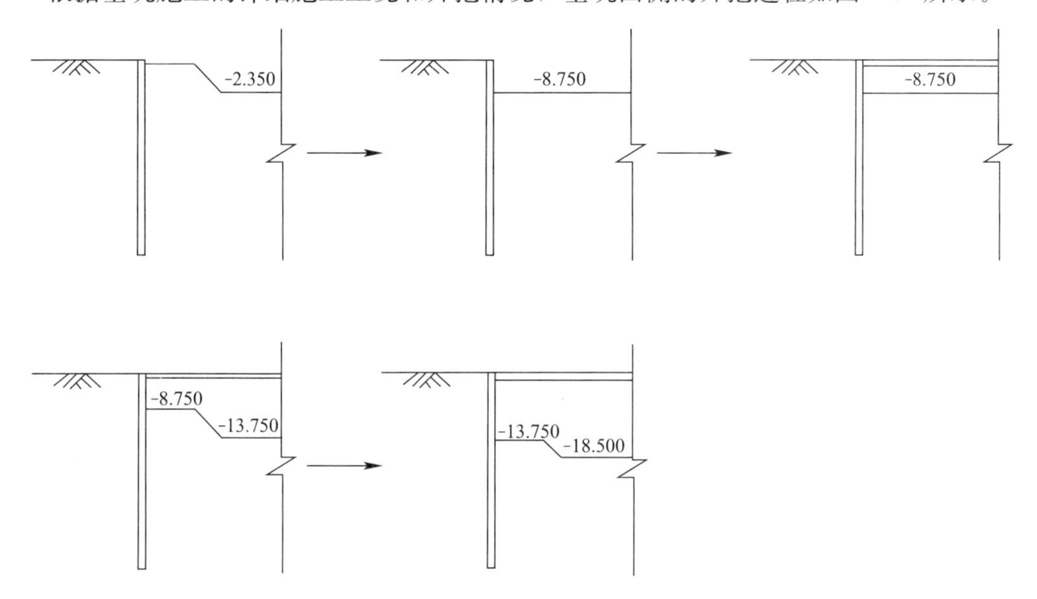

图 4-84　基坑西侧的开挖过程

基坑开挖完成后地下连续墙水平位移的实测值（CX5 测点）如图 4-85 所示。

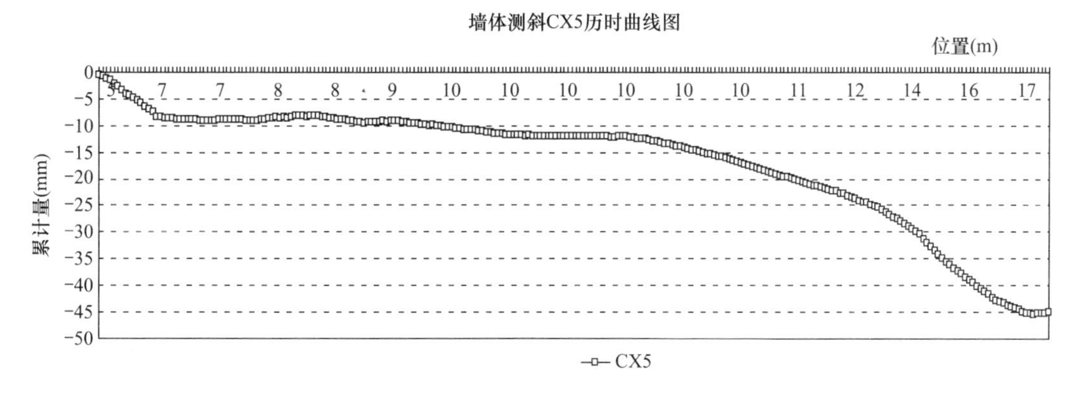

图 4-85　CX5 历时曲线图

从实测数据可以看出，地下连续墙的最大水平位移随深度的变化而不断增大，但是在开挖初期位移相对平缓。随着开挖深度的逐渐加深，变化速率也随之加快，最终变形结果为－44.23mm，略大于计算结果。可见深基坑的开挖对周边环境有一定的影响，但总体变形仍处于安全范围内。

2）基坑东侧

根据基坑施工的详细施工工况和开挖情况，基坑东侧的开挖过程如图 4-86 所示。

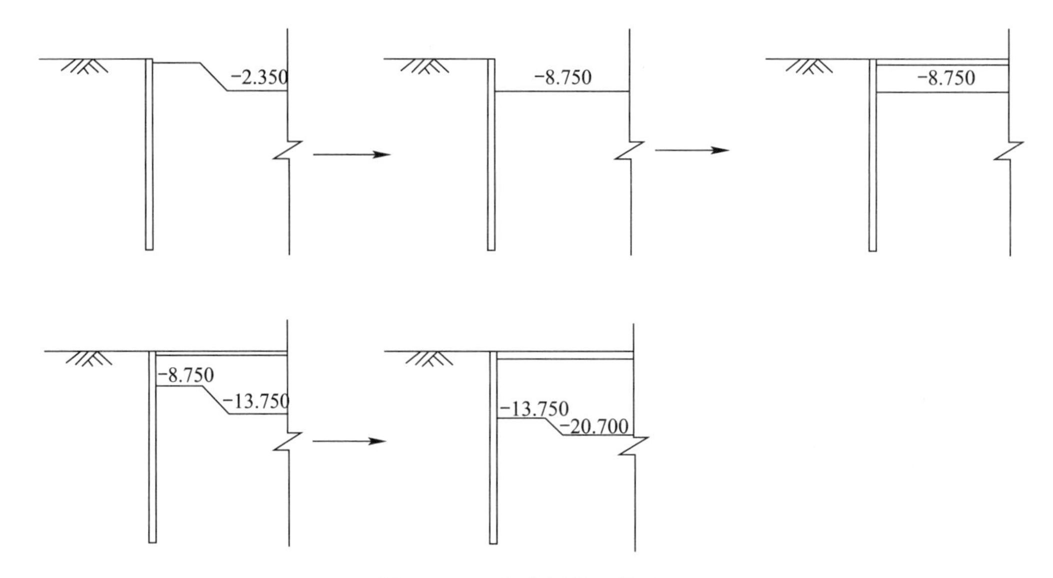

图 4-86 基坑东侧的开挖过程

基坑开挖完成后地下连续墙水平位移的实测值（CX28 测点）如图 4-87 所示。

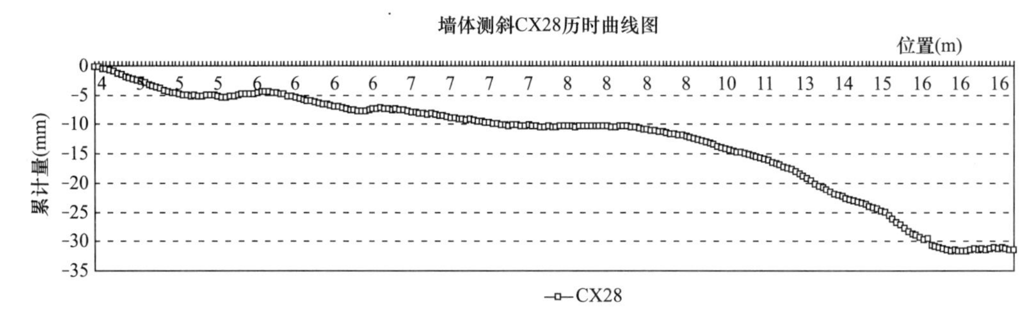

图 4-87 CX28 历时曲线图

从实测数据可以看出，地下连续墙的最大水平位移随深度的变化而不断增大，位移状况与西侧基本相同。在开挖初期位移相对平缓，但随着开挖深度的逐渐加深，变化速率也随之加快。最终变形结果为－30.17mm，略小于计算结果－35.20mm。变形控制相对较小主要是由于东侧地下连续墙插入比较深且主楼区底板采用了满堂土体加固。可见地下连续墙插入深度及土体加固对控制深基坑的地下连续墙侧向位移有一定效果。此处的基坑开挖对周边环境有一定的影响，但总体变形仍处于安全范围内。

（2）监测结论

根据基坑地下连续墙水平位移的实测和监测点位置的基坑剖面有限元计算结果可以看出，本工程在区域性超大深基坑工程逆作法实际开挖对周边环境的保护达到了预期的目标。虽然局部测点地下连续墙位移略大于计算结果，但仍在安全范围内。通过从基坑开挖的过程模拟结果和实测值的对比中可以看到，基坑的实际变形与地下连续墙插入比的深度、土体加固、施工工况及基坑暴露的时间等多种因素有关。结合本工程施工状况，区域性超大深基坑逆作法设计达到了对基坑变形控制的效果，对环境的保护效果良好，为超大深基坑逆作法未来的应用打下了理论基础，积累了施工经验。

4.4.5 实施效果

4.4.5.1 社会效益

区域性超大深基坑与轨道交通共建及保护技术研究，为周边环境复杂的深基坑工程施工提供了新的经验，该技术的应用能有效节约工程工期，减少了临时措施，并减少了深基坑工程、轨道交通共建工程及高层建筑工程对周边环境的影响，同时也降低了建设期的资金成本，对闹市区深基坑工程的建设以及城市大规模地下空间体的开发有很好的借鉴作用。

在软土地基条件及复杂环境条件下开展区域性超大深基坑与轨道交通共建项目的研究和实践具有非常积极的作用。通过该项目的研究和工程实践，对今后这类城市改造工程提供了更完善的施工工艺和管理制度。促进城市地下空间开发和利用走上一个新的台阶，为我国大型地下综合体的设计和建造积累了经验，奠定了理论和实践基础。

利用逆作法施工技术节约了支撑及栈桥，大大减少了混凝土支撑凿除产生的建筑垃圾，节省了外运费用；通过先行将顶板封闭后再施工地下室的方案，有效地从源头上降低了噪声及扬尘，降低了工程施工对环境的影响。上述种种工程措施均给整个项目带来了良好的社会效益，有效地实现了环境保护的目标，实现了城市建设的和谐发展。

4.4.5.2 经济效益

运用区域性超大深基坑逆作法施工与轨道交通共建技术，能节约基坑工程建造成本，缩短建造时间。

本工程采用了逆作法工艺，相比同样条件下的顺作法工艺，减少了3道混凝土支撑及栈桥的投入，经投资分析本工程逆作法施工比顺作法施工在工程总造价方面节约5千万元。

本工程相比顺作法、半逆作法工艺大大节约了工期，实现日均出土方量5000m^{3}以上，缩短工期约四个月，间接经济效益约3200万元。

基坑工程中采用的降模法施工技术，减少了一层的混凝土垫层施工费用，节省垫层材料费用约300元/m^2，20000m^{2}垫层共计节约约600万元。

高效降模施工工艺同时减少了模板排架等周转料的使用，并节省了施工垫层及养护时间，其中节省周转料工程费用约10万元，养护期共计28d，间接经济效益约400万元。

上海月星环球商业中心作为国内区域性超大面积深基坑逆作施工工程，它在施工过程中对周边特殊环境的保护所取得的成功经验必将对今后同类工程的施工起到很好的借鉴作用，特别是为大型地下空间、地下综合体的开发积累了宝贵的经验。

4.5 “微创”施工在中心城区医疗建筑改扩建施工中的应用——上海市第一人民医院改扩建工程

4.5.1 工程概况

4.5.1.1 工程简介

上海市第一人民医院位于虹口区武进路86号地块，项目建设用地面积8320m^2，项目总建筑面积48852m²，其中地上建筑面积35352m²（含改建保留建筑面积5903m²），地下建筑面积13500m²（地下3层属深基坑）。主楼（A楼）15层，建筑高度61.6m，裙房5层，建筑高度22m。保留建筑（B楼）4层，建筑高度16.4m。

主要建设内容包括：

（1）新建一幢新楼（地下3层、地上15层），包括急诊急救中心、老年科门诊、手术中心、中心供应室、功能检查、病房等功能的综合医疗建筑（A楼）。

图4-88 上海第一人民医院改扩建项目效果图

（2）保留建筑改造成急诊中心诊室及行政办公用房（B楼）。

（3）在A楼和B楼之间建设一层连接体，并在武进路上空建设2个过街连廊与医院的南院区连通，使新楼与既有医院南院连成一体。项目效果如图4-88所示。

其中基坑工程为新楼下3层地下室部位。开挖深度16.5m，基坑面积4920m²，外围周长约350m。根据工程特点及周边环境状况，确定采用了部分逆作法施工。

4.5.1.2 周边环境

本工程周边环境复杂，如图4-89所示，基坑东面为九龙路，路下有信息、上水、雨水、11万伏超高压电缆、污水等众多管线，管线距离基坑边最近为6.17m，九龙路对面距离基坑边19.38m为虹口港河道防汛墙；基坑南面为武进路，路下有信息、雨水、上水、燃气、电信、电力等众多管线，管线距离基坑边最近为9.99m，道路对面为第一人民医院高层建筑，距基坑边最近为门诊楼，7层框架结构，无桩基础，距基坑边25.46m；基坑西面有一优秀历史保护建筑——虹口消防站，天然地基，距离基坑内边线6.6m；基坑北面有两幢保留建筑，4层框架结构，钢筋混凝土条形基础（条形基础下设短桩及砂石垫层），另一栋为砌体结构，砖砌大放脚基础；距基坑边1.8m，保留建筑的北面为老旧居民区。

4.5.1.3 地质水文概况

拟建场区属于上海地区“滨海平原”地貌类型，地势较为平坦，场地地基土主要由饱和黏性土、粉性土和砂土组成。从上至下依次为②$_1$灰黄色黏质粉土，②$_{3a}$灰色黏质粉土，②$_{3b}$灰色黏质粉土，⑤$_{1a}$灰色黏土，⑤$_{1b}$灰色粉质黏土，⑤$_{31}$灰色粉质黏土夹黏质粉土，⑤$_{32}$灰色粉质黏土，⑤$_4$灰绿～暗绿色粉质黏土，⑦灰绿～灰色黏质粉土。

拟建场地浅部地下水属于潜水类型，水位埋深为1.00～2.10m，平均水位埋深1.63m，场地东侧有一条虹口港，该河流与本场地仅一路之隔，距本工程基坑最近距离约15m。

场地分布有⑦层黏质粉土，其埋深最浅在离地面约40m处，为上海地区承压含水层，承压水位埋深一般为3～12m，工程最大开挖深度为16.2m，按最不利承压水位埋深3.0m考虑，经验算，$P_{cz}/P_{wy}>1.05$不存在承压水突涌问题。

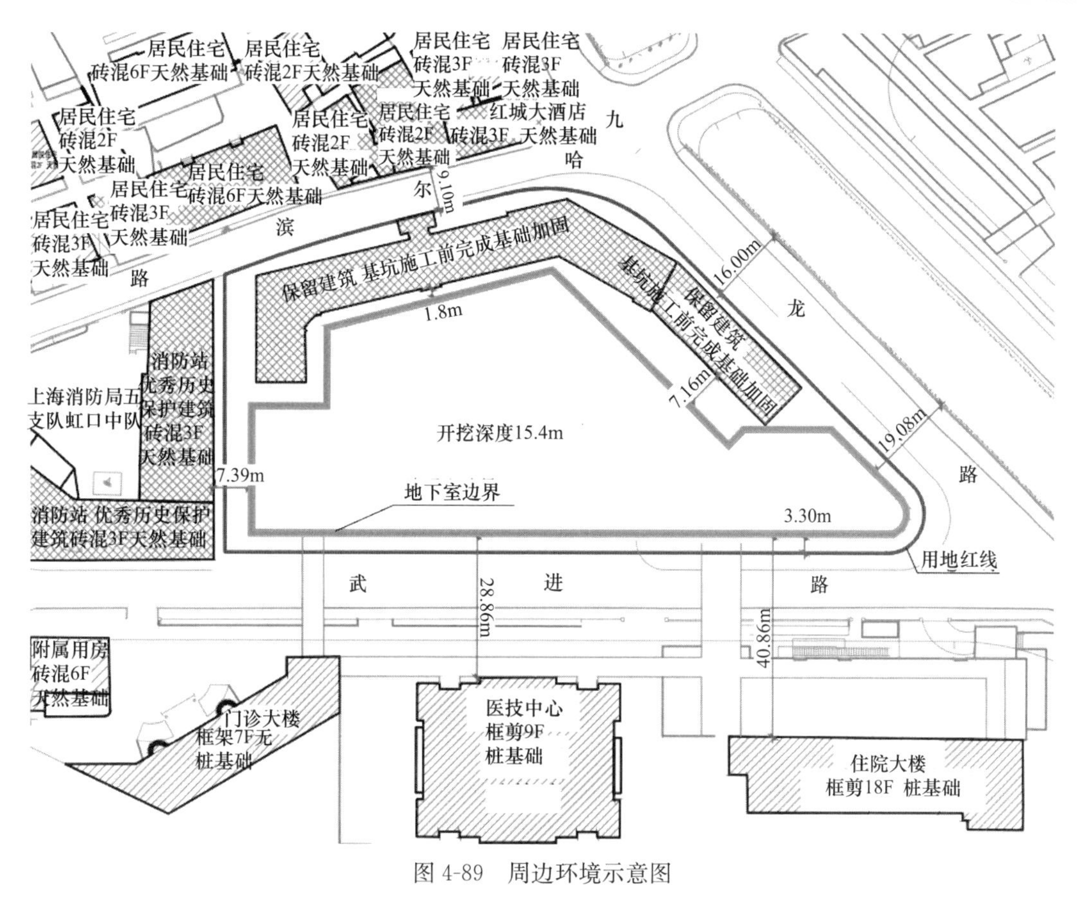

图 4-89 周边环境示意图

本工程②层的粉质土较厚，砂性较重，对基坑围护结构抗渗漏要求高，场地各土层的特性见表 4-10。

土层特性表 表 4-10

土层名称	层底标高（m）	固结快剪峰值		渗透系数
		C(kPa)	ϕ(°)	K(cm/s)
②$_1$	1.00～0.22	5	30.5	1.00×10^{-4}
②$_{3a}$	−10.08～−11.94	5	31	2.00×10^{-4}
②$_{3b}$	−15.64～ 22.73	5	30.5	1.00×10^{-4}
⑤$_{1a}$	−17.94～−19.87	13	12.5	3.00×10^{-7}
⑤$_{1b}$	−24.28～−30.14	15	19.5	2.00×10^{-6}
⑤$_{31}$	−30.28～−34.88	12	22.5	5.00×10^{-6}
⑤$_{32}$	−36.18～−39.14	15	18.5	2.00×10^{-6}
⑤$_4$	−38.44～−39.68	39	19.5	
⑦	−43.48～−44.48			

4.5.2 主要施工技术难点

4.5.2.1 地下障碍多，处理难度大

本工程场地区域原为上海市虹口中学，上部建筑局部区域在施工前已经拆除，场地的

地表层为遗留建筑垃圾，建筑垃圾下存在建筑结构基础、人防通道等。场地南侧为原地下停车库，拆除开挖深度4.5m，停车库下方存在原有建筑的地基搅拌桩桩基，该搅拌桩布置位置不清晰，深度不明，这些地下障碍对后续工程桩及围护结构的施工带来较大影响。

4.5.2.2 基坑周围环境复杂，保护要求高

基坑西面为百年优秀历史保护建筑——虹口消防站（图4-90），距离基坑内边线6.6m，天然地基，是本基坑工程实施过程中的重点保护对象。该建筑的变形控制要求极为严格，必须确保其万无一失。基坑东北侧保留建筑B楼始建于20世纪20年代，距离基坑最近仅1.8m。保留建筑B楼一部分为4层框架结构，钢筋混凝土条形基础（条形基础下设短桩及砂石垫层）；一部分砌体结构，砖砌大放脚基础。基坑的东侧为城市重要泄洪河道——虹口港。基坑南侧为武进路，路下管线众多，分布有上水、雨水、污水、信息、燃气、11万伏电缆混凝土箱涵等，地下管线错综复杂，且老城区年久失修。在基坑建设施工过程中，周围环境保护要求很高。

图4-90 百年优秀历史保护建筑——虹口消防站

4.5.2.3 场地狭小，施工场地布局困难

施工场地占地面积8320m²，基坑占地6220m²，基坑占地率达到75%。现场无固定施工场地，基坑施工期间基坑至施工围墙距离2～3m。

工程场地南侧为武进路，为第一人民医院南院的主要出入口。人流车流拥挤，场外周边道路狭窄，均为单行道且不成环路，工程材料运输及场地的布局极其困难。

4.5.2.4 紧邻运营医院，对声光尘控制要求高

本工程为改扩建项目，南侧为医院的住院部及门诊大楼，且施工车辆进出大门只能设置在医院一侧，和医院共用武进路。此外，施工噪声、灯光照明、粉尘污染及车辆进出都会对医院运营及患者的心理状态产生影响，甚至会引发医护人员与患者的不满情绪。因此，施工全过程实现绿色环保施工的要求高。

4.5.3 “微创”逆作方案的设计

与医疗系统中手术相类比，顺作法相当于“开膛手术”，创伤大，对病人造成的影响

大；逆作法相当于“微创手术”，创伤小，恢复快，并可增加基坑施工阶段人们的视觉安全感。

由于本工程场地狭小，周边环境复杂，对基坑变形控制要求高，同时医院内部文明施工、绿色环保施工要求高，因此本工程地下选用逆作法进行施工。

本工程地下 3 层，地下 1 层层高 4.5m，地下 2 层层高 4.1m，地下 3 层层高 4m，开挖深度 16.5m，基坑面积 4920m²，外围周长约 350m。

由于工程基坑形状不规则，如图 4-91 所示，工程东西两端均为地下车道区域，结构梁板在逆作阶段难以形成有效的支撑，因此逆作法选用部分逆作的形式：在东西两端部位采用顺作（B0 结构板封闭，盖挖施工），中部区域逆作的方案，即总体采用顺逆结合，以逆作法为主。

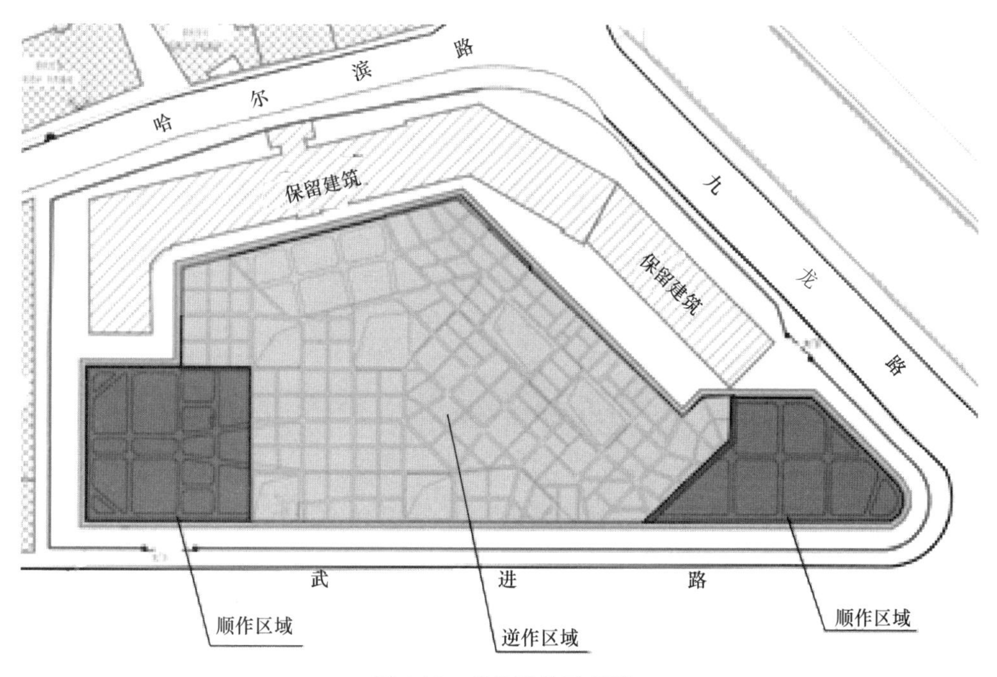

图 4-91 基坑形状示意图

由于工程场地狭小，为保持地下施工的便利性，解决基坑阶段狭小场地的施工布局，B0 板部分区域经结构加固设计后作为施工挖土平台及车辆运输通道。在完成结构施工后，顺作上部结构。

4.5.3.1 两墙合一地下连续墙设计

采用两墙合一地下连续墙作为围护结构，地下连续墙既作为基坑开挖阶段的挡土止水围护结构，同时作为地下室结构外墙，即两墙合一。

1. 地下连续墙厚度

本项目地下 3 层区域设置 1000mm 厚两墙合一地下连续墙，地下室外墙内侧采用膨润土防水毯＋内衬墙工艺，可满足支护变形控制要求及邻近优秀历史保护建筑要求。

2. 地下连续墙插入深度

地下连续墙的插入深度是由基坑围护结构的各项稳定性计算要求确定，其中基坑抗隆起是关键控制指标。根据计算，地下连续墙的插入比采用1∶1.2，墙深根据开挖深度分别取32m、35m。

3. 地下连续墙槽段接头设计

工程中地下连续墙深度为32.8m和35m，采用锁口管接头。

4. 地下连续墙槽底后注浆

为控制两墙合一地下连续墙的沉降量、协调地下连续墙槽段之间以及地下连续墙与桩基之间的差异沉降，采用地下连续墙槽底进行注浆。地下连续墙每幅槽段内设置两根注浆管。注浆管的间距不大于3m，管底位于槽底（含沉渣厚度）以下不小于300mm，在墙身混凝土达到设计强度等级后进行注浆，注浆压力大于注浆深度处土层压力，每幅地下连续墙注浆量3t。

4.5.3.2 出土口的设置

由于逆作法是先施工结构梁板再进行土方开挖，因此暗挖土方的出土效率对逆作施工的影响较大。根据本工程场地条件及工程特点，于武进路和九龙路各设置一个大门，利用B0板作为施工场地，现场总计布置8个取土口，如图4-92所示，开口率约占B0板总面积的22%。取土口同时作为施工材料的垂直运输通道，取土口布置间距小于30m，减少了板下土方水平运输距离，保证了土方开挖进度，减少了基坑暴露时间，有利于加快施工进度，缩短工期。

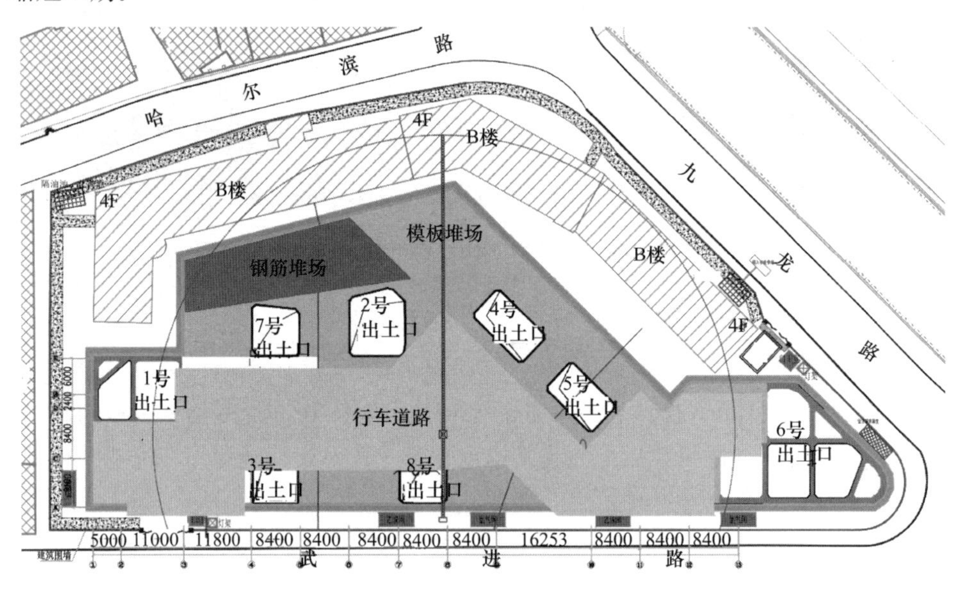

图4-92 取土口平面布置图

4.5.3.3 地下室首层结构梁板作为施工平台

本项目利用首层结构梁板作为施工机械的挖土平台及车辆运作通道，便于地下一层下逆作土方取土和运土，逆作阶段首层结构梁板设置出土口及施工通道。

由于首层结构梁板上将布设挖土机械及车辆运输路线，挖土、运土车等施工机械停放、往来频繁，施工荷载大，因此机车停放位置及运输路线的结构梁板和临时出土口周边的结构梁需进行加强处理。

4.5.3.4 结构高低差位置的处理

为取得更大的施工场地，地下室顶板局部降板区域浇筑临时施工平台，使－0.100m标高形成完整的平板，便于施工，并避免了顶板不同高差处传力不畅。

4.5.3.5 逆作区竖向支承体系

逆作施工阶段一柱一桩竖向支承系统按最不利工况设计，考虑承受地下3层结构梁板自重以及施工荷载等。一柱一桩竖向支承系统由钢立柱和立柱桩组成，一般工程钢立柱有钢管混凝土柱和角钢格构柱两种形式，本工程中逆作区域的钢立柱主要采用角钢格构柱。

4.5.3.6 逆作区梁柱节点钢筋穿越方案

梁与钢立柱节点的设计，主要是解决梁钢筋如何穿过钢立柱，保证框架柱完成后，节点的施工质量和受力状态与结构设计计算一致。本项目立柱采用钢格构柱，地下室梁的配筋数量较多，逆作施工阶段存在梁柱节点位置梁钢筋穿越钢立柱的困难。本工程根据逆作施工阶段一柱一桩承载力的需要，考虑框架梁钢筋的穿越，主梁在柱的位置均采用水平加腋处理。加腋截面宽度不小于1000mm，使无法通过的梁两侧的钢筋在格构柱侧面通过，梁中部的钢筋则在格构柱中央通过，如图4-93所示。

图4-93 钢格构柱混凝土立柱连接节点示意图

4.5.3.7 坑内地基加固

根据计算分析，为达到周边保留房屋及道路管线的保护要求，坑内采用高压旋喷桩对被动区土体进行加固，加固宽度为5m。对于坑内电梯井等局部落深区，全部采用旋喷桩在落深区满堂加固形成挡墙及封底，如图4-94所示。

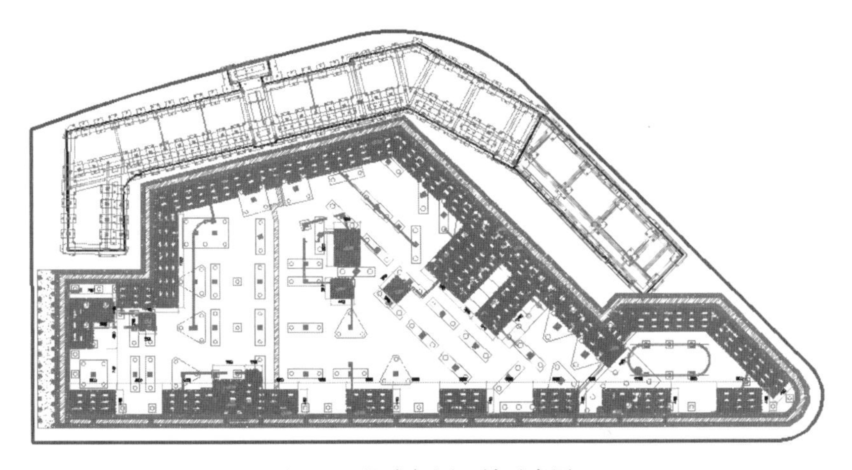

图4-94 坑内加固区域示意图

4.5.3.8 槽壁加固

由于本工程②层粉质土较厚，砂性较重，且场地内存在大量的地下障碍物，清障深度达5m以上，地下连续墙施工时易产生塌孔现象，因此，在地下连续墙施工前进行槽壁加固处理。选用五轴搅拌桩加固。

围护采用1000m厚地下连续墙，柔性锁口管接头，墙深32m、35m，如图4-95所示，在两侧设置五轴水泥土搅拌桩 ϕ800mm，搭接 300mm（北侧靠近B楼一边，采用 ϕ700mm，搭接250mm)，进行槽壁加固处理，槽壁加固深度为24m，槽壁加固穿越② $_{-3b}$ 层，进入⑤ $_{-1b}$ 层。一般区域水泥搅拌桩水泥掺量13%，回填区域水泥掺量提高至15%。

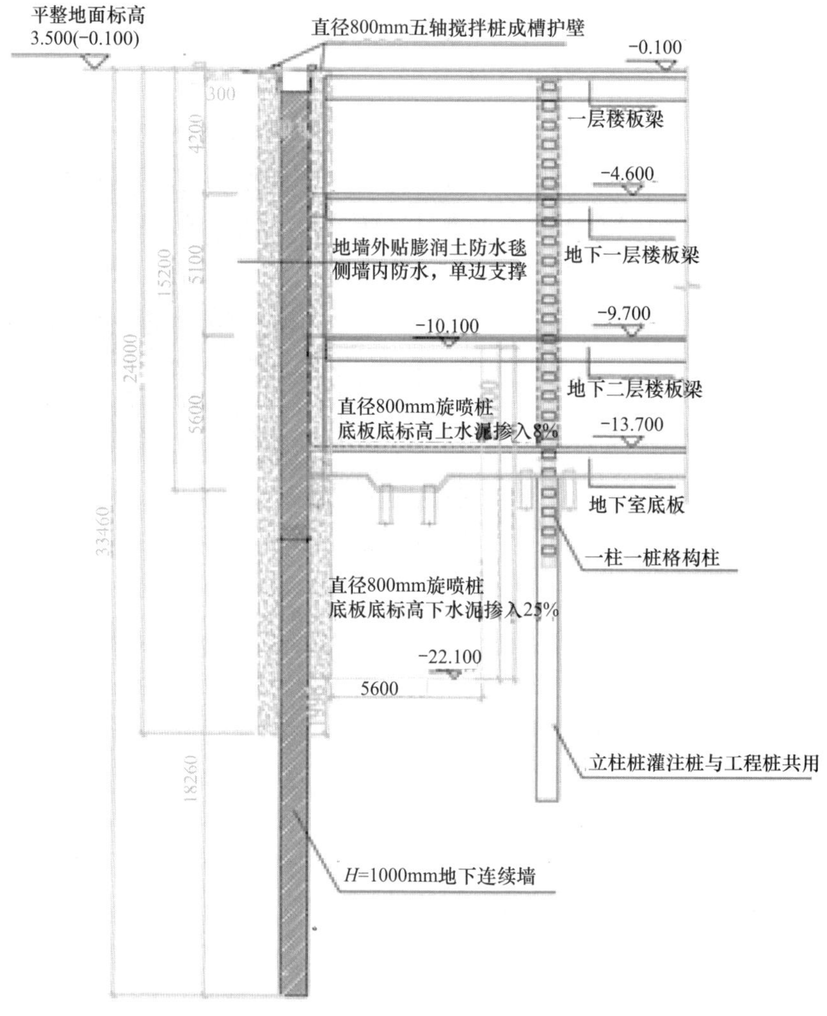

图4-95 围护体系剖面图

4.5.4 周边重要建筑物的保护措施

4.5.4.1 保留建筑B楼基础加固

保留建筑B楼为4层建筑，高度16.4m，位于基坑北侧，距离基坑最近距离仅1.8m。

该建筑为原虹口中学教学楼（图 4-96），于 1928～1940 年逐步建成。其中西侧为条形基础，混凝土框架，东侧砖砌大放脚基础，砌体结构。该建筑将改造成急诊中心诊室及行政办公用房。

图 4-96　原虹口中学教学楼

为保证基坑开挖施工阶段对 B 楼的保护，设计方案确定在施工前对该建筑进行基础加固。在原有条形混凝土基础、十字地梁交叉位置新增承台 64 个（图 4-97），承台施工完成后进行静压锚杆桩施工（图 4-98）。锚杆桩的桩径 245mm，桩长 33m，总数 288 根。锚杆桩的设计承载力标准值为 500kN，极限承载力为 1000kN，通过锚杆桩提高基础承载力，有效控制地下连续墙及基坑施工阶段该建筑的整体沉降和变形。

图 4-97　新增承台

图 4-98　静压锚杆桩

4.5.4.2　虹口消防站一侧的隔离保护措施

百年优秀历史保护建筑——虹口消防站位于本工程西侧，距离基坑 6.6m 左右，为 3 层的砌体结构，天然基础。该建筑始建于 1886 年，2007 年进行过修缮，是本工程施工的重点保护对象之一。基坑施工前在基坑西侧靠近保护建筑一侧打设双排 ϕ350@550mm 树根桩，在基坑与消防站建筑之间形成隔离“墙”（图 4-99、图 4-100）。隔离桩的桩长 22m，呈梅花形布置，在树根桩与围护之间留有一定间隙，根据监测结果确定是否在这间隙进行跟踪注浆处理。

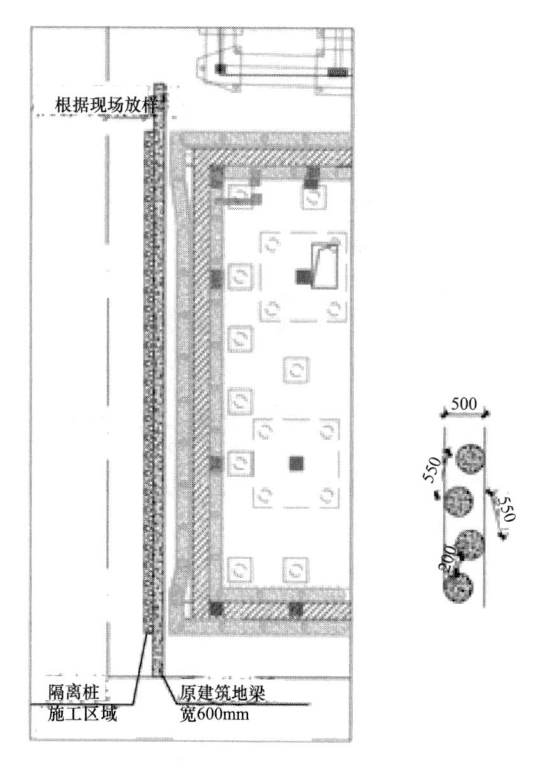

图 4-99 隔离桩布置平面图

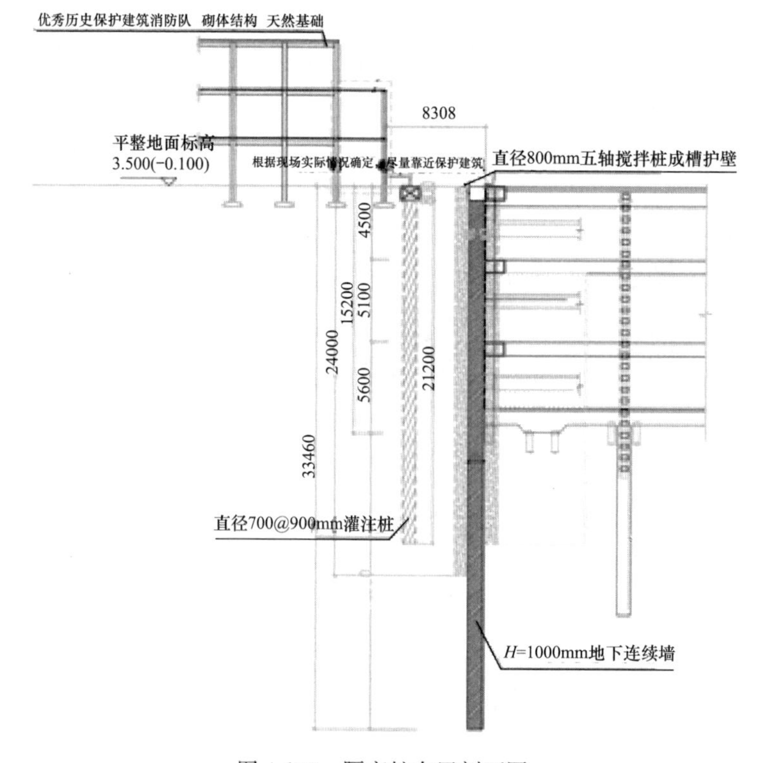

图 4-100 隔离桩布置剖面图

4.5.5 施工部署

4.5.5.1 施工总体流程

整个工程流程控制如下：

地下障碍物清理及回填、保留建筑B楼基础加固→场地平整→五轴搅拌桩槽壁加固→地下连续墙施工→工程桩基础及坑内加固→基坑降水→首层土方开挖→逆作区结构B0板及顺作区第一道支撑施工→第二层土方开挖→逆作区结构B1板及顺作区第二道支撑→第三层土方开挖→逆作区结构B2板及顺作区第三道支撑→第四层土方开挖→结构底板施工→依次拆除顺作支撑回筑地下结构→上部结构施工。

4.5.5.2 场地规划

本工程场地狭小，地下施工阶段所有施工场地均在已完B0板上进行部署（图4-101），顺作区域第一道支撑标高也用结构板封闭，盖挖施工，进一步扩大可利用施工场地。

图4-101 B0板布置效果图

加工及堆料场地布置在场地北侧，中间设置一条贯穿场地连接武进路及九龙路的施工便道，加工场地及挖机停靠均不占用中央通行道路，确保场地内运输通道的畅通。

4.5.6 施工关键技术

4.5.6.1 无支护深坑地下室拆除及清障

本工程进场后对原有一处地下停车库进行拆除。该停车库拆除深度大于4m，地下室拆除阶段，合理安排拆除流程，采用了间隔施工、分块拆除、及时回填的施工方案，在无支护的情况下完成地下室的拆除。

回填土方考虑后期五轴搅拌桩设备总装备重量超过300t的实际施工需求，并要满足后期桩基施工的土质要求，因此不宜单一采用土或级配砂石回填。经过分析最终确定采用土＋级配砂石＋干拌5%水泥预加固的方法，每500mm分层碾压，表层采用500mm厚道砟满铺，以此满足后期施工对地基承载力的要求。

对于原地下室下方的搅拌桩基，在围护墙施工槽壁加固时，采用在五轴搅拌桩钻头上加焊钨钢刀片的方法，直接将原有搅拌桩切碎，以此保证地下连续墙的顺利施工。

4.5.6.2 五轴搅拌桩施工技术

本工程位于闹市，周围保护建筑众多、场地土层砂性较重，逆作法地下连续墙施工时对周边环境会造成较大影响，因此需采用槽壁加固措施来保证地下连续墙的成槽质量，保护周边环境。为控制槽壁加固对周围建筑物的扰动，本着“经济、适用”的原则，经过比对，本工程施工采用了五轴搅拌桩机结合FCW-A（低扰动、低置换）工法，如图4-102、图4-103所示。

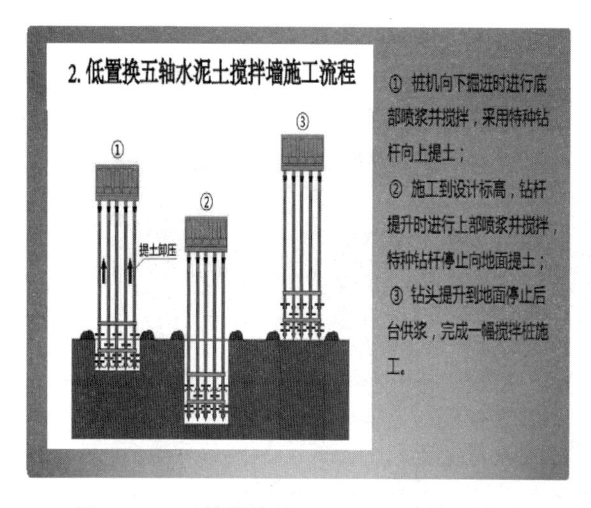

图4-102 五轴搅拌桩FCW-A工法施工流程

图4-103 五轴搅拌桩机

五轴搅拌桩FCW-A工法施工流程：

（1）桩机向下掘进时进行底部喷浆并搅拌，采用特种钻杆向上提土；

（2）施工到设计标高，钻杆提升时进行上部喷浆并搅拌，特种钻杆停止向地面提土；

（3）钻头提升到地面停止后台供浆，完成一幅搅拌桩施工。

与传统二轴搅拌桩或三轴搅拌桩施工工艺相比，该工法具有扰动小、施工速度快、垂直度好、桩间搭接可靠、成本低等优点。

地下连续墙槽壁加固采用五轴搅拌桩FCW-A工法，根据工程现场实际情况，提出有针对性的做法，很好地控制了施工对周围的影响，通过有关实地检测和后期地下连续墙的顺利完成，印证了该工艺的可靠性（图4-104）。

4.5.6.3 逆作法结构节点处理

由于逆作法施工先施工水平楼板，后施工竖向结构的特点，逆作法施工中对梁板钢筋与各种钢立柱的连接是首要解决的问题。

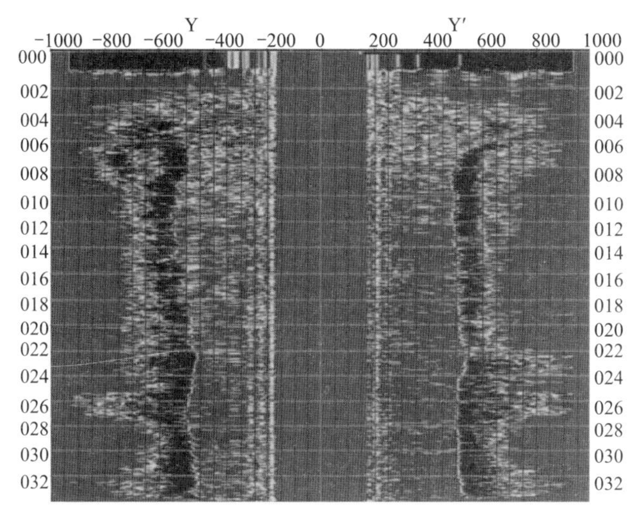

图 4-104　地下连续墙成槽声测图

本工程钢立柱种类较多，有钢格构柱、钢管柱、十字钢骨柱等。梁板钢筋与钢立柱节点也有多种，首层柱顶采用倒置埋件构造，中间楼层梁钢筋遇格构柱采用节点加腋方法，钢管柱采用连接环板，十字钢骨柱则采用焊接直螺纹套筒的方法，以此不同方法完成钢筋在梁柱节点的处理，如图 4-105 所示。此外，在水平永久结构与地下连续墙之间采用了环梁法代替传统预留接驳的做法，也取得了较好的效果。

图 4-105　钢立柱形式及节点做法

(a) 钢格构柱；(b) 钢管柱；(c) 十字钢骨柱；(d) 倒置埋件法；(e) 加腋法；(f) 环板法

4.5.7　声光尘的控制

本工程位于运营医院的北侧，医患人员集中，对施工中的声光尘等污染的控制要求高。本工程采用逆作法施工，并通过采取相关技术措施，使得地下工程施工对环境的声光尘等污染得到有效控制。

4.5.7.1 噪声控制

由于逆作法在施工地下室时是采用先 B0 层结构楼面整体浇筑，再向下挖土施工，故其在地下工程施工中的噪声因首层楼板的阻隔而大大降低，从而可避免因地下施工特别是夜间施工噪声对医院的影响。本工程夜间进行地下挖土及结构施工，施工噪声对一路之隔的医院及居民区基本没有影响，由此也加快了施工进度。

在施工阶段组织专人每天对施工场界噪声进行实时监测与控制。若有夜间施工，则对夜间施工增加监测。噪声监测点布置如图 4-106 所示，实时监测设备如图 4-107、图 4-108 所示。

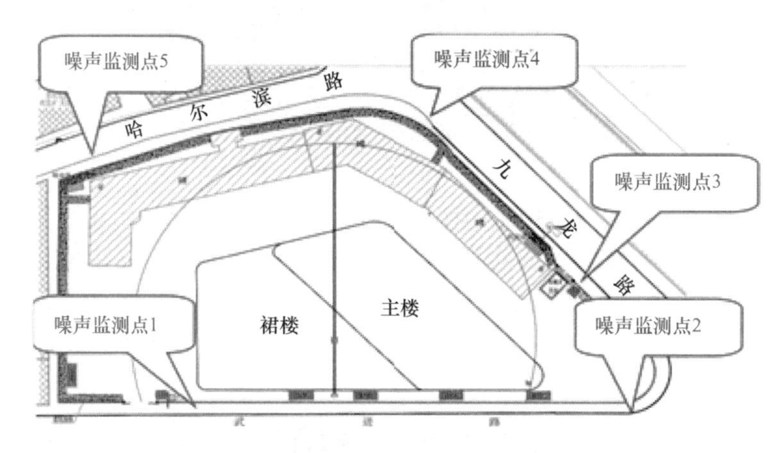

图 4-106 噪声监测点布置图

图 4-107 噪声实时监测

图 4-108 在线扬尘、噪声监测仪

同时，对噪声、振动较大的机械设备采取隔声与隔振措施，避免或减少施工噪声和振动对周边环境的影响。

4.5.7.2 光污染控制

由于上部结构施工时采用封闭式外围脚手架施工，光污染对周边的影响较小。光污染主要集中在地下施工阶段。本工程采用逆作法施工，地下工程基本均处于封闭阶段，地下基坑及结构施工位于下部封闭环境中进行，地下采用节能灯安装在已完成的结构楼板下方，确保地下施工光照要求，而对上部外围环境造成的光污染大大减少，如图 4-109 所示。

图 4-109 已完成结构楼板下方安装节能灯

地上部分夜间光污染控制主要采用定向控制方法。夜间室外照明灯加设灯罩，透光方向集中在施工范围。夜间施工照明必须向工地内照射，并对照明用灯具等进行加固处理，所有照明灯具加设防护罩，灯具向下 30°进行照射，如图 4-110 所示。

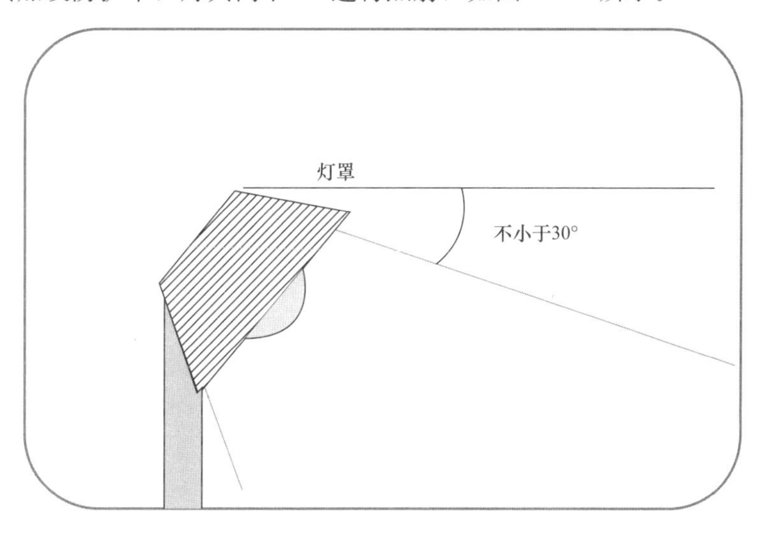

图 4-110 灯罩示意

4.5.7.3 扬尘控制

常规顺作法采取开敞大开挖方法，挖土面处于长期暴露状态，开挖期间会产生较大的灰尘，造成扬尘污染。逆作法施工作业大多在封闭的地表下，土方作业也主要位于封闭环境内，因此可以最大限度地减少扬尘。本工程地下室逆作法施工阶段，施工现场扬尘范围控制在 0.4m 以内，保证了医院环境的清洁。

土方车辆进出均通过冲洗池冲洗，逆作结构的楼面通过洒水保持清洁，污水则通过导流系统进行收集集中排放，如图 4-111 所示。

图 4-111 土方车辆冲洗

4.5.8 BIM 技术在逆作法施工中的应用

针对逆作法施工组织及技术管理要求高的特点，本工程施工采用 BIM 技术全过程管理。BIM 技术主要应用在各阶段场地规划布置、复杂结构节点处理、管线碰撞、逆作结构楼板中的管线预埋、通过 4D 控制施工进度等。

4.5.8.1 场地部署规划

本工程施工场地 8320m²，基坑占地 6220m²，基坑占地率达到 75%，现场施工阶段堆场用地十分紧张，因此材料堆场设置、场地内外交通组织、场地布置及管理成为本工程施工管理的关键点之一。

而传统的 CAD 平面图纸不能直观反映现场的情况。采用 BIM 技术建立三维场地布置模型，提前规划并协调各个分包及劳务队的材料堆放与加工用地，解决了施工现场场地狭小、分包协调困难的问题。利用 BIM 技术按实际比例模拟各施工阶段场地布置，不仅使各不同阶段场地转换一目了然，而且使地下逆作阶段场地布置时可兼顾后期上部施工，有效避免重复调整场地布置的问题。施工场地布置的 BIM 模拟与现场实况分别如图 4-112 和图 4-113 所示。

4.5.8.2 逆作法施工特殊节点的模拟

逆作法特殊节点的处理是保证工程质量的重点。传统 CAD 图纸无法直观反映节点状况，施工操作人员难以理解。特别是逆作法的梁柱节点，构造复杂、种类繁多，且现场的实际尺寸与图纸也存在一定的偏差，更给施工带来了困难。利用 BIM 软件，可根据实际结构尺寸及配筋情况，按比例模拟结构节点钢筋穿越问题，避免了方案图纸难以实现加工的问题，不仅加快了施工进度，而且将抽象的图纸具象化，保证了施工准确率（图 4-114）。通过 BIM 技术对操作工人交底，降低了对工人空间想象能力和施工经验的要求，使原来一些不熟悉图纸的工人也能够准确地理解设计意图，并按图进行施工。由此，减少了向工人的交底时间，降低了施工的返工率。

图 4-112 BIM 模拟

图 4-113 现场实况

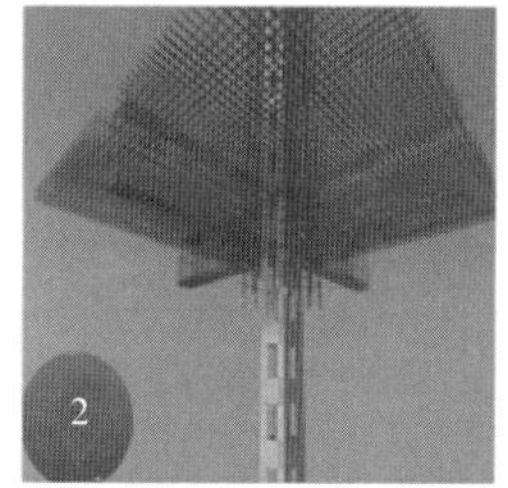

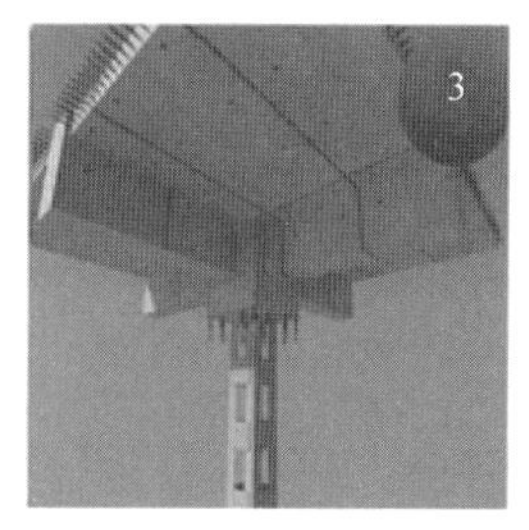

图 4-114 特殊节点 BIM 示意图

4.5.8.3 管线综合及预埋管理

医院的医疗系统设备众多，管线复杂。采用逆作法施工，管线的预埋、预留等设计相对顺作法要提前介入，以保证在逆作施工阶段做好设备管线的预留和预埋。

本工程提前介入采用 BIM 技术对安装管线进行设计，通过管线碰撞试验，确定管线综合排布。实现了一次性出图，避免了分专业出图在现场发生矛盾的情况。利用 BIM 提供的信息，还可直接在现场对管线预留、预埋进行对照检查，使管线施工正确无遗漏。

4.5.9 实施效果分析

4.5.9.1 基坑及周边环境变形

逆作法利用板代撑的原理，受力良好且合理，围护结构变形量小，14 个地下连续墙深层水平位移监测点数据均小于 30mm，最大水平变形为 23mm。从地下室施工开始支撑轴力及坑外水位监测也处于正常状态，基坑邻近的保护建筑消防站、保留建筑 B 楼及道路、管线均处于受控状态，最终变形均在预期的控制范围以内，且保证施工期间的正常使用。

4.5.9.2 工期

本工程采用部分逆作施工，顺作区域小，大大减少了支撑拆除及水平结构养护时间，且地下室在半封闭状态下施工，又减少了受风雨的影响。本工程地下3层自挖土至地下室结构完成历时为152d，相比采用传统顺作法的同类工程节约近2个月的工期。

4.5.9.3 社会及经济效益

1. 噪声控制

由于逆作法在施工地下室时是采用先进行首层楼面的整体浇筑，再向下挖土施工，故其在施工中的噪声因首层楼面的阻隔而大大降低。夜间进行结构施工噪声对场地外围基本没有影响。

本工程地下室逆作法施工阶段的施工现场噪声均未超过《建筑施工场界噪声排放标准》GB 12523—2011的要求，达到了施工不扰民的目标。

2. 扬尘控制

通常的地下工程施工采取开敞开挖手段，这往往会产生大量建筑灰尘，从而造成城市污染。逆作法的作业在封闭的地表下，可以最大限度地减少扬尘。本工程地下室逆作法施工阶段，施工现场扬尘范围控制在0.4m，保证了医院环境洁净及人员的健康。

逆作法地下土方开挖及结构作业均在地下封闭空间内进行，施工中产生的声光尘对周边影响很小。施工阶段对与本基坑一路之隔的医院南院及周围居民影响极小，未发生一起医患及居民的投诉，有效保障了工程的顺利推进。

同时由于逆作施工中将B0板作为施工场地，不占用医院内部的其他场地，缓解了因施工带来的周边交通拥堵及医院内用地紧缺的压力，保障了施工期间医院的正常运行。

与医疗“微创手术”需要较高的技术水平和先进的设备相类似，逆作法施工要求技术针对性强、施工精度要求高、人员素质及管理要求高等，因此，往往会导致逆作法施工成本的增加，但通过多年的摸索和工艺的改进，本工程的成本已与传统顺作基坑施工成本基本持平，又由于工期的节约，使建设单位获得了更大的经济与社会效益。

4.6 既有历史保护建筑群增设地下室平推式逆作法应用——江苏省财政厅地下停车库工程逆作法施工实例

4.6.1 工程概况

4.6.1.1 建筑概况

江苏省财政厅院落改造项目位于南京市北京西路与西康路交汇处东南隅，北到北京西路（城市主干道且下方为在建地铁4号线），南邻天目路，西至天目大厦，地理位置显赫，社会影响广泛。本工程地上为2栋民国时期建筑，需在地下新增8层机械停车库。基坑面积约1100m²，周长约150m，建筑面积为9112m²，基坑东西两侧有高层、天然地基旧房，北侧有地铁4号线在建，施工场地狭小，周边环境保护要求高。项目示意如图4-115所示。

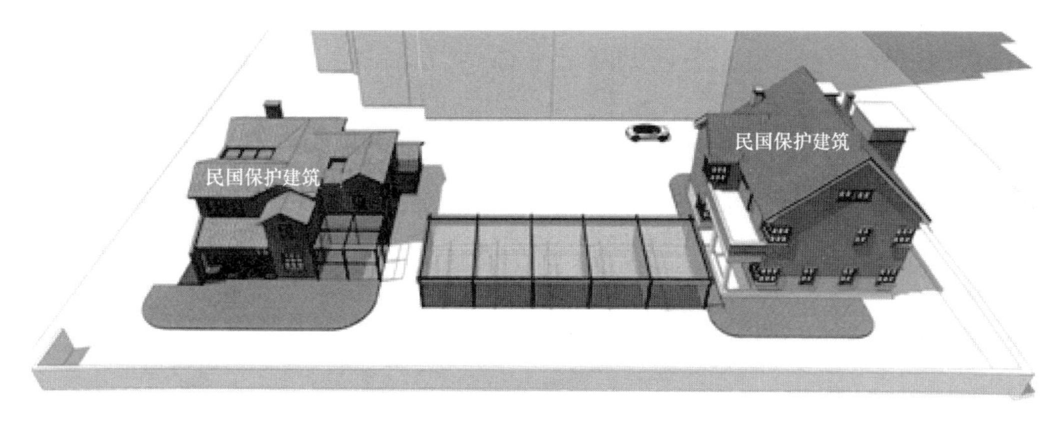

图 4-115 江苏省财政厅项目示意图

4.6.1.2 结构概况

地下车库为新建 8 层钢筋混凝土框架结构，地上民国古建筑为砌体结构，结构剖面效果如图 4-116 所示。基坑开挖深度为 26.45～23.85m，土方总量约 3 万 m^3。

图 4-116 江苏财政厅剖面效果图

4.6.1.3 周边环境概况

1. 周边建筑

本工程地处南京行政中心，基坑周边新旧建筑交错。场地内部的民国古建筑为省级保护建筑。场地内部北侧为北京西路 57 号民国古建筑，在本工程地下室基坑范围内，它在北侧支护结构施工时要南移。场地内部南侧为天目路，32 号民国古建筑也在本工程地下室基坑范围内，它在南侧支护施工时要北移。场地西侧基地红线与地下室重叠，且基坑边缘距天目大厦仅 6.5m。场地东侧基地红线与地下室重叠，基坑边缘距浅基础的民居仅 6.7m。项目周边环境如图 4-117 所示。地下车库施工阶段环境复杂，施工难度大。

图 4-117 周边环境示意图

2. 周边道路和管线

基坑北侧北京西路为城市主干道，车流繁忙。周边地下管线主要分布在北京西路及天目路，包含电力管、路灯管、给水管、污水管、天然气管、电信管等重要市政管线（图 4-118），基坑北侧又有地铁 4 号线在建工程，距离本工程地下室北侧边线仅 12m。

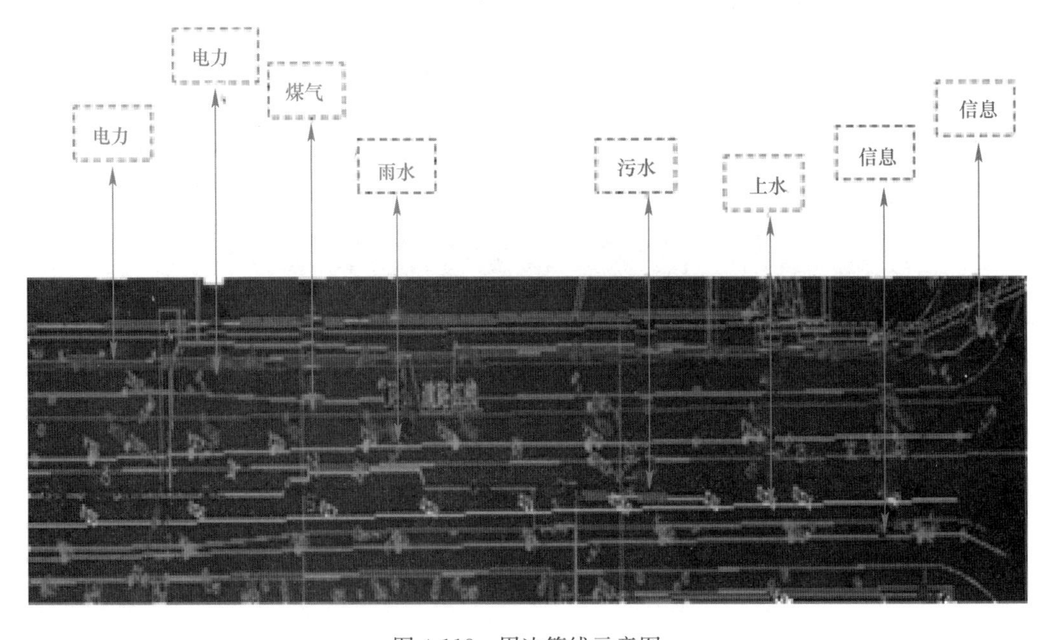

图 4-118 周边管线示意图

3. 待建地铁

北侧北京西路地下为待建地铁 4 号线，距工程基坑北侧边缘仅 12m。地铁盾构底部标高约－16.80m，盾构直径在 6m。

4.6.2 工程重难点

1. 工程工期紧张

本工程一区占地面积 1100m^2，周长 150m，基坑挖深 23.85～26.45m，采用逆作法施工。要求工期 396d，包括前期准备、桩基围护施工、结构装饰安装施工等，施工工期紧张。

2. 周边环境复杂、保护要求高

本工程基坑内存在保护建筑；周边建筑多、距离基坑近，环境保护要求高；周边地下管线多且有煤气、上水等多条压力管线，也需在施工期间妥善保护。

3. 邻近在建地铁线路影响大

在建地铁4号线，距离地下室边线仅12m，本工程基坑挖深在地铁影响范围以内。基坑开挖与地铁盾构的推进会互相影响，因此对地铁线路的保护尤为慎重。

4. 保护建筑下地下工程施工

本工程地下车库的平面位置在整个红线范围内，南北两区域分别位于两幢民国建筑之下。地下车库的施工不仅需对两幢民国建筑进行保护，还需考虑其下的车库结构如何施工的难题。

总之，由于本工程场地狭小，施工工期紧张，周边环境保护要求较高，且需要在场地内的保护建筑下进行地下工程施工，施工难度巨大。本工程创造性地采用平推式逆作法+跃层施工技术解决上述工程难题。

4.6.3 平推式逆作法关键工序简介

本工程采用的平推式逆作法施工工序分为六个工况，如图4-119～图4-124所示。

图4-119 工况一：北侧保护建筑南移效果图

工况一，场地内北侧既有民国保护建筑物向基坑南侧移位，临时放置在场地南侧（图4-119）。

工况二，基坑北侧围护、桩基及B0板施工（图4-120）。

工况三，场地内两幢民国保护建筑物移位至北侧已完成B0板上（图4-121）。

工况四，基坑南侧围护、桩基及B0板施工（图4-122）。

工况五，地下车库逆作施工（图4-123）。

工况六，既有建筑物复位，地下车库设备安装及装饰施工（图4-124）。

图 4-120 工况二：基坑北侧 B0 板完成效果图

图 4-121 工况三：保护建筑移至北侧效果图

4.6.4 关键施工工艺详解

4.6.4.1 建筑平移施工工艺

建筑平移施工是将建筑整体迁移，建筑物整体迁移的基本方法是：

（1）对建筑墙体结构进行加固；

（2）通过托换装置将柱（或墙）的荷载预先转移到移动系统上，移动系统安放在轨道梁上；

图 4-122 工况四：基坑南侧 B0 板完成效果图

图 4-123 工况五：地下车库完成效果图

（3）将建筑物和基础分离，在建筑物一侧施加推力或拉力，推动移动系统和建筑物在轨道上平移；

（4）到达预定位置后，将建筑物和新基础连接。

建筑平移示意如图 4-125 所示。

1. 结构加固措施

在建筑平移前，首先对建筑加固，以增加建筑物整体结构性，提升建筑物承受变形能力。图 4-126 为本工程保护建筑加固的实况照片。在围护设计中通过在建筑物移动路径下方增设临时立柱、加大 B0 板承载力的方式，满足建筑的平移要求，减小平移过程中的变形。

图 4-124 工况六：既有建筑复位，完成机电设备安装

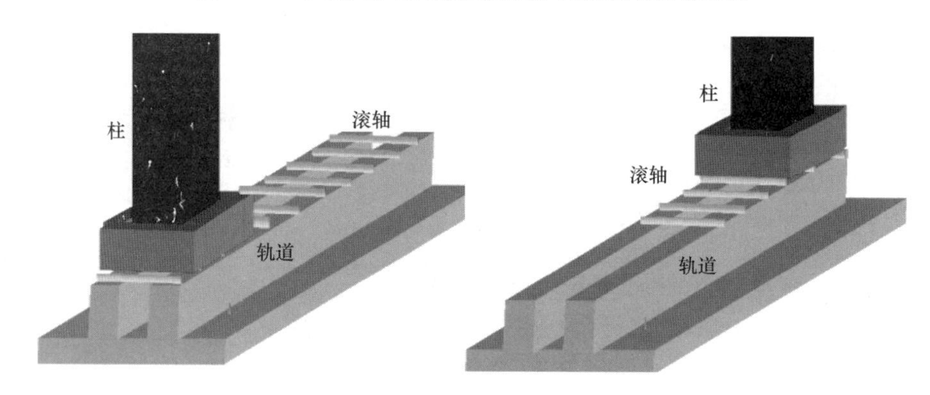

图 4-125 平移示意图

图 4-126 保护建筑结构加固

2. 托换技术

托换技术是建筑整体平移的关键技术之一。托换方法有两种，一种是双夹梁式墙体托换，另一种是单梁式墙体托换。两种托换方法在施工过程中都利用了砌体的“内拱卸荷作用”，方法一施工便捷，工期短，对建筑较为安全，但成本大，大多数平移工程中采用此

法。方法二节省材料，但施工难度大，时间长。

本工程选择双夹梁托换方法，双夹梁托换方式，如图 4-127 所示。每道双夹梁的钢筋要相互连接并整体浇筑，共同组成一个刚性的托架体系。这一刚性托架既可调整平移中因轨道不均匀沉降或轨道变形引起的少量不均匀变形，又可以保证牵引力可以较为均匀地传递到各个轴线的墙体上，提高房屋在移动过程中的抗变形能力和整体性，避免结构在移动过程中出现裂缝和损伤。

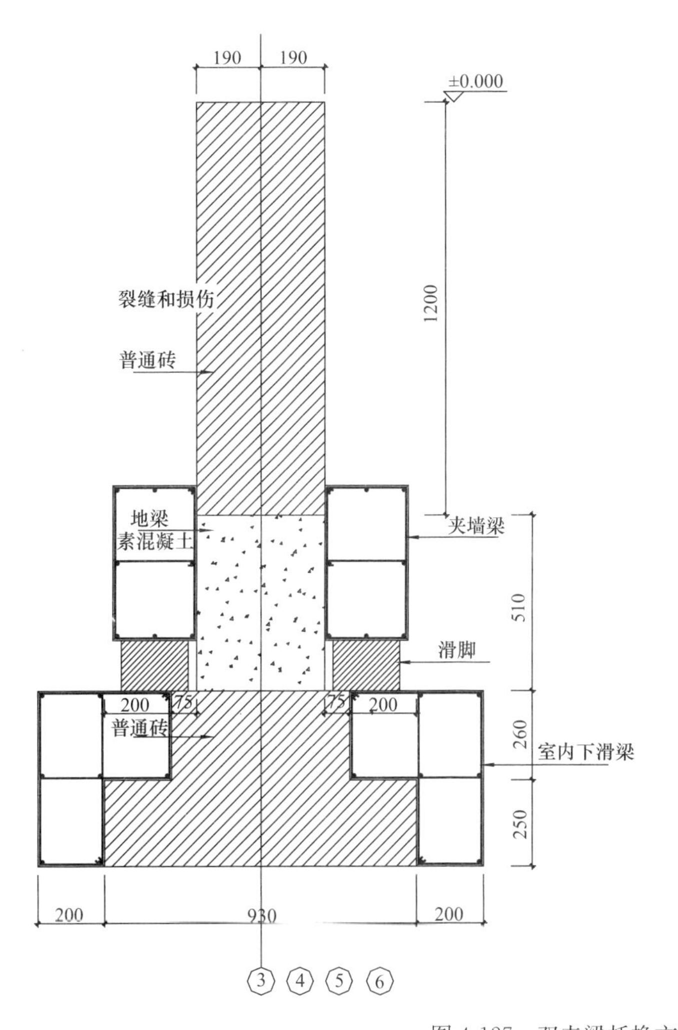

图 4-127 双夹梁托换方法

3. 顶升技术

为了保证平移、顶升过程的稳定、同步、安全，本项目采用了同步顶升系统。该系统集检测、控制功能于一体，精度可达 0.01mm，可保证一体同步。顶升施工现场如图 4-128 所示。

4. 旋转+平移技术

建筑物平移目前常见的有两种方式，一种是滑道平移，一种是采用拖车装载平移，如图 4-129 所示。滑道平移方式工艺成熟，平稳可靠，在平移距离不大的情况下，具有较大优势；而拖车平移方式是较新的平移技术，其平移过程对托换结构以及拖车性能要求较高，适用于长距离平移。

图 4-128　本工程建筑顶升的现场照片

由于本项目建筑移位同时涉及旋转和平移，且轨迹较复杂、场地空间有限，常见的滑道及拖车平移的方式均不合适。本项目采用在砌体墙下设置带有液压系统的移位小车的平移方式。移位小车可自由平移、旋转、升降，不仅适用于复杂轨迹的移位，而且可以通过自带的液压系统随时调整高度，以适应高低不同的地面，减少平移过程地面不平整对建筑造成的结构损伤，如图 4-129（c）所示。图 4-130 为本工程建筑平移现场照片。

(a)

(b)

(c)

图 4-129　建筑平移技术

（a）滑道平移；（b）拖车平移；（c）液压位移小车

5. 平移过程中对历史建筑的保护

平移过程中对建筑物变形进行了实时监测，通过监测数据动态控制平移速度，减少平移对建筑物结构的扰动。

在基坑围护施工时，对既有保护建筑采取搭设防护棚保护措施，防止地下连续墙钢筋笼及立柱桩钢管吊装施工撞击保护建筑。

4.6.4.2 逆作跃层施工技术

考虑到本项目增设地下室层高较小，为节约工期，工程采用了逆作跃层施工方法，即"挖二做一"。具体施工方法为：B0、B1板完成后，形成一个稳定的支护体系，B3～B7采用跃层施工，即先施工B3（B5、B7）板，然后顺作B2（B4、B6）板。此方案不仅提高了挖土效率，又减少了跃层结构板混凝土的养护时间，为项目如期竣工提供了有力支撑。

图4-130 本工程建筑平移现场

4.6.5 监测及保护措施

4.6.5.1 对周边道路、建筑的监测措施

基坑北侧为城市主干道北京西路，且地下有在建的地铁4号线，在本工程逆作施工阶段，由地铁监护公司进行地铁隧道的监测。地铁监测采用自动化监测系统，同时在地铁一侧围护施工过程中设置测斜管，及时监测、反馈逆作施工对地铁隧道的影响。当路面下沉速率较快，变形量较大且超过设计控制允许值时立即停止施工，查明原因并采取措施后方可继续施工。

4.6.5.2 对周围市政管线的保护措施

本工程天目路及北京西路侧，分别有电力管、路灯管、给水管、污水管、天然气管、电信管、污水管、路灯管等重要市政管线。贡院街侧电力管距地下连续墙最近约6m。基坑施工对管线的影响需实时监控：

（1）在工程开工前进一步探清施工区域周边各种公用管线的分布情况（包括标高、埋深、走向、规格、容量、用途、性质、完好程度等），做好记录，并对受保护公用管线设置沉降观测点。

（2）在施工过程中，组织专业队伍负责地下管线的监测工作，定期对管道地基沉降观测点进行观测。当沉降差接近控制指标时，即进行双液跟踪注浆，以控制沉降量及管线变形曲率不超过管道变形允许值。

4.6.5.3 古树资源保护措施

本工程北侧北京西路有大量历史悠久的法国梧桐需要保护，距离地下连续墙槽段最近约10m，在施工过程中需要对其进行特别的保护。此类树对碱性物质比较敏感，而搅拌桩施工中有大量的碱性物质如水泥等，在本工程施工前采取了相应保护措施。

（1）施工期间设置围墙把古树的保护区与施工区进行有效隔离；

（2）保持日常的养管；

（3）每天专人观察监测井的水位以及树木情况，并做好记录；

（4）发生气候异常、有害生物侵害以及地下水位、pH值和树木发生异状等，立即启动古树名木维护应急预案，并及时上报有关部门；

（5）严禁在古树边上烧电焊，避免焊光对古树的影响。

4.6.6 社会经济效益

4.6.6.1 经济效益

平推式逆作法施工工艺成功实现了既有建筑下的地下工程施工，也避免了支撑体系的限制，在同等场地条件下较顺作法极大地提高了土地利用率，节约成本。同时逆作施工不需设置临时支撑系统，节约材料、缩短工期，可减少扬尘、噪声等环境污染，在同等条件更具优势。

地下结构逆作跃层施工，不仅节约工期（较普通结构楼板减少一层结构板养护期），还能节省工程量（减少一层支模排架底部的垫层），土方开挖效率提升，经济效益显著提高。

经过本项目的综合成本分析，实际每个车位造价约为 24.8 万元，相比顺作法每个车位成本在 40 万左右，节约 40%以上。

通过对本工程平推式逆作法工艺实践及总结，也为今后的类似工程节约工程成本，提高工程质量与经济效益提供了范例。

4.6.6.2 社会效益

本工程案例证明，平推式逆作法施工工艺解决了历史建筑保护、开发过程中地下空间利用的技术难题，有效地提高了历史建筑的文物价值和商业价值，缓解了城市中心地区停车难的问题。

与传统施工方法相比，运用这种施工方法的优越性在于：

（1）在施工过程中大大减少了基坑的变形、地面位移和沉降，确保了周边环境的安全。在最大开挖深度达到 28m 的情况下，基坑最大变形控制在 10mm，远远小于设计允许值的安全范围，反映了该方法具有显著优越性。

（2）逆作法可在施工过程中大大减少噪声和扬尘，减少对周边环境的污染。

（3）在施工过程中地上、地下都有作业空间，有效解决了施工场地狭小以及施工作业受恶劣天气影响等问题。

建筑平移及逆作法的结合，形成了平推式逆作法施工工艺，并在本工程 8 层地下车库的成功应用，为复杂环境下，如老城区改造修建地下车库、保护建筑增设地下室等的工程施工提供了经验，也为老城区功能改造及历史建筑保护开发提供新思路和新工艺。这对于未来的城市改造及发展具有重要意义。

4.7 大型深基坑“逆作法”关键技术、信息化监测与分析——上海丁香路 778 号商业办公楼项目

4.7.1 工程概况

4.7.1.1 地理位置及周边环境

上海丁香路 778 号商业办公楼项目位于上海市浦东新区丁香路以南、民生路以东、长

柳路以西。地处闹市区，周边环境比较复杂。基坑周边有太平人寿大厦、市政管线需要重点保护。

整个项目包括东西对称的两栋塔楼（高度99.5m）和南北两栋裙房（5层，高17.35m），地下共4层，其中地下1、2层为商场，地下3、4层为汽车库，地下4层局部为人防。

基坑开挖面积16000m^2，基坑普遍开挖深度24.4m，局部深坑开挖深度28.2m。基坑南侧有三幢高层建筑，其中太平人寿大厦距离地下室外墙16m，楼高18层，地下1层，采用250mm方桩基础，桩底埋深约30m和35m。

地下室外墙距离红线3.8～4.8m；在基坑一倍开挖深度范围内分布有电力、煤气、通信和上下水等管线，其中南侧道路下有管径500mm的上水管线，距离围护结构外边线最近距离仅为5m；煤气管距离基坑也仅为11.7m。

4.7.1.2 地下结构概况

工程占地面积为19863m^2，东西长约210m，南北宽约100m，其建筑效果图如图4-131所示。

图4-131 丁香路778号商业办公楼建筑效果图

地下室底板标高为－22.000m，基础采用钻孔灌注桩及筏板基础，主楼、裙房基础底板厚分别为2.1m和1.6m。地下工程采用逆作法，主楼、裙房工程桩兼作立柱桩，采用钻孔灌注桩，直径为900mm（桩端后注浆），桩长40m。

4.7.1.3 围护设计概况

本基坑开挖深度和基坑面积均很大，属大型超深基坑工程。采用地下室主楼核心筒顺作，其他结构逆作的施工方法。

围护结构采用1200mm厚地下连续墙，长度为42～55m，围护墙兼做地下室外墙，即两墙合一。地下连续墙两侧采用ϕ850@600三轴水泥土作为槽壁加固。坑内搅拌桩墩式加固。电梯井、集水井等局部落深区，采用ϕ800@600旋喷桩满堂加固，围护结构如图4-132和图4-133所示。

竖向支承系统采用一柱一桩形式，永久支承柱采用ϕ550×20钢管混凝土（C60）柱，临时支承柱采用截面尺寸530mm×530mm钢格构柱，主肢为4L200mm×20mm。钢管混凝土柱待逆作完成后外包钢筋混凝土形成主体结构柱。由于地下四层开挖深度较大，达到6.65m，因此设计采用“斜抛撑＋中心岛”的方案。

4.7.1.4 水文地质概况

场地位于上海市浦东新区，地形较为平坦，地面标高一般在3.620～4.520m，北侧局部3.09m，属滨海地貌类型。

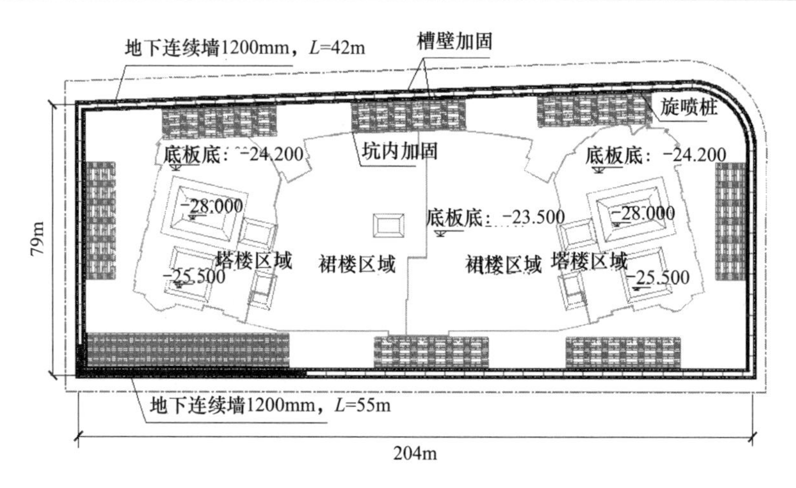

图 4-132 围护结构平面图

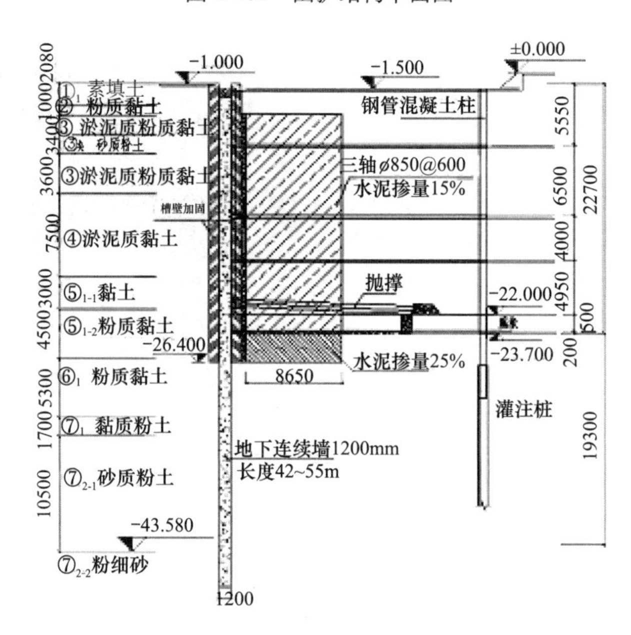

图 4-133 围护结构剖面图

场地 75.39m 深度范围内按土的成因、结构特征和物理力学性质的差异可划分为①～⑦共 7 个大层，其中第③层夹有砂质粉土，第⑤土可划分为 2 个亚层，第⑦层可划分为⑦$_{1}$、⑦$_{2-1}$、⑦$_{2-1夹}$、⑦$_{2-2}$共 4 个亚层或次亚层。

场地内第③$_{夹}$层为砂质粉土，且为微承压含水层，深部⑦层粉土、砂土为承压含水层，第⑦$_{1}$ 层最浅层面埋深为 27.67m。

第⑥层为暗绿-草黄色粉质黏土，可塑状态，场地均有分布。本工程坑底位于⑤$_{1-2}$层，离⑥层顶面较近，墙底位于⑦$_{2-2}$层。

4.7.1.5 本工程难点与特点

本工程具有一定特点，其施工也有诸多难点。

周边环境复杂，基坑工程变形控制要求高，可利用施工场地紧张。基坑深度大，坑底离第⑦层近，坑底土体抗承压水稳定性问题突出。采用逆作法施工，钢立柱垂直度控制要求高，节点多样，施工作业环境安全措施复杂。此外，工程的工期紧张，要求挖土速度快，结构早拆模。

4.7.2 逆作法施工的关键技术

4.7.2.1 竖向支承桩柱施工技术

本工程竖向支承柱为一柱一桩，采用钢管柱和钢格构柱两种形式，其中钢管柱共299根、格构柱共150根，设计要求其垂直度偏差应分别不大于1/500和1/300，其平面布置如图4-134所示。

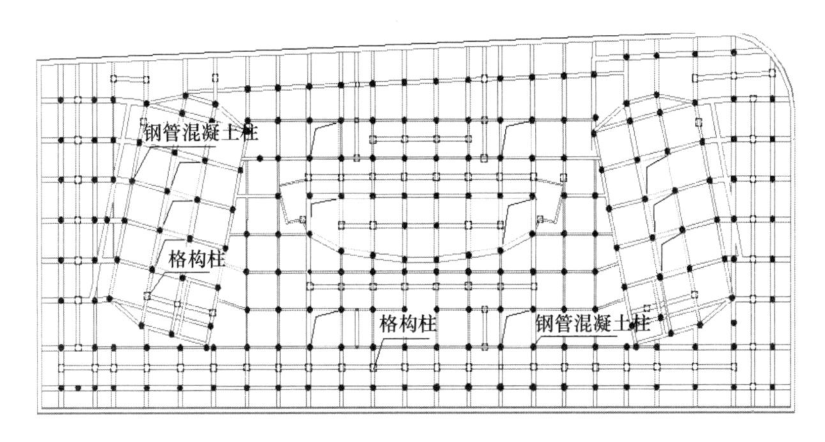

图4-134 立柱桩平面布置图

由于基坑较深，因此对立柱桩的定位、垂直度控制要求非常高；其次钢立柱数量较大，工期紧，要求调垂技术必须快捷高效。经过对实际情况综合分析和实践试验，确定选用激光测斜仪实时测量+调垂盘、先插法施工。

基坑开挖后，对钢管支承柱采用超声波投射法进行质量检测，检测数量不少于20%总柱数。对有疑问的立柱采用钻孔取芯的方法进一步检测。支承柱全数采用敲击的方法检测。通过上述方法的检查，可以保证竖向支撑立柱垂直度及钢管立柱施工质量。

4.7.2.2 逆作挖土施工技术

本工程地下室挖土总共40.5万m^3，共分五次挖土。首层及B1层挖土分为8个区域，B2和B3挖土分为9个区域，底板挖土分4个中心区域及若干周边区域，出土口共16处。每皮土的土方分块按照各层楼板结构图合理布置，分块间的界线在梁板跨度的1/3处。土方开挖采用盆式分块开挖方式，按照“时空效应”理论，做到“分层、分块、对称、平衡、限时”开挖，随挖随浇混凝土垫层。

1. 取土口布置

本工程取土口布置如图4-135所示，取土口设置原则：

(1) 根据挖土分区，各挖土分区至少设置一个取土口，取土口尽量利用结构楼梯间、电梯井等部位，且位置上下相对应。

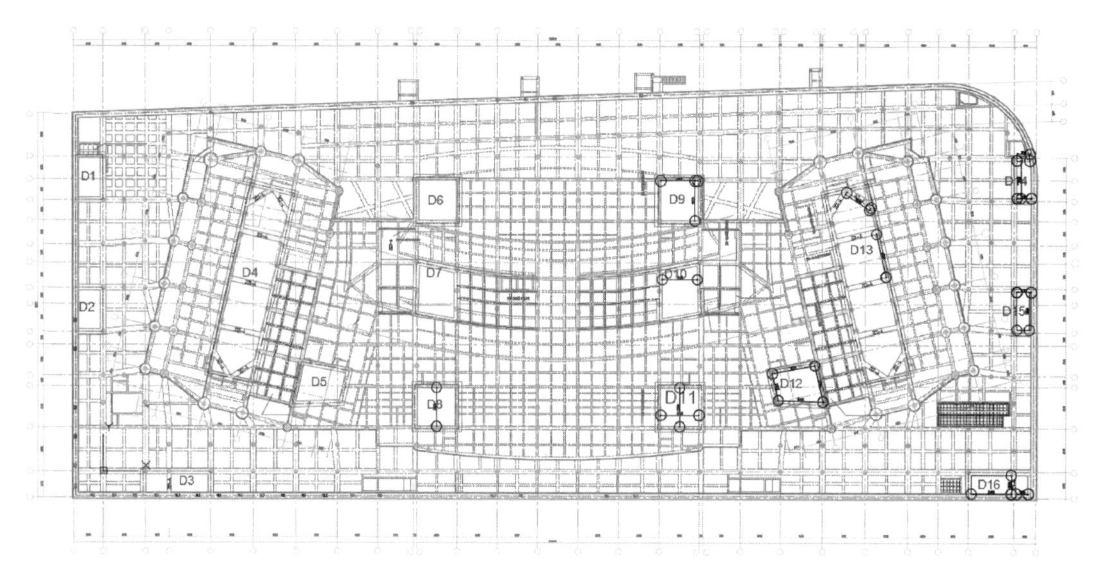

图 4-135 取土口布置

（2）取土口分布均匀，距离控制在 30m 以内，并尽量不设在坑边。

（3）取土口同时兼做吊物孔，因此取土口的对角长度宜超过 10m，以便下放钢筋。

（4）取土口的布置满足出土速度和施工工期的要求。

2. 车辆行走路线布置

依据取土口位置，布置行车路线（图 4-136）。主行车道路宽 7.5m，停车平台宽 4.5m。每个取土口运土车均按固定路线行走，不得随意行驶，以求高效的运土和开行安全。行车路线 B0 板区域楼板进行加强，楼板厚度增加至 250mm。

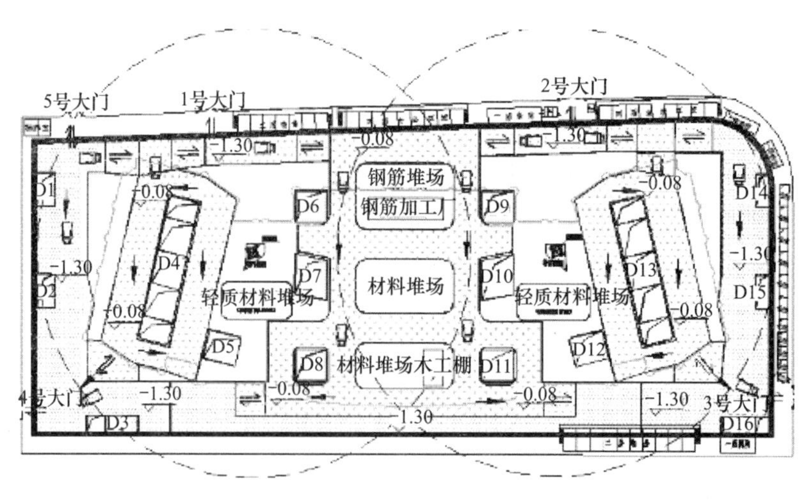

图 4-136 B0 板布置图

行车路线要保证车辆行驶顺畅，能形成环路。在车辆转弯及拐角部位，对相应的柱预留插筋处应做保护处理。对车辆转弯半径不足的部位，采取插筋断在板面的措施，钢筋接头采用 I 级直螺纹机械连接。

3. 挖土工况

基坑施工采用土方分区同步开挖、结构分块同步施工的原则。基坑第一层土方开挖采用明挖法，其他土方开挖均采用暗挖法。每一层分区土方开挖按规定顺序从东向西进行。

为了保护基坑西南侧太平洋人寿建筑，减小基坑开挖对其影响，将B2、B3板分为9个更小的区域，即将B0、B1板的7、8区分为三个小块，按照1～9的顺序流水施工。具体分块如图4-137所示。

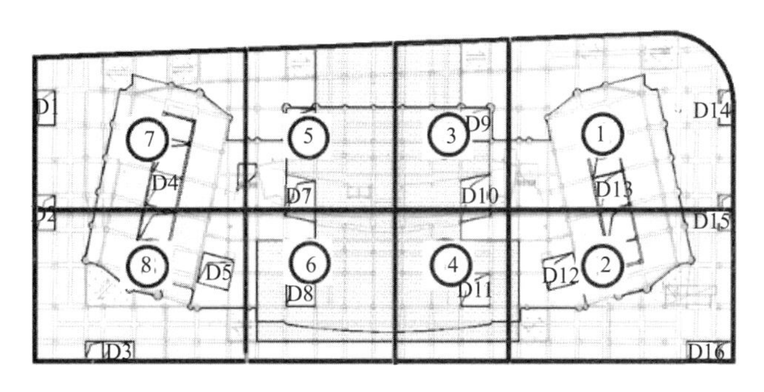

图4-137 B0、B1板施工分块图

底板的土方先盆式开挖中部，随挖随浇筑混凝土垫层，并分块施工底板。然后掏槽架设斜抛撑，待已完成的基础底板混凝土强度达到设计强度80%后，按照1∶1.5的坡度开挖斜抛撑下面的土方。以此类推，完成2区、3区的底板施工。底板分块施工如图4-138所示。利用盆式开挖及底板斜抛撑，可以进一步控制基坑开挖阶段的变形，保护周边环境。

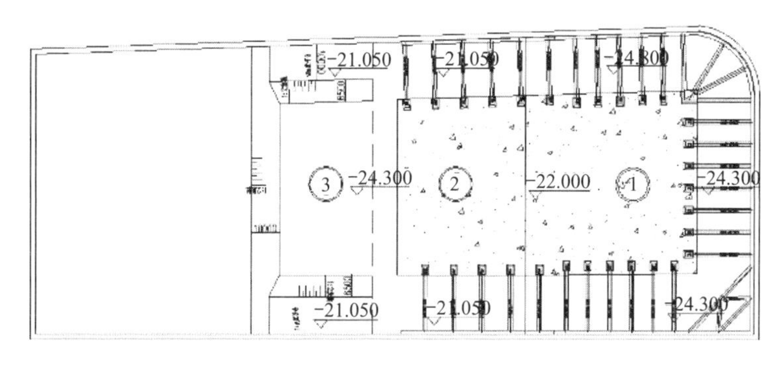

图4-138 底板分块施工图

4.7.3 信息化监测

4.7.3.1 监测项目

依据设计要求、监测目的、支护结构形式、周边环境及施工工艺等情况，本工程重点监测地下管线沉降水平位移、围护墙顶垂直（水平）位移、围护墙和土体深层变形、邻近建筑物沉降、立柱沉降位移和应力、梁板应力、坑外地下水位等内容。具体监测点布置如图4-139、图4-140所示。

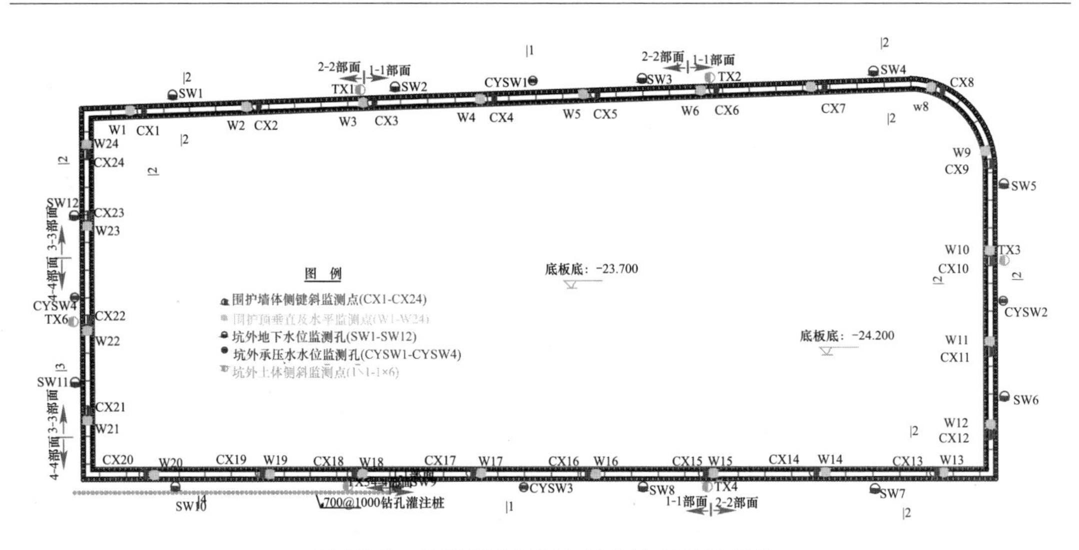

图 4-139 地下室外墙与外侧土体监测点布置

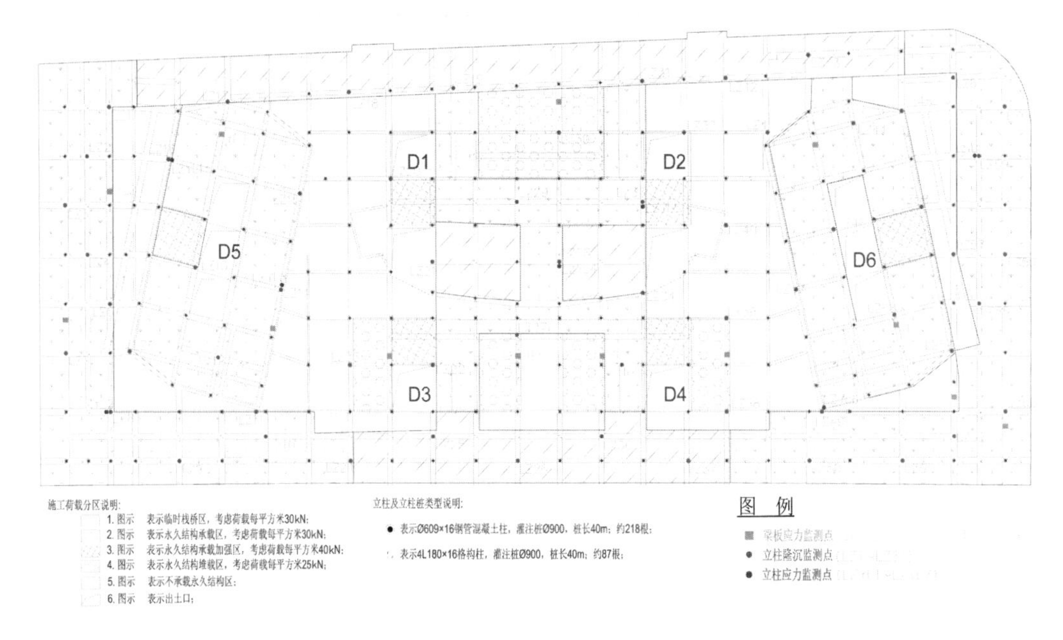

图 4-140 内支撑、梁板内力与变形监测点平面布置图

4.7.3.2 报警值及频率

按照相关施工技术规范设置相应警报值和布设监测点，其中地下连续墙设 24 个测斜孔，在坑外布设 6 个土体测斜孔，围护墙深层变形报警值累计变形为 50mm 或 5mm/d；在各层楼板受力较大部位分别布设 13 个监测点监测梁板钢筋应力；应力报警值为设计值的 80%，选择 5 个钢管混凝土柱、2 个钢格构柱进行垂直位移监测，钢立柱垂直位移报警值为累计 30mm 或 3mm/d。

监测频率为基坑开挖期间 1 次/1d；底板浇筑后 1 次/2d；地下室施工回筑期间 1 次/3～7d。

4.7.4 监测结果分析及有限元模拟

4.7.4.1 有限元模型简介

采用平面有限元程序 PLAXIS 对基坑的施工过程进行模拟分析，分析基坑开挖过程中围护墙、内支撑、立柱、坑外土体的受力或变形情况。根据土体的性质及软件内置的本构模型，结合以往对上海土体的理论研究，本工程对土体采用了 Hardening-soil 模型。该模型为等向硬化弹塑性模型，可以同时考虑剪切硬化与压缩硬化。采用 Mohr-Coulomb 破坏准则，用于基坑开挖模拟分析具有较好的精度，该模型假设三轴排水试验的剪切应力 q 与轴应变 ε_1 呈双曲线关系，同时采用弹塑性来表达这种关系，而不是像 Duncan-Chang 模型那样采用变模量的弹性关系来表达。此外模型考虑了土体的剪胀与中性加载，因而克服了 Duncan-Chang 模型的不足。

构造 H-S 模型的基本思路为三轴加载下竖向应变 ε_1 与偏应力 q 之间为双曲线关系（图 4-141、图 4-142）。三轴排水剪切试验往往会得到如下曲线：$-\varepsilon_1=\frac{1}{2E_{50}}\frac{q}{1-q/q_a}$，式中 q_a 为抗剪强度的渐进值。

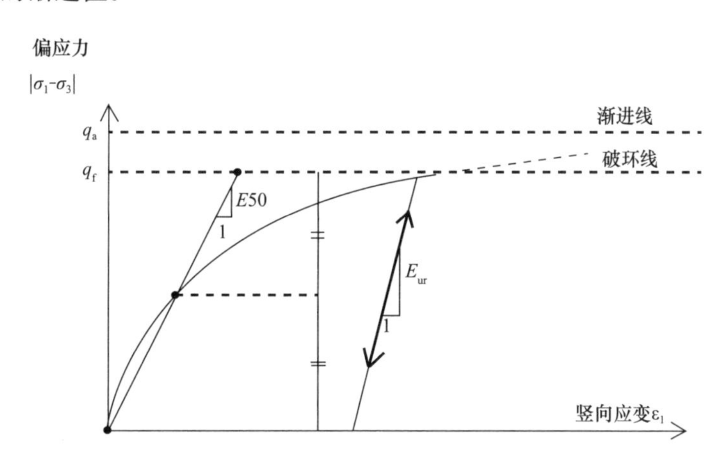

图 4-141 竖向应变 ε_1 和偏应力 q 之间曲线关系

参数 E_{50} 是主加载下与围压相关的刚度模量，它由下面的方程给出：

$$E_{50}=E_{50}^{ref}\left(\frac{c\cos\varphi-\sigma_3'\sin\varphi}{c\cos\varphi+p^{ref}\sin\varphi}\right)^m$$

其中 E_{50}^{ref} 是对应于参考围压 p^{ref} 的参考刚度模量。在 Plaxis 中，缺省设置 $p^{ref}=100$ 应力单位。实际的刚度值依赖于主应力 σ_3，也就是三轴试验中的围压。

极限偏应力 q_f 和方程中的 q_a 量定义如下：

$$q_f=(c\cot\varphi-\sigma_3')\frac{2\sin\varphi}{1-\sin\varphi} \text{ 及 } q_a=\frac{q_f}{R_f}$$

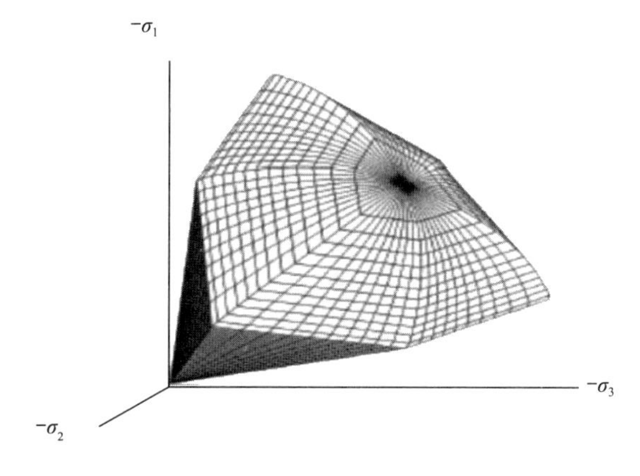

图 4-142 H-S 本构主应力空间中屈服面模型

上面 q_f 是从 Mohr-Coulomb 破坏准则中得到的，这就涉及强度参数 c 和 φ。当 $q=q_f$ 时，就像 Mohr-Coulomb 模型中描述的那样，破坏准则得到满足，发生完全塑性屈服。q_f 和 q_a 之间的比值由破坏之比 R_f 给出。

根据软件内置材料模型并结合实际情况，对围护结果采用 Plate 单元模拟，该单元可以设定抗弯刚度及抗压刚度等参数。本次模拟将钻孔灌注桩等效为等刚度的地下连续墙进行计算；地下三层斜抛撑采用 Anchor 单元模拟，由于支撑有一定的间距，因此若按照二维问题进行处理需要进行一定换算，而采用 Anchor 单元则只需要输入抗压刚度、支撑间距以及支撑长度，软件可以自行换算并按照二维问题处理。

为减小模型边界对模拟结果的影响，必须采用足够尺寸的计算模型。根据基坑的挖深、宽度，本次模拟的计算范围如下：深度为 100m、宽度为 180m。同时对模型边界记性约束，左右两侧进行 X 方向约束，下侧进行 Y 方向约束。采用 15 节点三角形单元模拟土体。

为了反映初始应力状态及基坑开挖的施工过程，本次计算根据施工步骤进行模拟，计算工况见下：

工况一：行程开挖前的初始平衡状态。

第一步建立开挖前模型，即划分土层、建立围护桩、支撑、接触面及边界条件等；第二步输入土层、围护结构等材料属性；第三步划分网格；第四步计算基坑开挖前的自重形成的初始平衡状态；第五步归零自重应力场形成时产生的位移。

工况二：激活围护墙、立柱、立柱桩单元。

工况三：开挖至 B0 板下方 1.8m 标高，激活 B0 梁板单元。

工况四：开挖至 B1 板以下 1.8m 标高，激活 B1 梁板标高。

工况五：开挖至 B2 板以下 1.8m 标高，激活 B2 梁板标高。

工况五：开挖至 B3 板以下 1.8m 标高，激活 B3 梁板标高。

工况六：盆式开挖至坑底标高，四周留土。

工况七：架设临时底板斜抛撑。

工况八：四周留土挖出。

工况九：斜抛撑下方留土分块挖出。

工况十：激活大底板单元。

工况十一：移除大底板斜抛撑。

4.7.4.2 有限元计算结果

根据上述施工工况、有限元模型及不同开挖工况下计算结果如图 4-143～图 4-150 所示。

4.7.4.3 有限元模拟与实测对比分析

1. 坑底回弹

从有限元模拟位移云图中可以看出，B0 板施工完成后坑底回弹量约为 24mm，B1 板施工完成后坑底回弹量约为 85mm，底板施工完成后坑底回弹量增大至约 220mm。上海市工程建设规范《基坑工程施工监测规程》4.2.16 的条文说明中表明，“基坑底部隆起是基坑稳定性计算的重要组成部分，引起基坑隆起的因素主要有卸载产生的回弹变形、底部土体

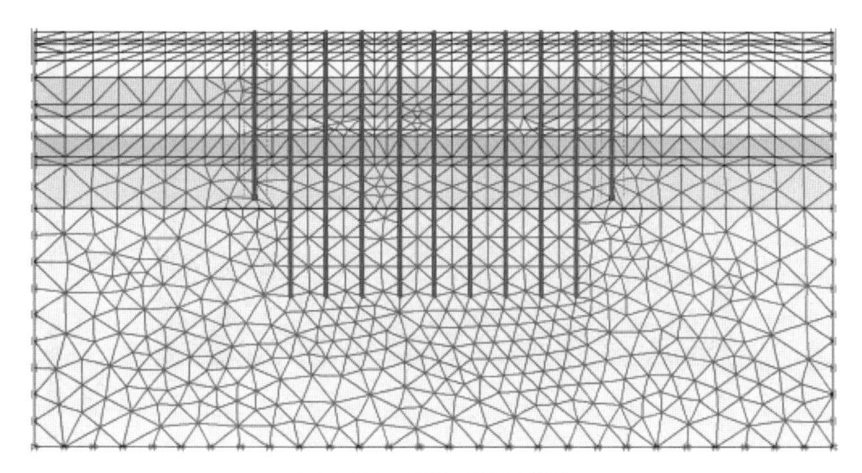

图 4-143 有限元计算模型

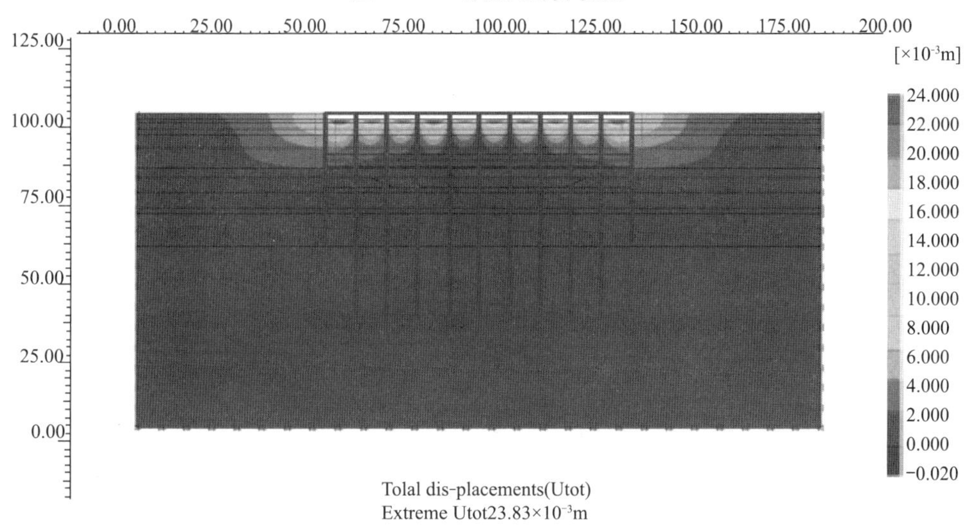

图 4-144 B0 板施工完成基坑总位移云图

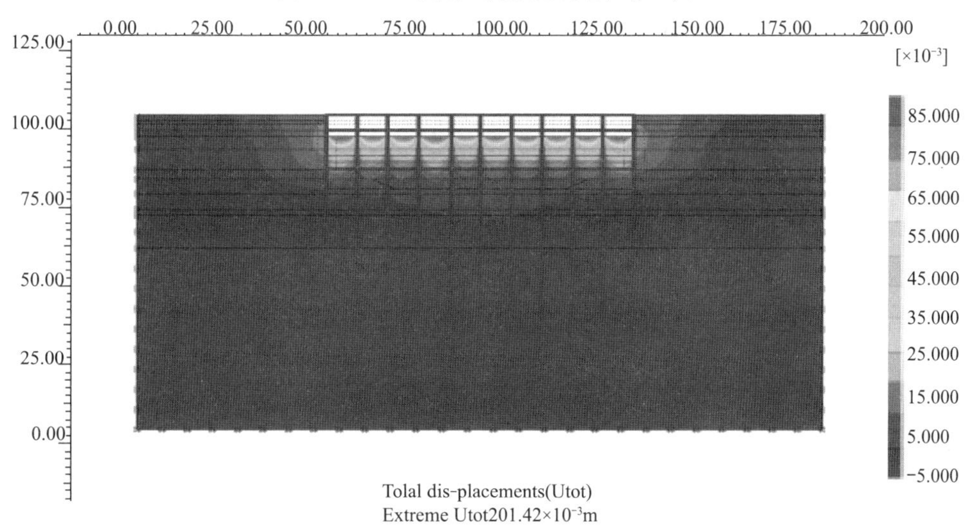

图 4-145 B1 板施工完成基坑总位移云图

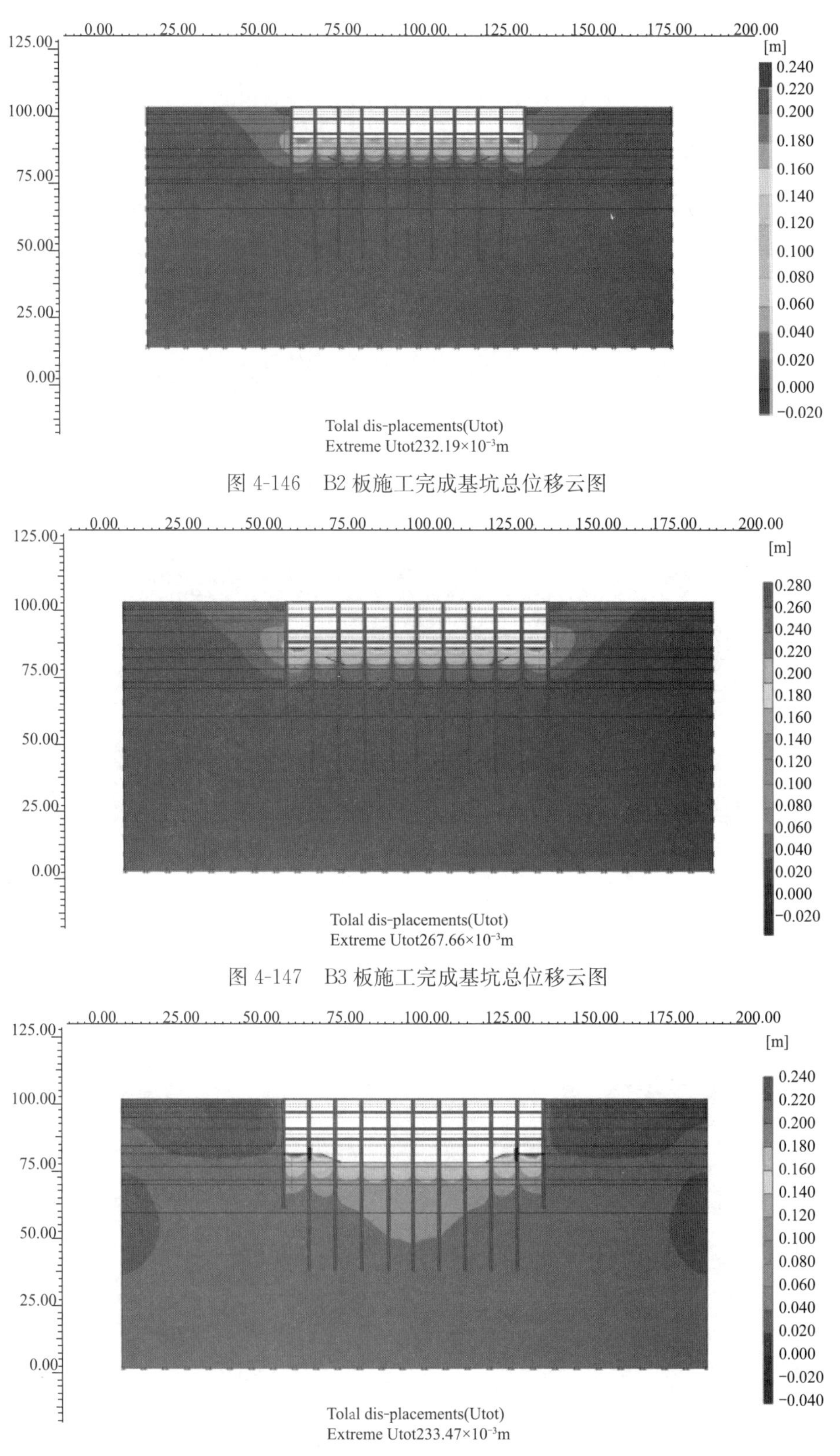

图 4-146 B2 板施工完成基坑总位移云图

图 4-147 B3 板施工完成基坑总位移云图

图 4-148 底板斜抛撑施工完成后基坑总位移云图

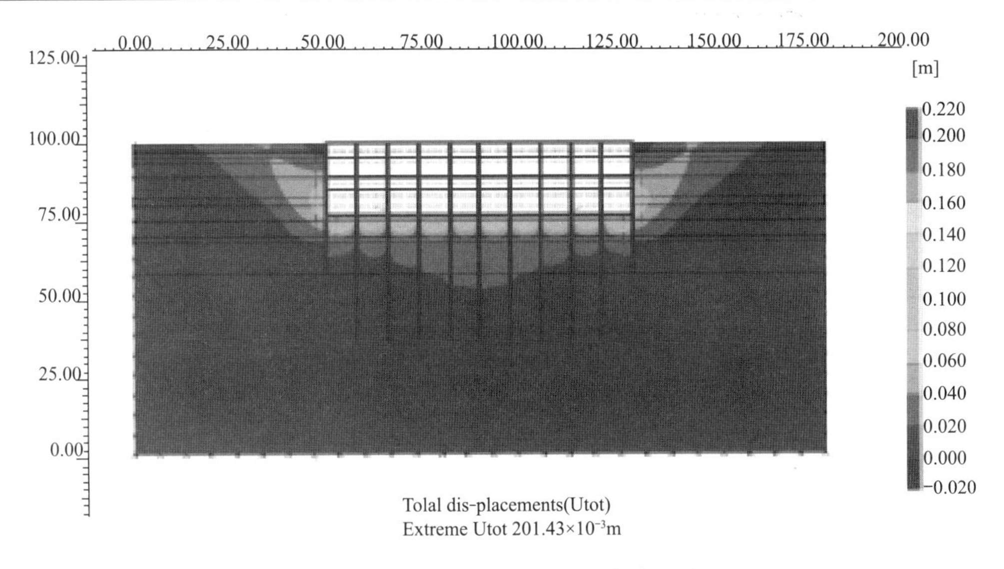

图 4-149 底板完成后基坑总位移云图

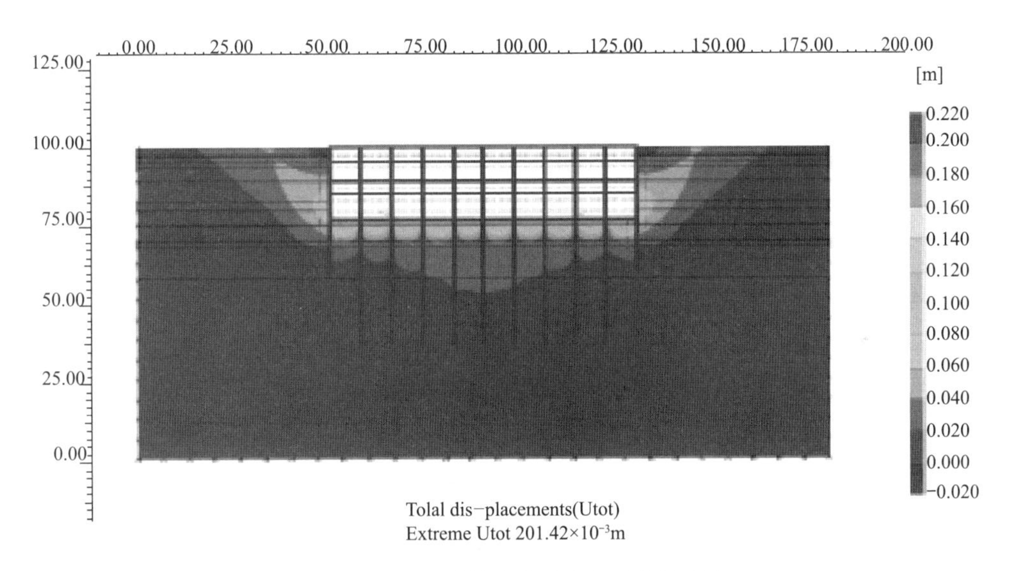

图 4-150 地下结构完成后基坑总位移云图

的吸水膨胀、围护墙底部的侧向变形。在上海地区软土基坑开挖过程中，一般隆起量为开挖深度的0.5%～1.0%”。本基坑一般区域开挖深度为24.4m，按照以往经验，坑底回弹隆起量约为244mm。上述经验值与有限元模拟结果220mm较为接近。

同时从位移云图中可以看出，土体回弹变形极大值均位于围护墙与桩或相邻桩中部，桩周土体回弹变形量远远小于相邻桩中部土体。这是因为桩周与土之间侧摩阻力限制了桩周土体的自由回弹，故桩周土体回弹量较小。

2. 立柱竖向位移

整个基坑施工过程中，对立柱位移进行监测。整理基坑某断面5个代表性监测点的实时监测数据并与有限元模拟结果进行对比分析，结果如图4-151所示。

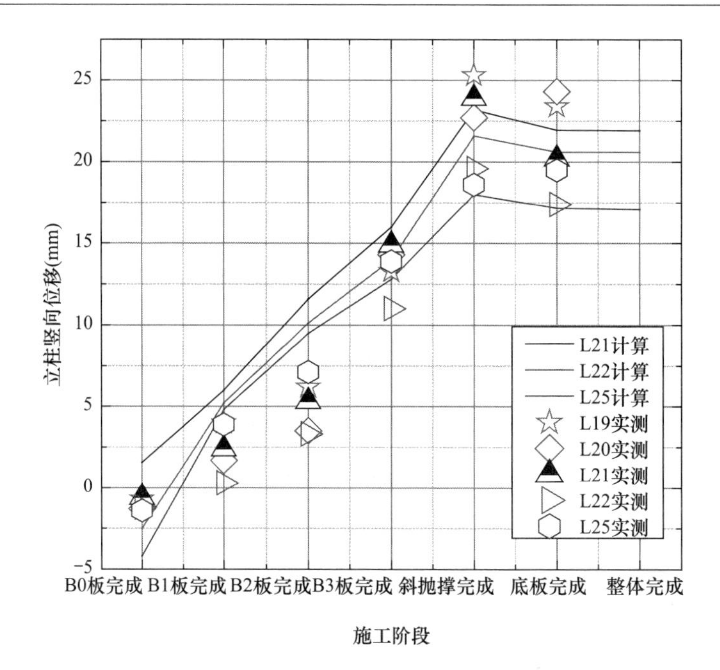

图 4-151 不同施工阶段立柱回弹量曲线（实测与模拟结果）

从图中可以看出，立柱竖向位移变形趋势实测值与理论计算值接近，且随着挖深增加，两者变形趋势相同。这说明采用有限元计算手段对整个基坑开挖过程进行动态分析是基坑“逆作法”围护设计的有效方法。

B0 层开挖后，立柱在 B0 板施工活荷载作用下均呈下沉趋势，沉降量约 2mm。随开挖卸载深度增大立柱均反向产生隆起变形。开挖至坑底时，立柱最大隆起量 25.4mm。

底板浇筑对立柱桩隆起位移增大趋势起控制作用。底板浇筑完成后，由于底板的压重作用，坑底土体隆起趋势停止，产生再加载压缩。立柱桩在桩周土体负摩阻力作用下，隆起位移增大趋势停止，反向产生小部分沉降，沉降量为 1～2mm。有限元模拟结果同样揭示上述位移变化规律。鉴于坑底隆起变形会直接影响立柱桩截面内力、立柱竖向位移。基坑施工过程中要求在土方开挖时要控制一次性开挖面积，随着土方开挖及时浇筑垫层及底板混凝土，减少无底板坑底暴露时间。

实测结果及理论分析结果均表明，不同区域立柱桩的隆起变形量不尽相同。基坑中部立柱桩隆起变形量最大，距离坑边越近，立柱桩隆起变形量越小。在不同施工阶段相邻立柱间最大差异隆起高差约 10mm。规范要求在基础底板施工之前，相邻支承柱之间及边跨支承柱与围护结果之间的差异不宜大于 1/400 的柱距，且不宜大于 20mm。本工程相邻柱间最大差异沉降满足要求。逆作法设计时需充分考虑上述隆起变形量的差异，采用有效控制措施控制相邻支承柱间差异沉降，防止相邻立柱间及立柱与围护墙间产生过大差异沉降，破坏地下主体结构。

3. 围护墙、土体测斜变形

围护墙体水平位移随基坑开挖深度的增加而逐步增大，围护墙最大变形深度逐步向下转移。围护墙体测斜点（CX14～C17）水平位移随开挖深度增加的变化趋势如图 4-152 所示。开挖至坑底时，围护墙变形实测值为 50～64mm，有限元计算结果为 77mm，略大于实测结果。考虑到 CX15 点位于基坑长边中部，累计位移约 64mm，这是长边效应与时空效应叠加的缘故，符合基坑开挖变形规律。

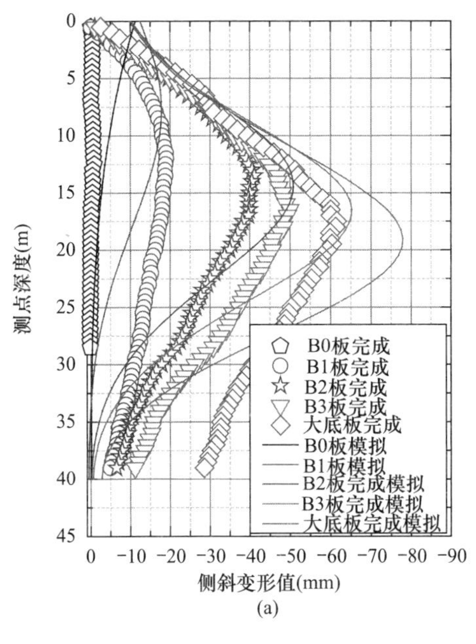

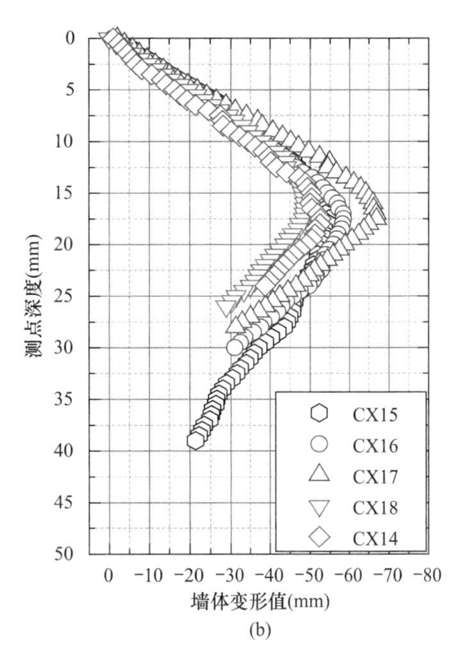

图 4-152 围护墙变形测斜变形位移曲线

(a) CX15 点不同施工阶段实测与模拟结果；(b) 不同测斜点基坑施工完成时实测数据

不同开挖工况下，围护墙变形趋势实测值与有限元模拟结果较相似，这说明采用 H-S 土体本构模型模拟计算基坑开挖不同阶段支护结构受力、对周边环境的影响是合适的。不同工况下有限元模拟结果均大于实测变形数据，因为有限元计算无法完全复原基坑实际施工过程，模拟计算只能按照设计工况考虑，而实际现场土方采取了跳槽开挖结合坑边留土等措施，有利于基坑变形的控制，同时坑内土体加固提高了被动土体刚度，两者的差异导致结果不同。同时也说明本工程采取的技术措施起到了良好的作用。

同时从图 4-152 中可以看出，无论理论模拟还是实测数据均表明连续墙体最大水平位移发生在地表下约 $3H/4$（H 为基坑开挖深度）附近，而不是像顺作法发生在坑底标高附近。这说明 $3H/4$ 附近梁板（B3 梁板）受力最大，在逆作法围护设计时应注意上述情况。

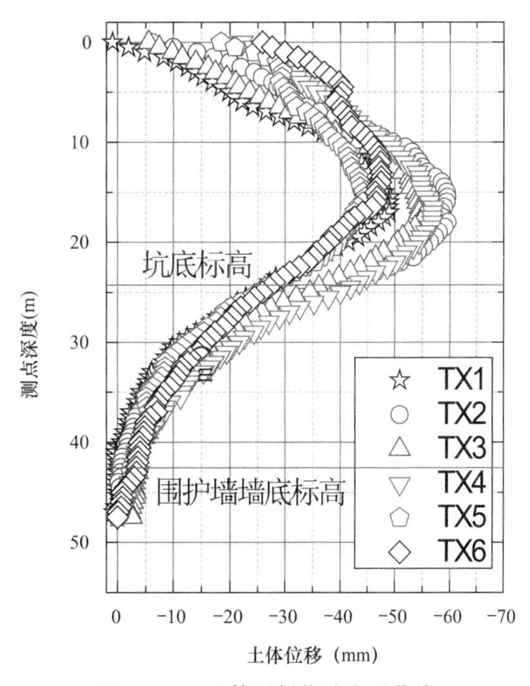

图 4-153 土体测斜位移变形曲线

图 4-153 为墙周不同测斜点土体在基坑开挖完成后变形值。从图中可以看出不同测

点墙体在基坑开挖完成后最大变形值略有不同。土体测斜孔比地下连续墙深，能反映地下连续墙以下土体的蠕动情况。42m 以下累计位移量很小，说明基坑施工过程中地下连续墙以下土体基本没有出现蠕动现象。

4. 围护墙顶竖向位移

图 4-154 为不同测点围护墙墙顶竖向位移监测数据。监测数据表明，围护墙顶初始位移均在±2mm。随着基坑土方开挖，大部分围护墙顶垂直位移在整个基坑开挖过程中呈隆起趋势，最大变形量在 14mm，小于坑内立柱桩隆起位移量 25.4mm，两者相差 10.4mm。

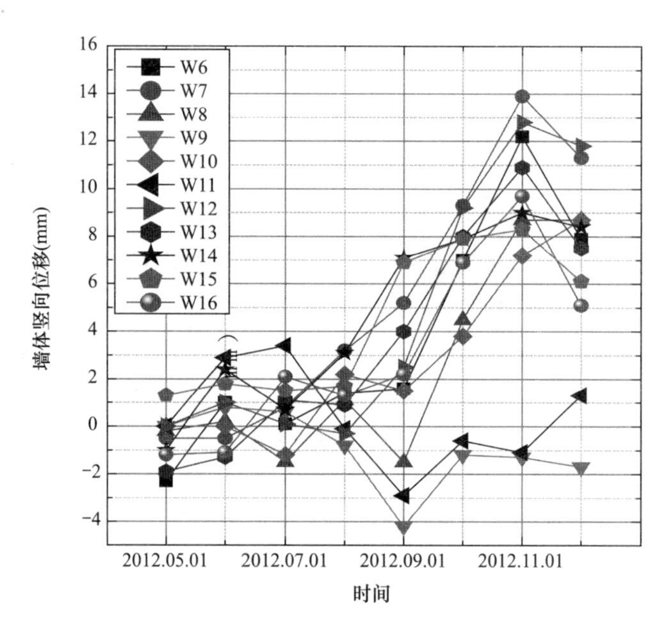

图 4-154 地下连续墙墙顶竖向位移曲线图

大部分墙体竖向位移均呈现出随着基坑挖深增大而增大的变形趋势，这是因为坑底土体因上部卸载回弹，墙周土体开挖后墙体抗拔侧阻力减小，墙体随坑底回弹产生竖向位移。在底板浇筑完成整体地下室形成后，墙体隆起变形增大趋势停止，反向开始沉降。

5. 钢立柱应力监测

钢立柱测试点布设于 B3 板顶板下方 1m 处，每个断面安装 4 个应变计，从基坑开挖至 B3 板标高开始进行连续监测。钢立柱内力变化曲线如图 4-155 所示。由图可知，钢立柱应力随基坑土方开挖逐渐增大，最大值约为 37.5MPa。底板浇筑完成后，钢立柱应力逐步降低至 25MPa 左右。

6. 梁板应力监测

B0、B1、B2 层梁板钢筋应力曲线如图 4-156 所示。从图中可以看出，B0 梁板钢筋应力随开挖深度增加而变化，当 B1（2012 年 7 月 10 日）、B2（2012 年 9 月 9 日）层梁板施工结束后，B0 层梁板钢筋应力均出现凸点。B2 层梁板施工完成后，B0 层钢筋应力呈迅速下降趋势。底板土方开挖及施工过程对 B0 层钢筋受力有一定影响，但是总体上随着底板浇筑完成，地下室主体结构出现内力重分布，B0 板所受内力呈稳步下降趋势。在整个施工过程中，钢筋最大应力为 41MPa。B1、B2 层梁板钢筋内力随深度变化趋势与 B0 梁板钢筋内力变化区域大体相同。而钢筋应力最大值均分别达到55MPa、76MPa，钢筋受力满足设计要求，但均远小于材料强度设计值。

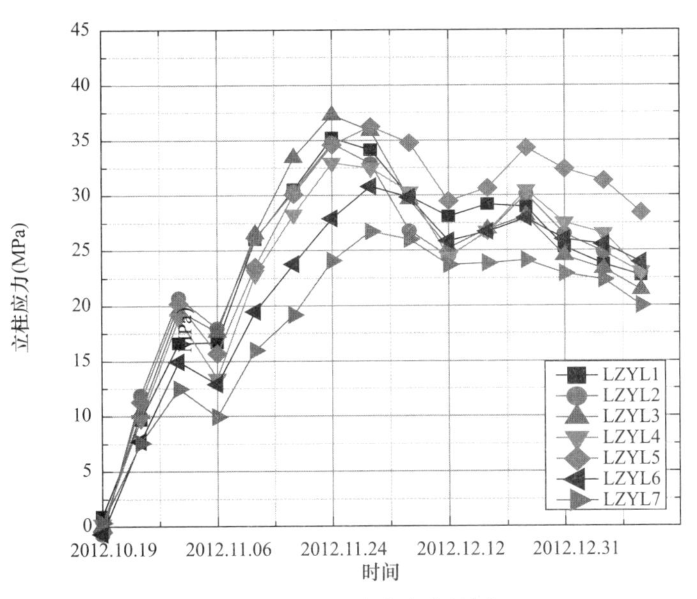

图4-155 钢立柱应力曲线图

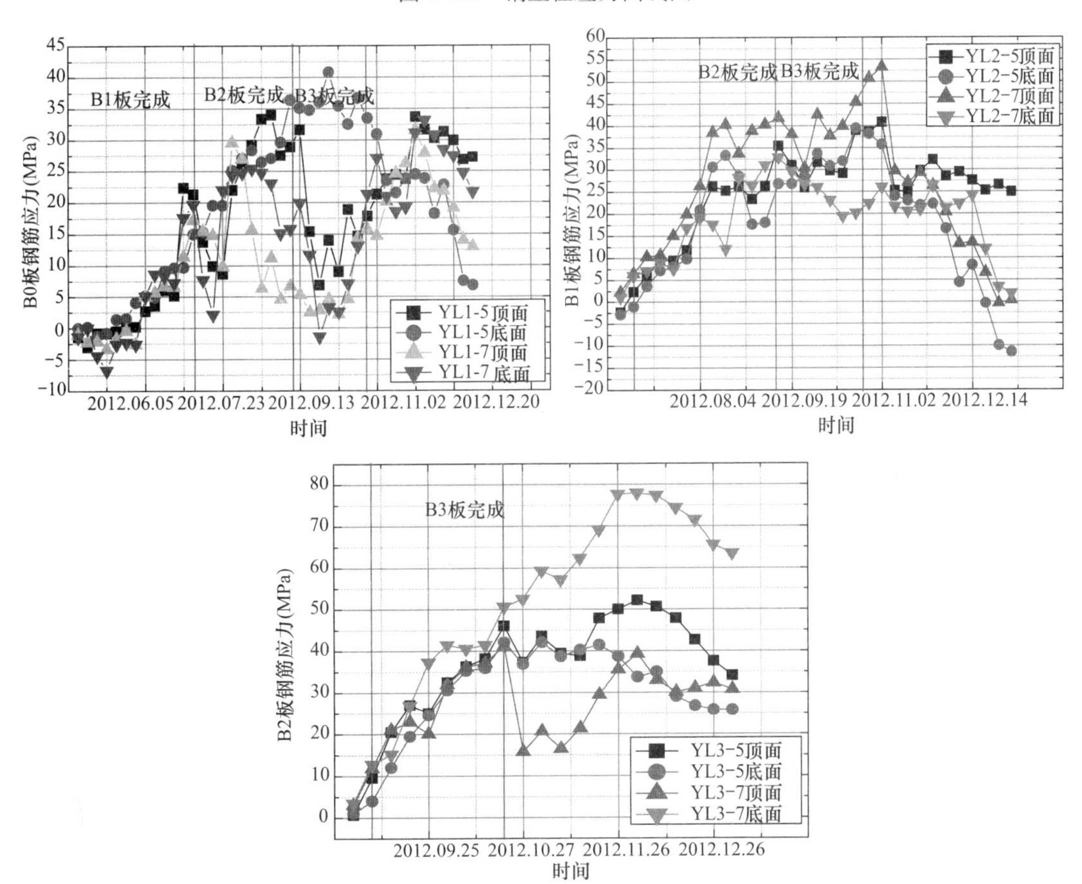

图4-156 梁板应力历时曲线图

B0、B1、B2 层梁板上下层钢筋应力大小不同，但上下层钢筋均承受压应力，说明地下室水平梁板以偏心受压为主，竖向受弯不是梁板截面设计的控制性因素。

在整个基坑逆作法施工过程中，钢筋应力实测值约为材料承载力设计值的 24.5%，远小于材料承载力设计值，可保证水平梁板在逆作法施工中的安全。

7. 地下管线，周边建筑物沉降监测

周边地下管线水平位移变化较小，累计沉降基本都小于 40mm。由管线垂沉降历时曲线（图 4-157）可知，在 B1 板土方开挖完毕到 2013 年 1 月 11 日（底板结束）期间，管线沉降变形从明显发展趋于稳定。基坑长边中点位置离基坑最近的上水管线沉降达到 90mm，超过报警值。但管线整体呈现均匀沉降状态，变形曲率很小，相邻管线接缝部位相对位移及转角均满足保护标准，管线实际运行情况良好。

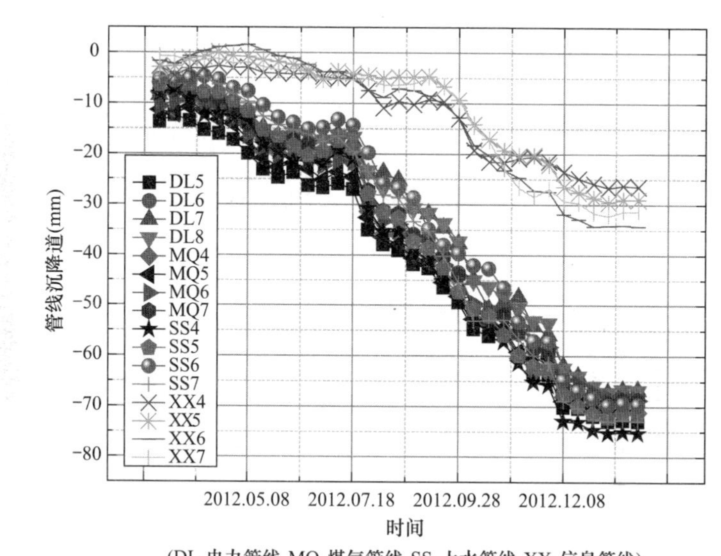

图 4-157　管线垂沉降历时曲线图（一沉降，＋隆起）

基坑开挖施工过程中，基坑周边建筑物沉降随时间的变化呈下降趋势（图 4-158）。2012 年 8 月开始承压降水，部分监测点沉降曲线的斜率增大，至 2012 年 11 月承压降水结束，沉降趋于平缓。本工程基坑开挖对周边建筑变形影响较小，最大沉降累计值为 16.6mm，未超过警报值（20mm）。

4.7.5　结语

本工程的实践中运用系列大型深基坑逆作法施工的关键技术，形成了一套标准化施工流程，缩短了施工工期，降低了施工难度，为逆作法在类似工程中推广提供了有力支撑。同时通过有限元计算软件对整个施工过程进行模拟，并与实测数据进行对比分析，也得到具有参考意义的结论：

（1）逆作法在基坑变形规律方面与顺作法明显不同，采用 H-S 本构有限元模型模拟能较好地反映逆作法施工过程中围护墙、立柱随基坑开挖的变形趋势；

（2）逆作法采用梁板代撑的设计思路，梁板体系由于平面刚度较大，其与顺作法内支撑体系受力情况区别较大，建议逆作法围护设计时利用有限元进行围护结构体系受力分析，可更全面准确地反映结构受力状态；

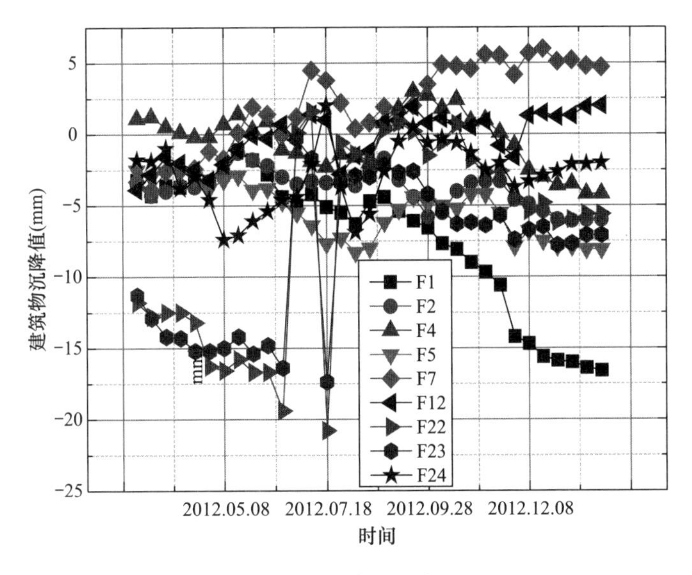

图 4-158 周边建筑沉降曲线图

(3) 梁板内力实测值与设计值有一定差距，反映采用梁板代撑完全可以满足支护结构的受力要求。由于 B0 板实测内力较小，今后工程中在确保工程安全前提下，可适当调整配筋，提高经济性。

4.8 紧邻保护建筑逆作法施工——南京科举博物馆逆作法实例

4.8.1 工程概况

4.8.1.1 建筑概况及地理位置

南京科举博物馆工程位于南京市秦淮区。工程建筑主要包括中国科举博物馆、城市展场、文化娱乐配套设施、状元楼前广场。其中科举博物馆主馆和城市展场为地下 4 层，文化娱乐配套设施为地上 3 层地下 4 层建筑。

本工程一期工程分为一区、二区，如图 4-159 所示。一区基坑面积约 7270m^2，周长约 358m，二区基坑面积约 5700m^2，周长约 353m。一区和二区的建筑面积为 7.8 万 m^2。

博物馆本体南侧在－1F（顶层）和－4F（底层）分别布置游客中心、门厅以及多媒体厅等，另布置部分设备机房，北侧主要布置配套办公，东西两侧布置展厅。

基坑位于南京夫子庙景区内，南临贡院街步行街，北侧有约 500 年历史的历史保护建筑“明远楼”，是我国保留最古老的一座贡院考场建筑。“明远”二字，取自于《大学》中“慎终追远，民德归厚矣”的含意。楼两侧有 4 棵近百年的古树需妥善保护，基坑周边的环境复杂，施工难度大。

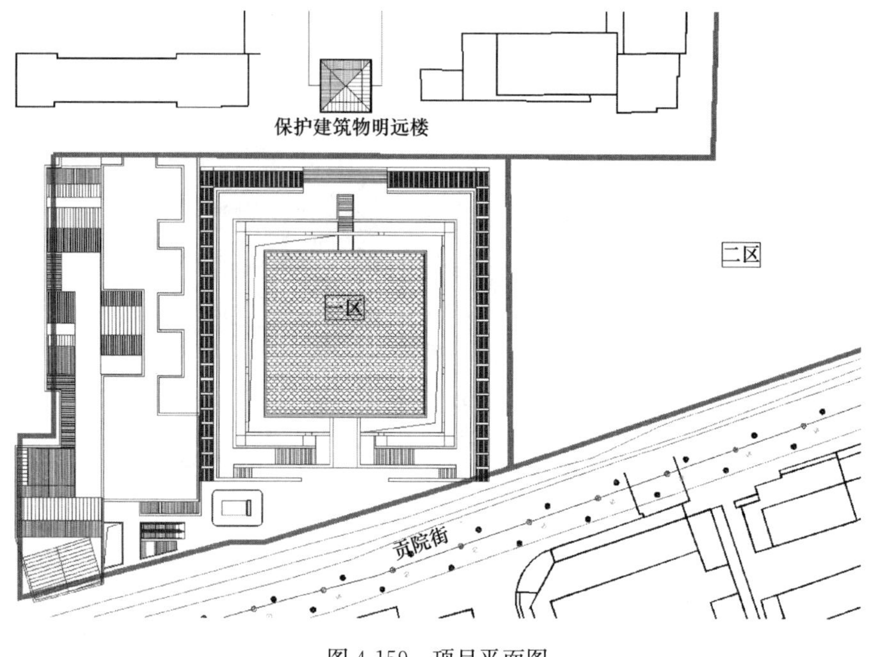

图 4-159 项目平面图

4.8.1.2 建筑设计特点

科举博物馆犹如埋藏在地下的一个历史宝匣，它以刻满历代状元名录的魁星堂为核（寓意科举学而优则仕之核心），以刻满经史子集文字的石墙为皮（寓意科举的内容），以科举的历史变迁分层（隋、唐、宋、元、明、清……，如同科举历史册页），将科举的千年历史收藏其间，等待开启。

科举博物馆宝匣长 36m，宽 36m，高 20m，整体沉入地下，上部为一个静静的浅水池。当参观者穿过贡院牌坊，与明远楼相对，博物馆如同一面古镜（古称“鉴”），将明远楼的倒影收入其中，让人联想到“以史为鉴”的古语，如图 4-160 所示。

4.8.1.3 结构设计特点

博物馆主要由科举有关的展览、配套办公等组成。博物馆平面呈矩形，为全地下结构，中间为博物馆本体，主要布置展厅。博物馆本体与周边结构脱开，中间有“回”字形天井和坡道。博物馆本体南侧在－1F（顶层）和－4F（底层）分别布置游客中心、门厅以及多媒体厅等，另布置部分设备机房。北侧布置配套办公，东西两侧布置展厅。博物馆有一“回”字形天井，在天井设置水景，并在水景处设置溢水沟，雨水通过溢水沟汇入集水坑，然后通过潜水泵排至室外雨水管。

地下室各层楼面标高、板厚及层高见表 4-11。

本工程采用逆作法施工，以 4 层结构梁板作为基坑开挖阶段的水平支撑，其支撑刚度大，对水平变形的控制更为有效，同时也避免了临时支撑拆除过程中围护墙的二次受力和二次变形对环境造成的影响。逆作法最大的优点在于避免了大量临时支撑的设置和拆除，对于资源的节省和环境的保护意义重大。在首层结构设计中，结合施工部署，在首层结构梁板上设置专用的施工车辆运行通道及堆载场地。利用首层结构梁板作为施工机械的挖土平台及车辆运作通道，可有效解决建筑周边施工场地狭小问题。

图 4-160 工程正面俯瞰图

楼面层高、标高及板厚表 表 4-11

层号	层高（m）	板面标高（m）	楼板厚度（mm）
B1	5.1	−0.05	200
B2	4.5	−10.25	200
B3	4.5	−14.15	200
B4	5.1	−19.30	200

逆作地下结构梁板的竖向支承构件为一柱一桩，采用钻孔灌注桩内插角钢格构柱的形式，逆作施工阶段由一柱一桩承受 4 层地下结构梁板和施工荷载。

4.8.1.4 水文地质概况

1. 地质情况

本工程场地隶属于秦淮河漫滩地貌单元。场地位于南京秦淮区健康路，地形较为平坦。场地南侧分布有淤质填土，厚度较大，最大埋深 8.5m，在外力作用下易产生不均匀沉降。

根据岩土体岩性、结构、成因类型、埋藏分布特征及其物理力学性质指标的异同性，勘察深度范围内岩土体可划分为 4 个工程地质层，13 个亚层。各层工程地质特征分述见表 4-12。

工程地质特征表 **表 4-12**

层号	地层名称	层顶标高（m）最小～最大	厚度（m）最小～最大
1	杂填土	9.02～9.56	2.00～4.60
1A	淤质填土	5.64～6.38	1.60～5.50
2-1	粉质黏土夹粉土	4.92～7.39	1.10～3.20
2-2	淤泥质粉质黏土夹粉土	2.96～4.37	2.10～3.50
2-2A	粉土	2.95～4.16	1.60～3.50
3-1	粉质黏土	−0.05～1.86	6.00～9.30
3-2	粉质黏土夹粉土	−8.02～−5.44	2.20～3.6
3-3	粉土夹粉质黏土	−10.24～−7.84	1.80～5.30
3-4	粉质黏土夹粉土	−14.18～−13.4	3.80～6.10
3-5	粉质黏土	−19.72～−18.5	3.40～5.60
3-6	含卵砾粉土、粉砂	−24.34～−22.4	1.20～3.90
4-1	泥质砂岩（强风化）	−27.04～−23.5	0.60～2.80
4-2	泥质砂岩（中风化）	−28.78～−25.4	揭示最大厚度为 8.80m

2. 水文地质条件

根据地下水的赋存、埋藏条件，本场地的地下水类型主要为孔隙潜水，其次为微承压水、基岩裂隙水。

孔隙潜水主要赋存于浅部 1 层及 2 层土中，含水介质为黏性土，其渗透性较小，含水量贫乏。微承压水及基岩裂隙水，主要赋存于 3-1 层以下，富水性和透水性不均一，连通性差。

潜水补给来源主要是大气降水。场地地形平坦，地下水径流缓慢，处于相对停滞状态。潜水排泄方式为自然蒸发和侧向径流。微承压水及基岩裂隙水主要为同层水给排。

4.8.2 工程重难点

4.8.2.1 一区工程施工工期紧

本工程一区基坑占地面积 7270m²，周长 358m，基坑开挖深度 20.5m，结构底板厚度 1.2m。由于博物馆布展要求，一区博物馆本体范围工期为 360d，其中包括前期准备、人防区域处理、桩基围护施工、结构装饰安装施工等，施工工期紧张。

4.8.2.2 周边环境复杂，保护要求高

（1）紧邻保护建筑。一区北侧有明代保护建筑明远楼及四棵百年古树。明远楼为省级保护建筑，距离本工程地下室外墙最小距离约为 10m。四棵古树的根系发达，部分已经进入基坑范围。为增强地下连续墙施工槽壁稳定性，避免因槽壁坍塌对邻近明远楼产生不良影响，此处地下连续墙采用 T 形地下连续墙两侧设置槽壁加固。西北角及西侧区域为防止槽壁坍塌，增强槽段稳定性，在 1000mm 厚地下连续墙两侧设置槽壁加固。对古树也采取了根系隔离保护措施。

（2）周边环境。工程位于南京市夫子庙内贡院街以北、贡院西街以东、健康路以南、平江府路以西，二区基坑东侧有 3 号线地铁区间，邻近道路、车流繁忙。基坑施工阶段对

周边环境的保护要求较高。

（3）周边管线。平江府路、贡院街侧管线分别有电力管、路灯管、给水管、污水管、天然气管、电信管、污水管、路灯管等重要市政管，最近的电力管离地下连续墙 2.595m。地下管线保护至关重要，基坑工程施工中必须给予足够的重视。

4.8.2.3 夫子庙景区运营保障

工程地处国家 5A 级旅游区及步行街，施工过程中不能影响整个景区的运营。针对景区的保护，工程中采取如下保护措施：

（1）土方开挖采用分层、分块开挖，每块支撑随挖随撑。混凝土支撑控制无支撑暴露时间控制在 24h 内、钢管支撑控制无支撑暴露时间控制在 4h 内。

（2）土方开挖至底板底标高后及时浇筑垫层混凝土。垫层根据分块原则，随挖随浇筑。局部深坑部位的垫层采用一次浇筑完成，靠近步行街侧南区的底板采用 300mm 厚 C40 早强混凝土的加厚垫层。

（3）严格控制分块施工时间。邻近步行街一侧每次挖土土方不超过 $300m^3$，采用 1 台 $1m^3$ 挖土机结合 2 台 $0.4m^3$ 小型挖土机，挖除时间控制在 3～4h 范围内。待挖土完成后，加快施工该层结构楼板。待该层结构楼板达到设计强度后进行下一层土方开挖。

（4）在施工大门口设置加强重型施工道路，同时对进出施工现场的车辆进行限载，施工荷载控制在 $2.0kN/m^2$ 以下。

（5）靠近地下连续墙区域的围护结构施工过程中，严格控制围护墙的施工速度。

4.8.2.4 抗浮方案的设计

地下工程抗浮设计通常可采用自重抗浮、压力抗浮、基底配重抗浮、抗拔桩或抗浮锚杆等方案。针对南京科举博物馆项目的实际情况对抗浮锚杆及抗拔桩两种抗浮设计进行比较。

通过对锚杆及灌注桩单根的抗拔力进行分析后，得出初步结论：就南京科举博物馆项目的地质条件，采用有效长度 16.0m，扩体段 3.0m，直径 800mm，非扩体段长 13.0m，直径 180mm 的扩大头锚杆提供的单根抗拔力为 1221.30kN，而采用 1100mm 桩径，桩长为 20m 的抗拔桩提供的单桩抗拔力为 1464kN。两者提供的抗拔力较为相近。综合抗拔承载力、工程成本、施工条件等因素，在本工程中选择了扩大头锚杆作为抗浮构件。

4.8.2.5 “上挂下托”本体施工

由于本工程博物馆的结构需满足其特有的建筑需求，因此，其结构采用了“上挂下托”的形式。即地下一层楼板荷载挂于±0.00 结构楼板上，地下 2 层楼板荷载由地下 3 层结构托起，如图 4-161 所示。图中蓝色为承力结构层，白色为被支承结构层，红色为传力构件。

4.8.2.6 大开孔结构设计

工程采用配套区逆作、本体区顺作的形式。本体区域与配套区域的结构完全脱开，因此楼板结构的设计采用了直径超过 50m 的大开孔结构形式。

图 4-161 “上挂下托”结构示意图

地下室楼板大开孔情况下，除了需要考虑竖向力引起的平面外弯矩、扭转和横向剪力外，尚应考虑该区域与相邻逆作区的竖向变形协调和水平力的传递和分配。依据板壳理论，钢筋混凝土楼板可以用夹心模型来模拟。夹心模型中，钢筋混凝土楼板由上下两个钢筋层和中间的混凝土核心层组成，可采用混凝土抗拉强度设计值作为控制楼板混凝土核心层开裂的指标。

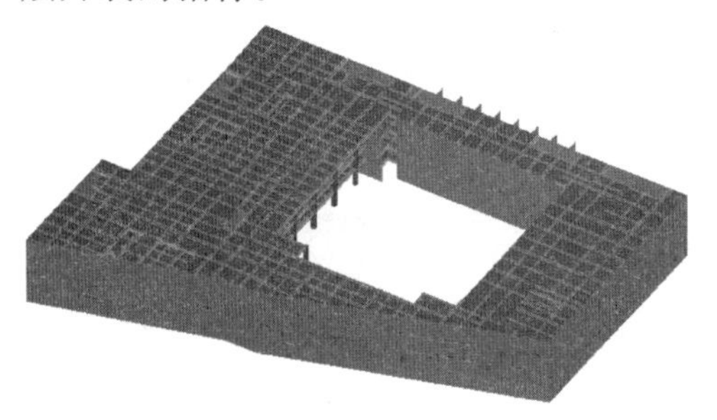

图 4-162 逆作法施工有限元整体模型

逆作法楼板的设计计算分为两个工况：

（1）在基坑施工阶段，逆作楼板和基坑中部区域设置的临时支撑体系组成水平支撑体系。为分析逆作法施工过程中作为代撑的结构梁板与临时支撑体系的受力状况，本工程进行有限元分析计算，其结果如图 4-162 所示。分析验算结果表明，楼面和支撑组合支撑体系的刚度满足设计要求。

（2）在正常使用阶段，临时支撑被拆除，验算楼板在坑外水土压力和竖向荷载组合作用下是否出现开裂，满足使用功能。经过验算，在坑外水土压力和竖向荷载组合下，各层楼板的主应力应力云图如图 4-163～图 4-166 所示。

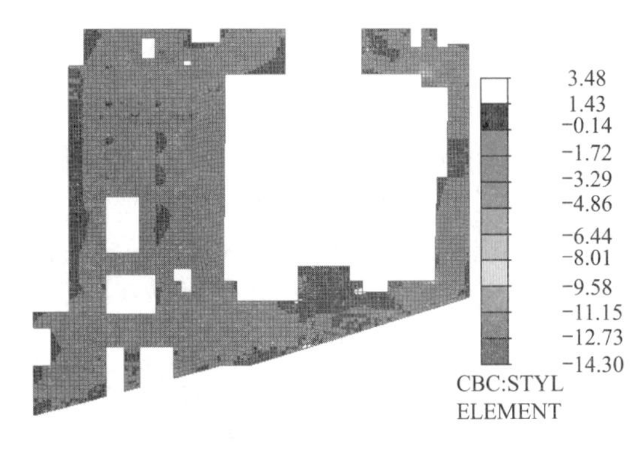

图 4-163 首层楼板主应力云图

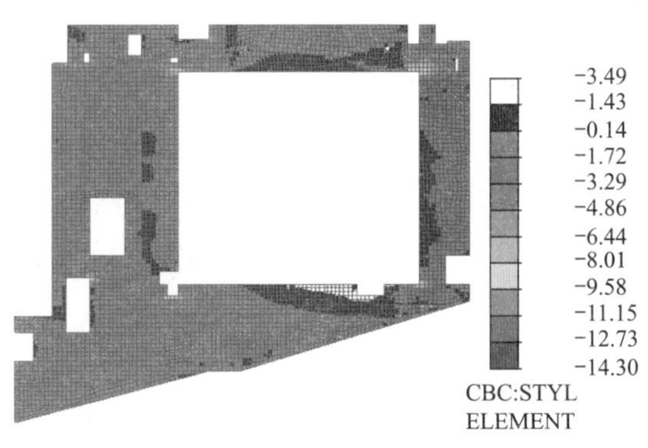

图 4-164 地下 1 层楼板主应力云图

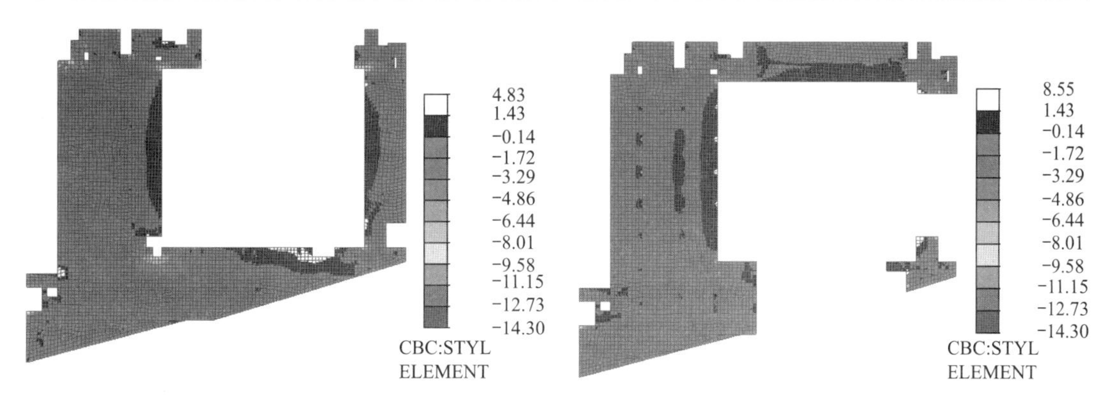

图 4-165 地下 2 层楼板主应力云图

图 4-166 地下 3 层楼板主应力云图

通过有限元建模计算和对比分析表明：

（1）在逆作法施工工艺下，地下连续墙和楼板的计算要考虑逆作法施工阶段和正常施工阶段两个工况。

（2）楼板开洞或者紧挨地下连续墙的楼板缺失的情况下，地下连续墙计算应采用弹簧刚度模型，而采用常规的铰接简化模型是非常不安全的。本工程地下连续墙应力及变形情况如图 4-167、图 4-168 所示。

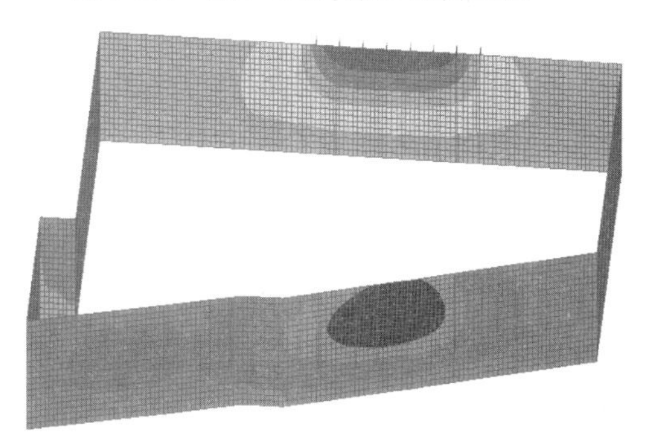

图 4-167 地下连续墙应力图

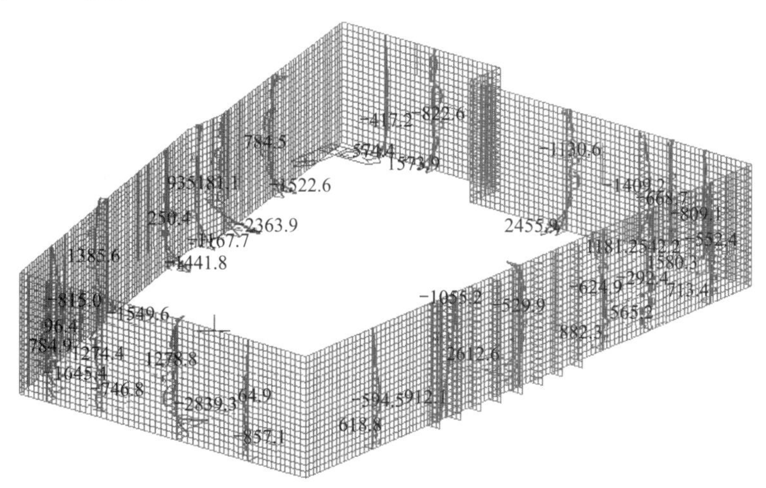

图 4-168 地下连续墙变形图

（3）对地下室楼板开洞的地下连续墙设计可以采用扶壁墙、两墙合一和扁平梁等结构措施，以增强地下连续墙、支座及支撑的刚度。

（4）利用壳单元和梁单元相结合的模型，可以较合理地模拟大开洞楼板在水平荷载和竖向荷载共同作用下受力状况，通过分析，验算楼板在坑外水土压力作用和其他荷载下是否出现开裂，满足使用功能。

（5）楼板板厚的取值要依据楼板在水平荷载和竖向荷载共同作用下的应力水平确定。一般在洞边板一定范围内楼板板厚较大，在板带的中间跨板厚较小。

4.8.2.7 地下室外墙的构造措施

工程地下室外墙，具有埋深大，边界条件复杂，多处楼板缺失等结构特点，通过结构分析，为满足地下室外墙的正常使用，采用了如下构造措施：

（1）外墙设计配筋除应满足强度计算外，对于迎土面还应满足裂缝控制的要求。控制裂缝宽度不大于 0.25mm。

（2）本工程外墙施工采用地下室连续墙，施工工况与使用工况两墙合一。为加强地下连续墙整体性，在有楼板缺失处的外墙增加厚度 400mm 的钢筋混凝土内衬墙。

（3）与外墙接触处楼板采用 400mm 钢筋混凝土楼板，以增大其平面内刚度，采用双层双向配筋，并增大楼板配筋量。

（4）对应外墙的内侧增加垂直于外墙的钢筋混凝土墙体，提高外墙整体刚度。

（5）对大开孔区域 4 个角部较为薄弱的区域，在板内增设型钢暗撑，同时，在暗撑两侧增设构造钢筋，用于防止由于材料不同可能产生楼面裂缝，如图 4-169 所示。

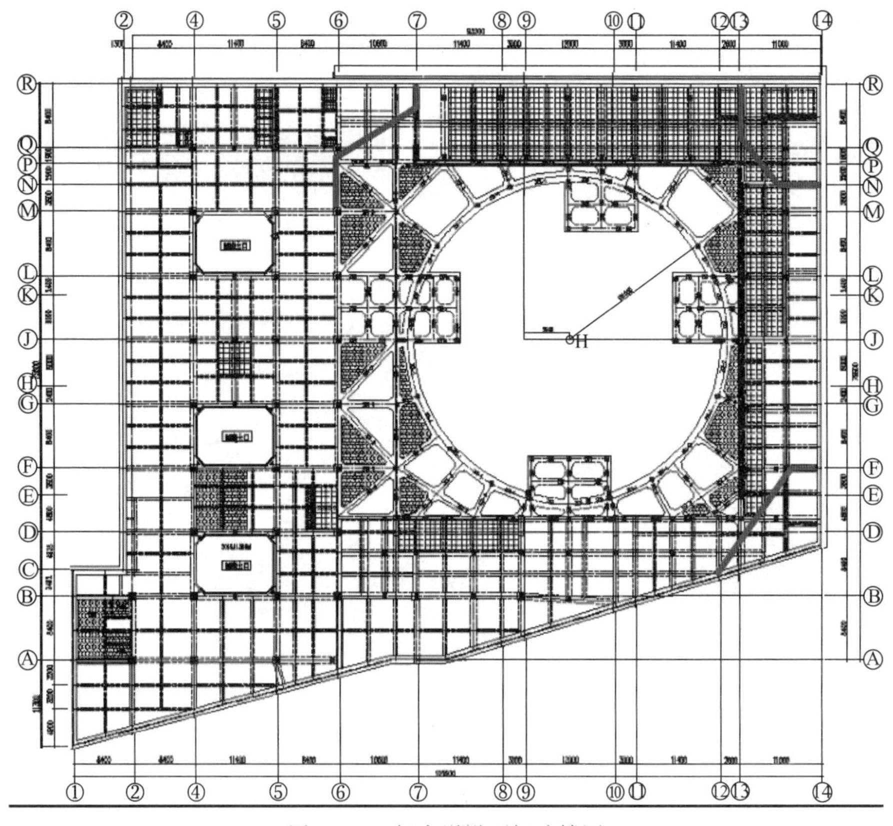

图 4-169 板内增设型钢暗撑图

4.8.3 逆作法施工方案

4.8.3.1 抓钻结合地下连续墙施工

本工程地下连续墙槽段需进入 4-2 层泥质砂岩 2m（中风化），若仅靠 SG60 抓斗式成槽机挖至 4-2 层有一定的难度。考虑机械可行性、施工效率和工程成本等各方因素，施工时对 SG60 成槽机进行技术更新，调整成槽机的抓斗重量、提升力、咬合力等技术参数。为确保地下连续墙嵌入岩层 2m 的施工要求，保证按时竣工，采用了“抓钻结合”的施工工艺，另外增设 1 台旋挖钻机配合施工。旋挖钻机针对 4-1 及 4-2 层采用钻进取土，结合抓斗成槽，能大大缓解成槽机的作业方量，减少成槽时间，提高工作效率，且对周边环境影响较小。

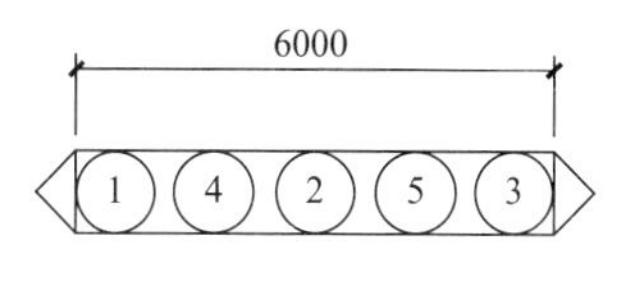

图 4-170　钻孔位置及顺序示意图

槽段成孔为 3 孔，钻孔净距 1.5～2m，成槽过程中如遇到挖土速度较慢可在中间增设钻孔，如图 4-170 所示。

4.8.3.2　抗浮锚杆施工

本工程结构抗浮采用了扩大头锚杆，其施工原理是利用高压喷射流束在设计位置定点切割锚杆孔孔壁的土体，通过循环水或水泥浆将所切割的土体颗粒排出，在端部形成大空腔，然后注浆充填形成锚杆扩大头。利用高强度精轧钢筋作为杆体，其上端与地下室底板主筋连接，下端与扩大头（囊体）相连接。在扩大头囊体内及囊体外注入水泥浆，当水泥浆达到强度后锚杆桩即可承受抗拔力。锚杆桩抗拔力由其锚固段杆体侧摩阻力、扩大头段侧摩阻力和扩大头端阻力构成。

抗浮锚杆的施工流程如下：

场地平整→设备组装与调试→测量放线与钻机定位→下钻成孔→高压旋喷扩孔→锚杆安装（装配多重防腐型扩体锚杆制作）→囊体内灌注水泥浆→锚孔内补浆→锚杆锁定→基础底板施工。

4.8.3.3　取土口设置

逆作法施工中为了满足挖土作业、结构竖向承载力以及有效传递水平力等的要求，取土口大小一般在 150m^2 左右。取土口布置时应在结构受力安全的前提下，充分利用结构原有洞口，或主楼筒体顺作的部位，并根据挖土需要留孔作为取土口，以满足出土要求。取土口的间距则应综合考虑通风和坑底土方翻驳等要求，净距可取 30～35m。本工程取土口布置如图 4-171 所示，图中中心圆环支撑区域为顺作区。

首层土方采用大开挖的形式进行开挖。第二、第三层土采用长臂挖机利用 3 个取土口及中心圆环支撑区域进行取土。第四、第五层土采用电起重机及长臂挖机结合在 B0 板进行取土。如图 4-172、图 4-173 所示。

4.8.3.4　挖土施工

逆作法施工首层土方开挖过程中需要充分考虑行车需要及楼板使用的先后顺序，以确保后续进度。因此本工程对首层土方开挖进行 3 个区域的划分，如图 4-174 所示。剩余各层土方开挖考虑施工流水作业跳仓施工及取土口的分布位置按照 4 个区域进行分块进行，如图 4-175 所示。

另外，由于本工程为大开孔式的逆作法工程，因此在取土过程中可以充分利用中间大开孔区域，结合预留的 3 处取土口进行取土施工。各层挖土数据见表 4-13。

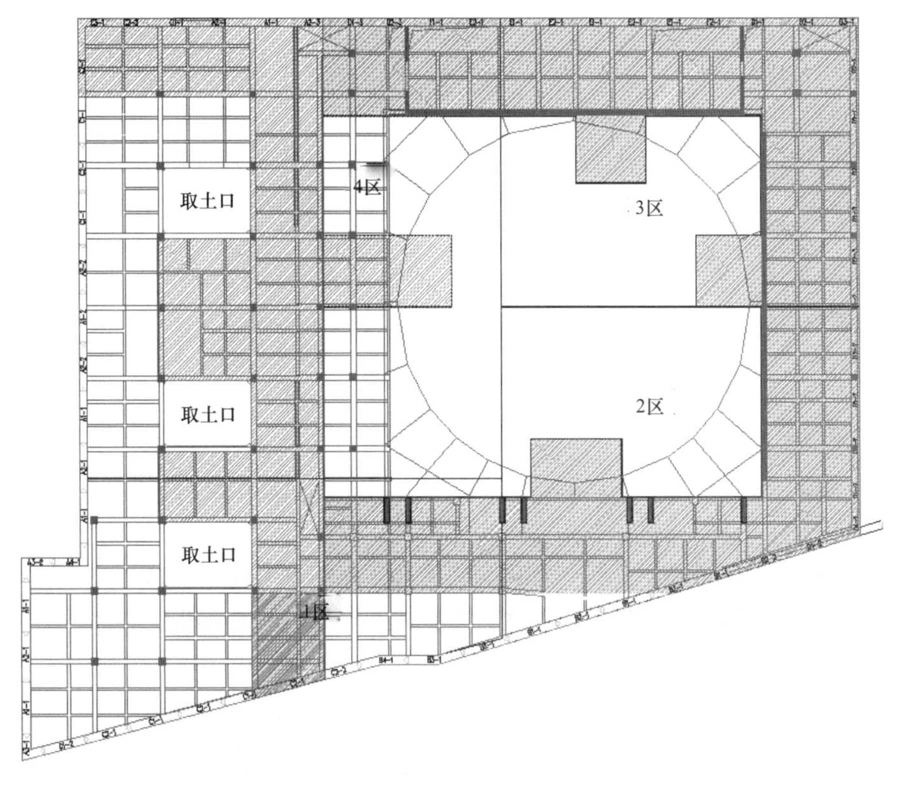

图 4-171 取土口平面布置图

图 4-172 大开孔开挖实景

图 4-173 逆作法楼板内暗挖实景

4.8.3.5 上挂下托施工

博物馆本体为了满足楼层空间要求，结构中间楼层的荷载通过拉杆及压杆分别传递至顶板和底板，如图 4-176、图 4-177 所示，由此形成了一个“上挂下托”的结构形式。

由于各层楼层钢梁均为悬挑形式，因此如何选择钢构件的吊装与安装方案，不仅直接影响到钢结构的质量与安全，而且对于整个工程的施工进度产生很大影响。钢结构施工的重点在于型钢中心位置的固定以及垂直度的控制。

本工程部分混凝土构件的钢筋密集，并且内包有钢骨，致使钢筋与钢筋、钢筋与钢骨之间经常出现位置冲突的现象。钢筋之间间距过小，再加之钢骨的影响也使得进料口面积缩小，不利于混凝土下料以及振捣，所以在钢筋绑扎过程中如何合理布置主次梁间、梁柱

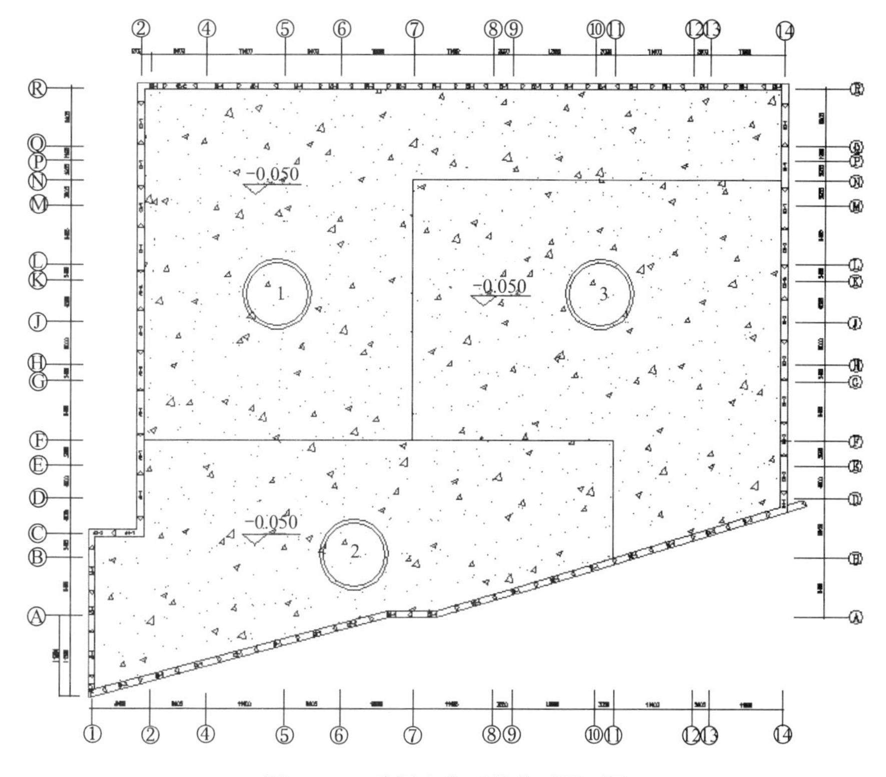

图 4-174 首层土方开挖分区平面图

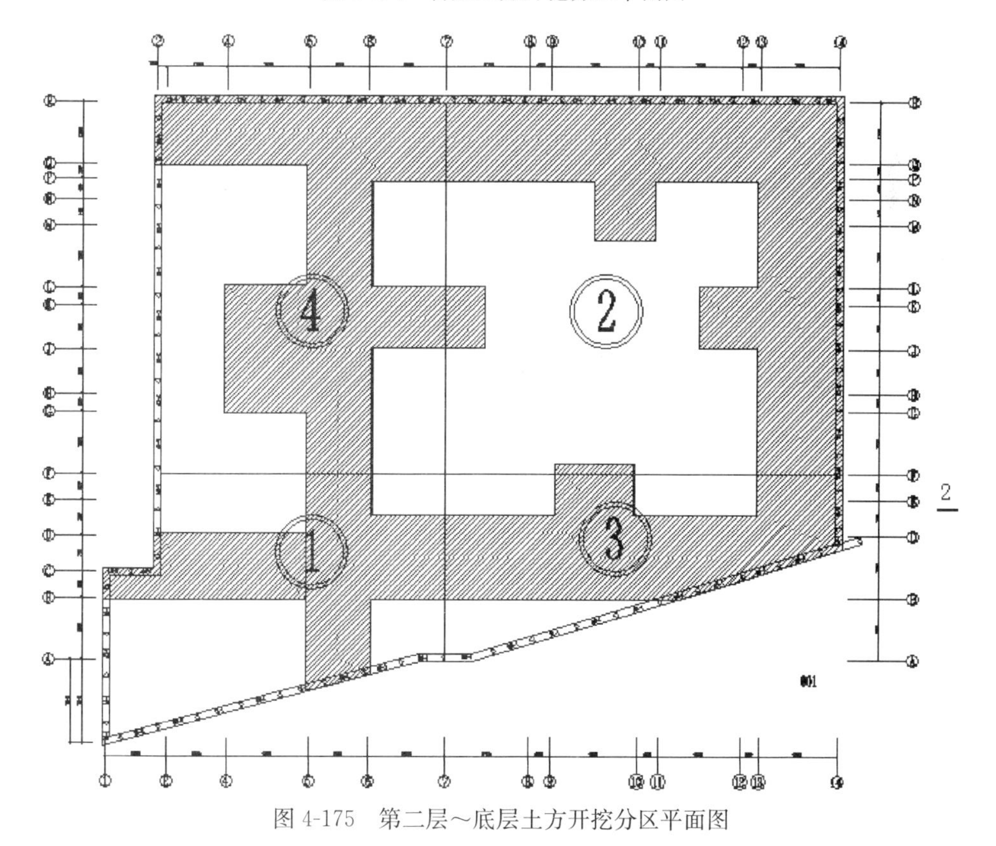

图 4-175 第二层～底层土方开挖分区平面图

开挖数据统计表　　表 4-13

开挖步骤	挖土标高（m）	开挖深度（m）	开挖面积（m^2）	土方量（m^2）	天数（d）	每日出土量（m^2）
第一层	−2.90	2.70	7270	19629	10	1963
第二层	−7.15	4.25	7270	30897	21	1471
第三层	−12.25	5.1	7270	37077	21	1765
第四层	−16.15	3.9	7270	28353	21	1350
第五层	−20.70	4.55	7270	33078	21	1575
深坑区域	−26.50	5.80	530	3074	5	615
合计				152110		

图 4-176　拉杆与钢梁连接图

图 4-177　拉杆完成施工

间的钢筋、如何处理柱帽处钢筋与钢骨间的关系，以及混凝土浇筑时如何保证混凝土的密实度，是混凝土施工中的重点和难点。本工程利用 BIM 技术对节点进行建模处理，优化钢筋布置与接头位置，浇筑时调整混凝土级配，采用高坍落度混凝土，并且在侧面开喇叭口进行浇筑。对于水平接缝位置预留注浆管，后期再对接缝位置进行注浆。通过采取一系列技术措施，获得了预期的效果。

4.8.4　实施效果

4.8.4.1　监测

1. 监测项目

根据南京科举博物馆工程周边环境的特点、基坑自身特性、设计要求、规范规定及类似工程经验，遵循安全、经济、合理的原则设置监测项目如下：

（1）周边建筑、管线等沉降监测，周边地表沉降，周边围墙水平位移；

（2）土体分层沉降监测，土体测斜；

（3）坑外潜水水位监测，坑外微承压水水位监测，坑外承压水水位监测；

（4）地下连续墙顶水平位移，地下连续墙顶沉降及立柱沉降，墙体深层位移，立柱水平位移；

（5）支撑轴力，混凝土楼板应力，地下连续墙应力等。

测点的布置如图 4-178 所示。

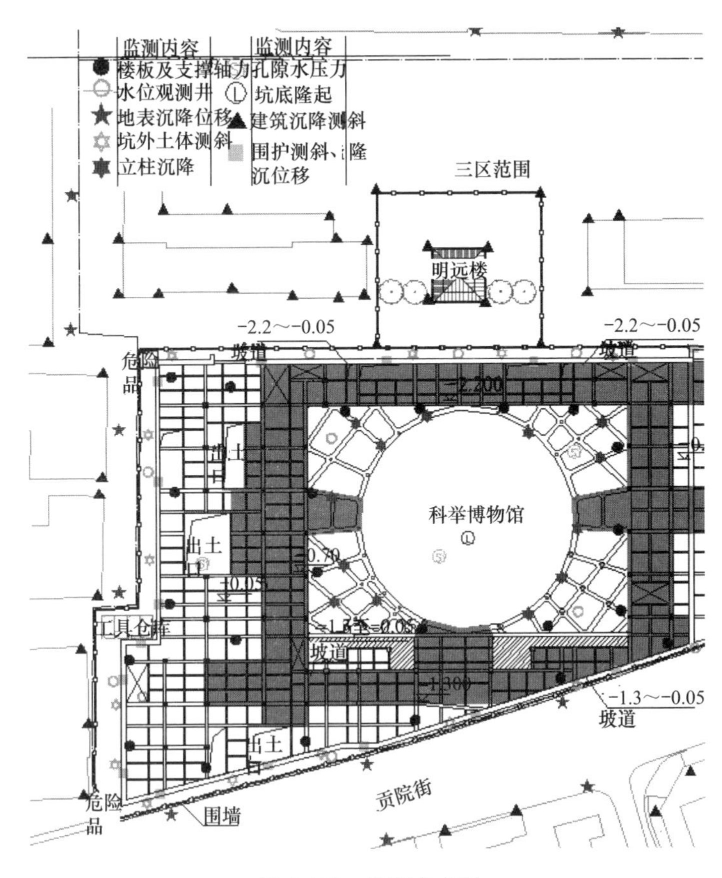

图 4-178　监测布点图

2. 监测结果

南京科举博物馆基坑开挖深度最深处达到 26.5m，开挖过程中基坑监测数据均满足设计要求，未出现报警情况。其中最大报警点位于基坑西北角，即首次开挖区域，如图 4-179、图 4-180 所示。基坑测斜最大变形 7.13mm，周边地表最大沉降 6.3mm，周边管线最大沉降 11.2mm。基坑北侧明远楼沉降仅 3.4mm，见表 4-14。施工工程中两侧四棵古树生命体征良好，可见本工程采用逆作法施工对周边环境影响很小。

4.8.4.2　社会效益与经济效益

1. 经济效益

本工程逆作法施工采用了一系列新工艺，取得了良好的经济效益。机械式调垂系统的综合应用，有效实现了竖向支承结构垂直度控制目标，保证钢格构柱、钢管柱等一柱一桩的垂直度，避免了由于垂直度偏差造成的支承柱的托换，减少了因支承柱垂直度不合格引起的托换费用。此项技术的应用比传统调垂技术，节约工程支承柱费用 16%左右，获得了显著的工程经济效益。

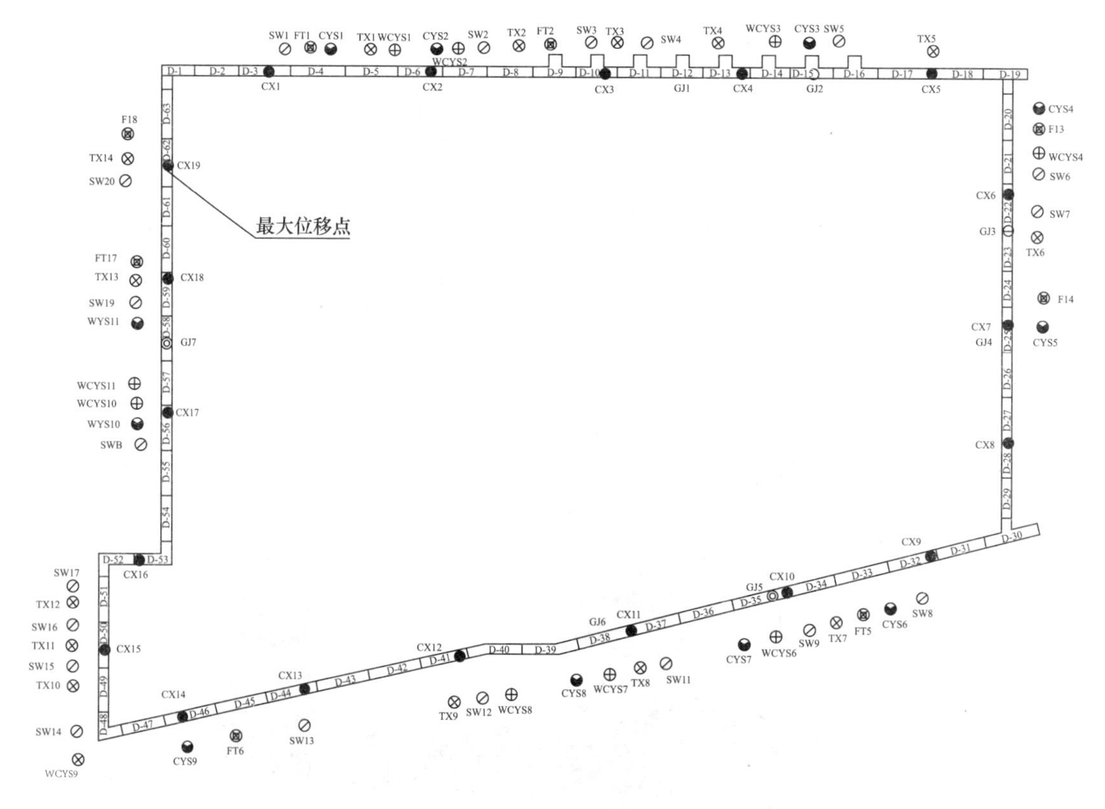

图 4-179 监测最大位移点

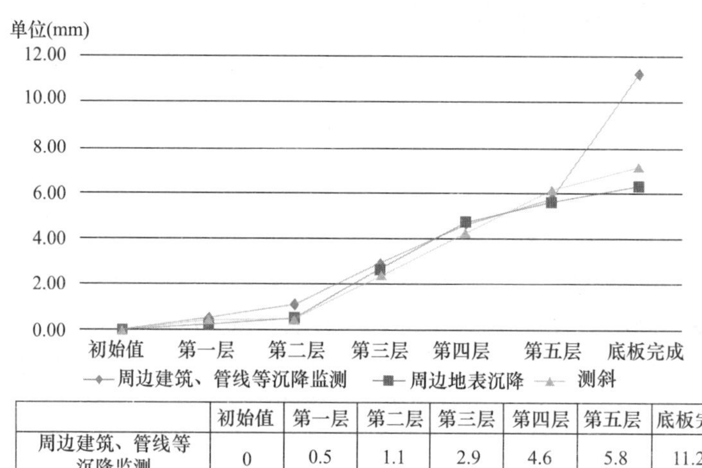

	初始值	第一层	第二层	第三层	第四层	第五层	底板完成
周边建筑、管线等沉降监测	0	0.5	1.1	2.9	4.6	5.8	11.2
周边地表沉降	0	0.2	0.5	2.6	4.7	5.6	6.3
测斜	0	0.39	0.48	2.42	4.26	6.16	7.13

图 4-180 施工阶段周边监测统计情况图

地下连续墙施工采用钻抓结合的施工工艺，相比入岩层抓铣结合的施工工艺，节约了铣槽机的机械费用，同时充分利用了现场旋挖机的机械资源，加快了工期，大大降低了施工成本，这一工艺节约了机械费用约 400 万元。

基坑变形监测统计表 **表 4-14**

监测项目	累计变化量		
	最大点	最大量（mm）	累计控制指标
周边建筑、管线等沉降监测	J33	11.2	20mm
周边地表沉降	ZC1	6.3	35mm
土体分层沉降监测	FT1	12	20mm
土体测斜及墙体测斜	CX18	−7.50	40mm
坑外潜水水位监测	SW2	287	500mm
坑外微承压水水位监测	WCYS1	255	500mm
坑外承压水水位监测	CYS7	230	1000mm
地下连续墙顶水平位移	W7	7.0	25mm
周边围墙水平位移	WQ1	7.0	25mm
地下连续墙顶沉降及立柱沉降	W3	7.2	20mm
立柱水平位移	L97	0.1	25mm
支撑轴力	ZL2-4	58.66	140kN
混凝土应力	H2-33	10.24	13MPa
地下连续墙应力	GJ4	55.18	140kN
结构梁及结构板内应力	BL2-28	58.95	140kN
开口边梁支座及跨中应力	KK1-2	58.26	170kN

通过技术比较，选择了扩大头锚杆桩作为抗拔桩，相比传统锚杆桩及钻孔灌注桩在抗浮工程中具有较大的优势，扩大头锚杆具有位移小、施工方便、造价低的特点，可满足于地下室的抗浮要求，而且大大减少了工程量，具有显著的经济效益。

2. 社会效益

由于采用逆作法施工，工程施工不受到季节环境的影响，在短短 11 个月的时间内完成了所有主体结构，满足了博物馆开馆和对外营业的要求。

工程地处闹市区域内，由于逆作法在施工地下室时是采用先将首层楼面整体浇筑，再向下挖土施工，故其在施工中的噪声因首层楼面的阻隔而大大降低，从而减少了施工噪声，也避免了因夜间施工噪声无法正常作业而引起的工期延误。本工程夜间进行地下结构施工，未因噪声造成对外围的影响。也因其地下工程施工作业均在封闭的首层楼板下，最大限度地减少了扬尘，体现了现场绿色施工管理的成效。

参考文献

[4-1] 王卫东. 深基坑支护结构与主体结构相结合的设计、分析与实例 [M]. 北京：中国建筑工业出版社，2007.

[4-2] 谢小松. 大型深基坑逆作法施工关键技术研究及结构分析 [D]. 上海：同济大学，2007.

[4-3] 徐至钧，赵锡宏. 逆作法设计与施工 [M]. 北京：机械工业出版社，2002.

[4-4] 张岳. 建筑工程经济分析对施工成本控制的贡献性刍议 [J]. 城市道桥与防洪，2013.

[4-5] 孙宗成. 工程项目施工成本风险分析及建议 [J]. 铁路工程造价管理，2008.

[4-6] 肖绪文，冯大阔. 建筑工程绿色施工现状分析及推进建议 [J]. 施工技术，2013.

[4-7] 秦旋，Patrick X. W. Zou. 基于可持续的绿色施工管理方法探究 [J]. 建筑经济，2012.

[4-8] 石抗震. 建筑施工管理及绿色建筑施工管理探究 [J]. 建材与装饰，2018.

[4-9] 范军军. 论低碳节能型建筑的绿色施工技术管理 [J]. 中外建筑，2016.

[4-10] 闫佳丽. 建筑工程绿色施工的创新技术应用以及节能环保方法研究 [J]. 工程技术研究，2017.

[4-11] 廖敏英，祝昌暾. 绿色施工与低碳建筑 [J]. 施工技术，2010.

[4-12] 戴标兵，范庆国，赵锡宏. 深基坑工程逆作法的实测研究 [J]. 工业建筑，2005.

[4-13] 王卫东，沈健. 基坑围护排桩与地下室外墙相结合的桩墙合一的设计与分析 [J]. 岩土工程学报，2012，34 (S1)：303-308.

[4-14] 左人宇，严平，龚晓南. 几种桩墙合一的施工工艺 [J]. 建筑技术，2002，33 (3)：197-197.

[4-15] 周铮. 复杂水文地质条件下桩墙合一的基坑围护体施工及质量控制 [J]. 建筑施工，2016，38 (5).

[4-16] 徐至钧. 深基坑工程逆作法施工 [J]. 住宅科技，2000 (12)：22-25.

[4-17] 上海城乡建设和交通委员会. DG/TJ08-2113—2012 逆作法施工技术规程 [S]. 上海，2012.

[4-18] 龙莉波. 大型深基坑逆作法施工关键技术研究 [J]. 建筑施工. 2014，Vol36 (6)：625-629.

[4-19] 闫文广. 高层建筑逆作法的应用与研究 [D]. 哈尔滨：哈尔滨工程大学，2002.

[4-20] 龚剑. 上海超高层及超大型建筑基础和基础工程的研究与实践 [D]. 上海：同济大学，2003.

[4-21] 王允恭. 逆作法设计施工与实例 [M]. 北京：中国建筑工业出版社，2011.

[4-22] 龙莉波. 逆作法竖向支撑柱调垂技术的回顾及展望 [J]. 建筑施工. 2012，Vol35 (1)：7-9.

5 逆作法发展趋势与展望

历经数十年的研究与实践，基坑工程逆作法的设计理论和施工技术如今已迈上了新的台阶，在越来越多的项目中突显了其“好、快、省”的巨大优势，为一批重大基坑工程提供了高效的解决途径。

本书主要介绍了基坑工程逆作法的设计原则和施工工艺，突出了逆作法与传统顺作法在设计与施工方面的差异，并通过近年来的逆作法基坑工程实例展示了逆作法的设计、施工和实际效果。这一系列的工程实践不仅检验了逆作法的设计理论，还提升了逆作法的施工技术，收获了良好的经济效益、环境效益和社会效益。

逆作法在基坑工程中取得成果的同时，也暴露出一些不足之处，仍存在进一步研究和探索的空间。基坑工程逆作法的研究应重点发展城市核心区域既有建筑地下空间原位开发技术，提高城市新建工程地下空间的施工安全性和综合利用率，提升地下空间工程施工全过程多方位的实时监测与控制水平，实现建筑工程逆作法工程建设的绿色环保施工，强化逆作法关键技术的改进和升级等，最终构建标准化和产业化的逆作法施工集成体系。

5.1 逆作法理论研究方向

基坑工程的逆作法工艺具有鲜明的技术特点，与传统基坑施工方法大不相同。然而，逆作法地下结构的大部分设计理论仍以传统施工方法下的基坑结构设计理论为依据，未能充分考虑逆作法的工程特点和施工过程中特有的工况。另外，现有的部分逆作法设计与施工方法仍是以工程经验为基础，尚未得到科学的验证和优化，需要进行更为深入的理论研究。逆作法未来的理论研究方向主要包括：

（1）逆作法施工中关键节点受力。

逆作法施工的基坑结构存在大量节点，包括围护结构与水平支撑结构之间的节点、梁柱节点、先期地下结构与后期地下结构之间的节点。相比于传统的顺作法基坑工程，逆作法施工中节点数量更多、形态更复杂，力学性能要求更高。然而，目前逆作法关键节点的受力情况、破坏机理和变形性能仍不清晰，需要通过模型试验和数值模拟展开进一步的研究，以保证逆作法节点设计安全可靠、经济高效。

（2）逆作法施工中整体结构受力性能与传力机制。

由于施工流程与传统顺作法不同，逆作法施工的地下结构分为先期地下结构和后期地下结构两阶段，且地下结构还扮演基坑支撑的角色，受力工况更为复杂。然而，地下结构的整体受力情况和传力机制仍没有经过透彻的研究，也没有形成完善的设计规范，使逆作法施工的基坑结构设计难度较大、部分构件的安全系数偏高。为了使逆作法施工的地下结构设计进一步规范化、施工风险进一步减量并可控，需要结合实测数据、数值模拟和模型实验，对逆作法施工阶段的整体结构受力情况和传力机制进行更为深入的研究。

（3）逆作法施工中竖向支承柱的受力性能。

逆作法施工的地下结构一般分为先期结构和后期结构两部分。竖向支承柱的先期结构形式一般为钢格构柱、型钢柱或钢管混凝土柱等，在基坑底板浇筑之前需要承受地下结构的竖向荷载，若采取上下同步逆作法工艺则将承受更大的竖向压力。基础底板完成后，需对竖向支承柱进行外包混凝土处理，形成后期结构。逆作法设计过程中，竖向支承柱先期结构与后期结构的协同工作性能、支承柱的极限承载能力、整体变形性能和不同工况下的内力响应尚未得到科学的验证，需要进一步的试验研究和数值模拟以形成完整的理论体系。

（4）上下同步逆作法施工中的结构抗灾性能。

上下同步逆作法施工过程中，地下结构和地上结构同时处于未完成的状态，此时整体结构的抗灾（地震、台风、火灾爆炸等）能力尚不明确，无法应对施工过程中可能出现的工程灾害。因此，采用上下同步逆作法的工程项目还需要研究和考虑施工过程中的灾害工况，以避免结构破坏和人员财产损失。

5.2　逆作法施工技术发展方向

为了适应城市建设和更新的步伐，基坑工程的逆作法施工技术也应朝着大规模、工业化、简洁高效、安全可靠的方向发展。目前，逆作法迫切需要推进以下施工技术的研发：

（1）既有建筑地下空间改造与平推式逆作法技术。

历史保护建筑和一些既有建筑在设计和建造时通常没有考虑或没有充分考虑地下空间的利用。随着城市地上空间的日益紧张，也考虑到历史保护建筑及周边地面景观保护，人们逐渐将目光聚焦到既有建筑的地下空间开发上，包括增设地下室、地下商场或地下停车库等。既有建筑地下空间改造项目的基坑工程需要采用平推式逆作法施工，利用建筑整体托换技术和顶升、旋转、平移技术，为基坑开挖与支护腾让工作空间，并应用逆作法施工基坑结构与临界面，为既有建筑的回归原位提供场地。平推式逆作法技术的研究能够解决保护既有建筑、建筑群的地下空间开发难题，是具有广泛前景的基坑施工技术。

（2）大承载力桩基施工技术。

基坑规模的日益增长使逆作法地下结构立柱桩所承受的荷载也越来越大，而上下同步逆作法施工的基坑工程中，竖向支承桩柱的承载力需求将进一步提高。为此，开发和运用大直径、大承载力桩基技术是今后逆作法施工研究和发展的方向。如何提高软土地基工程桩的承载力、保证大直径桩基在软土地基中的施工质量、降低大直径桩基的施工成本和施工风险是亟待解决的问题。同时，大直径、大承载力桩基的质量检测和承载能力技术也需要进一步提高。

（3）桩、柱高精度调垂技术。

桩基施工时，由于地下土质分布不均、桩长较大，极易出现桩基倾斜的情况。对于逆作法施工的基坑而言，桩基兼做地下结构的竖向支撑结构，其垂直度要求更高。尤其是一柱一桩基础中的桩柱垂直度，已从最初的 1/300 提升到现在的 1/1000 以上。随着逆作法基坑开挖的深度不断增加，工程复杂程度日益提高，这也对桩柱的施工精度提出了更大的挑战。基坑逆作法施工中需要进一步研究和改进立柱调垂工艺，以应对今后更为严格的工程要求。

（4）桩柱一体化施工技术。

逆作法施工中需要用地下永久结构替代基坑支撑结构，因此基坑的逆作法施工必须等地下永久结构设计方案完全确定后方可实施，且施工顺序较为固定，基坑工程工期的可压缩程度较小。为了满足日益紧张的城市建设工期要求，基坑工程逆作法中开始探索桩柱一体化的设计与施工方法，这不仅可省去桩基中插入支承柱的工序，而且可简化桩柱节点处理、缩短支承桩柱的施工与养护周期，从而加快基坑工程的施工进度。桩柱一体化施工技术目前仍不成熟，其设计理论、构造处理和施工技术有待进一步深入研究。

（5）基坑差异沉降控制技术。

在基坑逆作法施工期间，桩基施工、卸土和围护支撑结构的建造将对原本平衡的地层造成扰动，且随着施工的推进，会在同一地块产生连续叠加土体变形，对基坑自身安全产生影响的同时，也会引起差异沉降，对地下结构产生影响，并对周边环境造成安全隐患。在施工过程中监测和控制差异沉降是保证逆作法工程结构和环境安全的关键技术，需要进行技术和理论的深入研究。

（6）逆作法工业化建造技术。

通过研究逆作法的装配式、工业化建造技术，可简化地下封闭空间的脚手架工程、模板工程、钢筋工程和混凝土工程的施工，将地下室各层结构梁板就地预制，采用在竖向支承柱上设置提升机吊装预制结构梁板（降板法）的新型逆作法工艺，可以进一步加快地下结构的建造速度，充分发挥逆作法缩短工期的优势。

5.3　逆作法施工设备研发方向

高效的逆作法施工离不开高效的施工设备，因此，逆作法施工设备的研发需要密切贴合逆作法施工的环境和场地特征，解决逆作法在工业化、智能化施工的迫切需求，提高基坑工程施工效率，保障工程安全。逆作法施工设备的研发可从以下方面入手：

（1）高效取土设备研发。

逆作法的土方施工场地位于地下室楼板以下，作业空间相对封闭且狭小，场地内还分布了较多的梁柱构件和降水管井，只能采用小型挖土机械施工，并从有限的取土口将土方吊运送出，挖土和取土的效率较低，无法形成规模化施工，使施工进度受到制约。因此，逆作法施工中需要开发能够适应狭小工作空间的、更为高效的挖土和取土设备，加快土方施工进度，进一步缩短逆作法基坑工程的工期。

（2）逆作法模板标准化研发。

基坑采用逆作法进行施工时，模板工程的作业场地主要位于地下的狭小空间内，主要采用排架支模或垂吊模板的方式进行，支模效率较低，且模板材料的废弃率较高。为了提高模板工程的施工效率，进一步缩减逆作法施工的工期，也为了响应绿色施工的号召而节约材料，需要在逆作法基坑工程中研发和推广标准化模板。

（3）逆作法施工动态信息化控制与实时监控体系。

实现基坑施工过程中实时动态监测，发现异常及时报警处理，这是控制整个基坑施工风险的重要手段，尤其是对于逆作法这样施工要求较高的工程。因此，配套研发逆作法施工动态信息化控制与实时监控报警体系至关重要。

附录　逆作法设计和施工项目一览表

(1992～2021)

项目名称	建设时间	总建筑面积 (m^2)	地下层次	地下建筑面积 (m^2)	开挖深度 (m)	围护墙形式	设计单位	施工单位	与邻近地铁或轻轨的关系
上海轨交1号线陕西南路站	1992.02～1994.11	18000	2层	18000	14.5	地下连续墙	北京城建设计研究院	上海建工二建集团有限公司	本工程为地铁车站
上海恒积大厦	1995.06～1997.12	56600	4层	14000	14.0	地下连续墙	上海爱建建筑设计研究院	上海建工二建集团有限公司	
上海明天广场	1996.12～2003.06	120000	3层	30000	15.0	地下连续墙	华东建筑集团股份有限公司	上海建工二建集团有限公司	距地铁1号线隧道14m
上海住业京沙大厦	1997.07～1999.07	51210	2层	6500	11.0	地下连续墙	河北省建筑设计研究院	上海建工二建集团有限公司	
上海轨交2号线南京东路站	1997.12～2000.09	20000	2层	18000	16.0	地下连续墙	华东建筑集团股份有限公司	上海建工二建集团有限公司	本工程为地铁车站
上海城市规划展示馆	1998.04～1999.09	18070	2层	6000	7.0	树根桩+高压旋喷桩，防水帷幕	华东建筑集团股份有限公司	上海建工二建集团有限公司	离地铁最近处4m
上海四明里城市绿地	1999.08～2000.01	3000	1层	3000	8.0	地下连续墙	徐汇区建筑设计院	上海建工二建集团有限公司	
上海机场城市航站楼	2000.05～2001.12	22960	2层	6110	11.2	地下连续墙	华东建筑集团股份有限公司	上海建工二建集团有限公司	地下室与地铁车站共墙
上海瑞嘉花园	2002.03～2005.09	250000	2层	40000	9.0	灌注桩+搅拌桩	华东建筑集团股份有限公司	上海建工二建集团有限公司	

续表

项目名称	建设时间	总建筑面积（m^2）	地下层次	地下建筑面积（m^2）	开挖深度（m）	围护墙形式	设计单位	施工单位	与邻近地铁或轻轨的关系
上海长峰商城	2002.09～2007.02	308000	4层	88000	24.0/17.6	地下连续墙	上海建筑设计研究院有限公司	上海建工二建集团有限公司	距地铁2号线5m，接通距地铁3号线35m
上海长峰大酒店	2002.12～2005.04	110000	3层	7000	12.0/13.7	地下连续墙，主楼顺作，裙楼逆作	华东建筑集团股份有限公司	上海建工一建集团有限公司	
上海铁路南站北广场	2003.02～2005.12	72200	2层	40000	12.5	地下连续墙	华东建筑集团股份有限公司	上海建工七建集团有限公司	与改线前地铁1号线距离7.5m
上海廖创兴金融中心大厦	2003.11～2008.04	72800	5层	22500	22.7/26.5	地下连续墙	冯庆延建筑师事务所（香港）有限公司，上海建筑设计研究院有限公司	上海建工二建集团有限公司	距地铁2号线隧道15m
上海杨浦大学城一期工程	2004.05～2005.03		2层	27200	10.0	地下连续墙	华东建筑集团股份有限公司	上海建工一建集团有限公司	
上海仲盛商业中心	2004.12～2006.05	280000	3层	50000	13.3	地下连续墙周边逆作中心岛顺作	华东建筑集团股份有限公司	中国建筑一局（集团）有限公司	
上海由由国际广场	2004.12～2007.03	210000	2层	58600	10.5/12.1	钻孔灌注桩	华东建筑集团股份有限公司	上海建工二建集团有限公司	距地铁4号线车站2m
上海曹安商贸C-1，C-2地块	2005.02～2005.10	92000	2层	15000	11.0	钻孔灌注桩	华东建筑集团股份有限公司	宝钢工程建设总公司	
上海浦东国际机场二期交通中心	2005.06～2007.06	170000	2层	63800	7.3	地下连续墙	华东建筑集团股份有限公司	上海建工集团股份有限公司	
上海500千伏世博地下输变电站	2005.12～2010.09	80000	4层	53000	34.0	地下连续墙	华东电力设计院，华东建筑设计研究院	上海建工二建集团有限公司	
上海轨交4号线东安路站	2007.02～2009.11	12260	3层	12257	15.0	地下连续墙	上海城市设计研究院	上海建工二建集团有限公司	本工程为地铁车站

续表

项目名称	建设时间	总建筑面积（m^2）	地下层次	地下建筑面积（m^2）	开挖深度（m）	围护墙形式	设计单位	施工单位	与邻近地铁或轻轨的关系
南昌大学第二附属医院医疗中心大楼	2007.06～2009.04	77000	2层	7000	9/13.5	钻孔灌注桩	华东建筑集团股份有限公司	浙江勤业建工集团有限公司	
上海轨交7号线零陵路站	2007.06～2009.09	9360	2层/3层	9360	20.0/23.0	地下连续墙	市政工程设计研究总院	上海建工二建集团有限公司	本工程为地铁车站
上海华敏帝豪大厦	2007.06～2010.12	18000	4层	17400	17.1/19.4	地下连续墙主楼顺作，裙楼逆作	华东建筑集团股份有限公司	南通第四建筑安装工程有限公司	
上海兴业大厦	2007.11～2010.06	74670	3层	18900	12.4/14.4	地下连续墙	华东建筑集团股份有限公司	上海建工二建集团有限公司	
南京德基广场二期	2008.01～2009.10	160000	4层	16000	21.5	地下连续墙	华东建筑集团股份有限公司	北京城建集团有限责任公司	距地铁1号线距离16m
铁路上海站北广场改造	2008.06～2010.07	71200	2层	70000	12.1	地下连续墙	上海市城市建设设计研究院	上海建工二建集团有限公司	距地铁1号线车站10m
上海海光大厦	2008.07～2011.08	70000	4层	23000	24.0	地下连续墙	华东建筑集团股份有限公司	上海建工二建集团有限公司	
上海海光大厦	2008.08～2009.11	50000	4层	5300	18.0	地下连续墙主楼顺作，裙楼逆作	华东建筑集团股份有限公司	上海建工二建集团有限公司	
上海联谊大厦二期	2008.10～2011.02	48420	5层	20000	18.4/19.2	地下连续墙	上海现代建筑设计（集团）有限公司	上海建工二建集团有限公司	
上海外滩公共服务中心	2009.06～2012.12	11720	2层	3540	9.2/0.9	地下连续墙	同济大学建筑设计研究院（集团）有限公司	上海建工二建集团有限公司	
上海外滩源33号公共绿地及地下空间利用项目	2009.01～2010.12	4000	3层	4000	17.0	地下连续墙	上海现代建筑设计（集团）有限公司	上海建工二建集团有限公司	
上海静安交通枢纽及商业开发项目	2009.02～2010.04	120000	3层	16000	14.5	地下连续墙	华东建筑集团股份有限公司	浙江宝业建设集团有限公司	与地铁7号线最近距离8.6m

续表

项目名称	建设时间	总建筑面积（m^2）	地下层次	地下建筑面积（m^2）	开挖深度（m）	围护墙形式	设计单位	施工单位	与邻近地铁或轻轨的关系
无锡火车站北广场综合交通枢纽	2009.03 开工	260000	2层	80000	13.0/22.0	地下连续墙	华东建筑集团股份有限公司	中国建筑股份有限公司	与地铁1号线和3号线车站共建
上海白玉兰广场	2009.04 开工	410000	4层	40000	21.0	地下连续墙主楼顺作，裙楼逆作	华东建筑集团股份有限公司	上海建工一建集团有限公司	紧贴地铁12号线车站
上海月星环球商业中心	2009.07～2013.07	427080	3层	168300	18	地下连续墙	中船第九设计研究院工程有限公司	上海建工二建集团有限公司	地下室与地铁车站共墙
青岛东海路地下商业街	2009.09～2011.05	35000	2层	17000	11	钻孔灌注桩	同济大学建筑设计研究院（集团）有限公司	青岛建工集团有限公司	
上海西站地下空间改造	2009.09～2011.12	27000	2层	27000	13.3	地下连续墙	上海市城市建设设计研究院	上海建工二建集团有限公司	地下室与地铁车站共墙
武汉协和医院门急诊医技大楼	2010.05～2011.05	86000	3层	8750	14.3/17.9	地下连续墙	华东建筑集团股份有限公司	中天建设集团有限公司	与地铁车站外墙最近距离约5.6m
宁波慈溪财富中心	2010.08～2013.03	197860	3层	54000	14.2	钻孔灌注桩	同济大学建筑设计研究院（集团）有限公司	上海建工二建集团有限公司	
上海徐家汇156地块	2011.02 开工	450000	2层	30000	10	钻孔灌注桩主楼顺作，裙楼逆作	同济大学建筑设计研究院（集团）有限公司	浙江宝业建设集团有限公司	
上海长风7A地块临铁地下空间	2011.03～2013.02	350000	3层	30000	16	钻孔灌注桩盖挖法	同济大学建筑设计研究院（集团）有限公司	中天建设集团有限公司	紧贴地铁13号线车站
南京华新丽华	2009.03 开工	500000	3层	91800	14.0	地下连续墙	华东建筑集团股份有限公司		与地铁1号线距离50m
上海丁香路778号商业办公楼	2011.04～2015.11	197860	4层	51400	24.4	地下连续墙	上海现代建筑设计（集团）有限公司	上海建工二建集团有限公司	
武汉永清综合开发项目	2010.04 开工	400000	3层	39000	15.0	地下连续墙	华东建筑集团股份有限公司	中国建筑第八工程局有限公司	与轻轨1号线车站距离17.5m

续表

项目名称	建设时间	总建筑面积（m^2）	地下层次	地下建筑面积（m^2）	开挖深度（m）	围护墙形式	设计单位	施工单位	与邻近地铁或轻轨的关系
南京金润国际广场	2011.05开工	100000	4层	26000	20.9	地下连续墙	华东建筑集团股份有限公司	中建三局建设工程股份有限公司	
上海万科铜山街商住楼项目	2011.06～2014.06	403760	2层	120000	10.3	钻孔灌注桩	中建国际（深圳）设计顾问有限公司	上海建工二建集团有限公司	
武汉天丰广场	2011.08～2013.08	11000	4层	11000	19.1		华东建筑集团股份有限公司	广西建工集团第五建筑工程有限责任公司	
南京金鹰三期项目	2011.08开工	78000	5层	12000	22.4	地下连续墙主楼顺作，裙楼逆作	华东建筑集团股份有限公司	中国核工业华兴建设有限公司	与地铁2号线区间隧道距离12m
上海轨交12号线漕宝路站	2010.12～2015.07	19100	4层	19100	28.5	地下连续墙	上海市隧道工程轨道交通设计研究院	上海建工二建集团有限公司	本工程为地铁车站
上海市政大厦	2012.11～2014.06	55580	3层	24000	14.6	地下连续墙	上海市政工程设计研究总院（集团）有限公司	上海建工二建集团有限公司	
南京科举博物馆	2014.04～2015.08	78000	4层	51000	20.5	地下连续墙	华东建筑集团股份有限公司	上海建工二建集团有限公司	与地铁3号线隧道距离10m
上海第一人民医院改扩建工程	2014.02～2016.12	48852	3层	13500	16.5	地下连续墙	同济大学建筑设计研究院（集团）有限公司	上海建工二建集团有限公司	
上海迪士尼管理中心大厦工程	2014.05～2016.09	94847	3层	49000	17.5	地下连续墙	同济大学建筑设计研究院（集团）有限公司	上海建工二建集团有限公司	
上海淮海中路爱马仕原位开发项目	2011.11～2014.06	1000	2层	1000	9.2	钻孔灌注桩	上海现代建筑设计（集团）有限公司	上海建工二建集团有限公司	地铁1号线段位于项目历史建筑的正下方
上海沪东工人文化宫	2015.12～2018.01	59000	2层	19210	9.7	钻孔灌注桩	华东建筑集团股份有限公司	上海建工二建集团有限公司	
上海南京东路179号	2014.10开工	61977	5层	17363	23.5	地下连续墙	上海广联环境岩土工程股份有限公司	上海建工二建集团有限公司	与地铁2号线隧道距离43m

续表

项目名称	建设时间	总建筑面积（m^2）	地下层次	地下建筑面积（m^2）	开挖深度（m）	围护墙形式	设计单位	施工单位	与邻近地铁或轻轨的关系
南京北京西路57号地下停车库工程项目	2014.12～2018.08	9100	8层	9100	26.4	地下连续墙	东南大学建筑设计研究院有限公司	上海建工二建集团有限公司	
上海董家渡项目GL地块	2016.09开工	114800	4层	114800	24.0	地下连续墙	华东建筑集团股份有限公司	上海建工二建集团有限公司	
南京省高院	2017.12开工	37311	4层	17900	18.7	地下连续墙	江苏华东工程设计有限公司	上海建工二建集团有限公司	
上海太平洋数码二期	2017.12～2020.12	14940	3层	6500	18.1	地下连续墙	同济大学建筑设计研究院（集团）有限公司	上海建工二建集团有限公司	
台州刚泰国际中心	2018.04开工	397859	3层	131900	14.0	钻孔灌注桩	上海市建工设计研究总院有限公司	上海建工二建集团有限公司	
上海四川北路11街坊HK226-06号地块商办楼	2018.11～2021.12	57546	3层	21000	14.5	地下连续墙	中船勘察设计研究院有限公司	上海建工二建集团有限公司	
上海华山医院病房综合楼改扩建工程	2019.03开工	31209	3层	6166	16.6	地下连续墙	华东建筑集团股份有限公司	上海建工二建集团有限公司	
上海第十人民医院急诊综合楼	2018.09～2020.09	11565	2层	4850	12.6	钻孔灌注桩	华东建筑集团股份有限公司	上海建工二建集团有限公司	与地铁1号线通道距离43m
上海同济医院综合楼	2018.11开工	32560	2层	5280	11.4	地下连续墙	华东建筑集团股份有限公司	上海建工二建集团有限公司	
上海第一人民医院眼科诊疗中心	2018.10开工	99843	3层	27930	18.6	地下连续墙	同济大学建筑设计研究院（集团）有限公司	上海建工二建集团有限公司	
河南省人民医院地下智能停车及综合开发项目	2019.07开工	56892	5层	54236	19.9	地下连续墙/钻孔灌注桩	河南省建筑科学研究院有限公司	上海建工二建集团有限公司	

续表

项目名称	建设时间	总建筑面积（m^2）	地下层次	地下建筑面积（m^2）	开挖深度（m）	围护墙形式	设计单位	施工单位	与邻近地铁或轻轨的关系
南京医科大学公寓	2020.04开工	63238	3层	29141	17.3	钻孔灌注桩	江苏鸿基节能新技术股份有限公司	上海建工二建集团有限公司	
上海虹桥进口商品展示中心	2020.04～2021.11	82139	3层	47612	16.4	地下连续墙	上海市政工程设计研究总院（集团）有限公司	上海建工二建集团有限公司	

责任编辑：高　悦　万　李
封面设计：七星博纳

建工出版社微信　各 地 建 筑 书 店　建知云服务

经销单位：各地新华书店 / 建筑书店（扫描上方二维码）
网络销售：中国建筑工业出版社官网　http://www.cabp.com.cn
中国建筑出版在线　http://www.cabplink.com
中国建筑工业出版社旗舰店（天猫）
中国建筑工业出版社官方旗舰店（京东）
中国建筑书店有限责任公司图书专营店（京东）
新华文轩旗舰店（天猫）　凤凰新华书店旗舰店（天猫）
博库图书专营店（天猫）　浙江新华书店图书专营店（天猫）
当当网　京东商城
图书销售分类：建筑施工·设备安装技术（C10）

ISBN 978-7-112-26924-2

(37671) 定价: 65.00 元